누구나 수학

누구나 수학

ⓒ 위르겐 브뢱, 2023

초 판 1쇄 발행일 2023년 6월 28일
개정판 1쇄 발행일 2023년 7월 7일

지은이 위르겐 브뢱   옮긴이 정인회
감수 오혜정
펴낸이 김지영   펴낸곳 지브레인 Gbrain
제작·관리 김동영   마케팅 조명구

출판등록 2001년 7월 3일 제2005-000022호
주소 04021 서울시 마포구 월드컵로7길 88 2층
전화 (02)2648-7224   팩스 (02)2654-7696

ISBN 978-89-5979-782-0(04410)
      978-89-5979-528-4 (SET)

- 책값은 뒤표지에 있습니다.
- 잘못된 책은 교환해 드립니다.

생활 속에서 재미있게 배우는 수학 백과사전

누구나 수학

위르겐 브뤽 지음, 정인회 옮김, 오혜정 감수

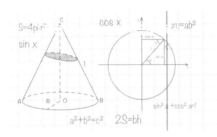

지브레인

머리말

  수학을 쉽고 재미있게 공부한다고? 이 말을 들으면 여러분은 고개를 설레설레 저을 것이다. 하지만 《누구나 수학》은 이러한 선입견을 완전히 없애준다.

  우리는 흔히 수학을 어렵게 생각한다. 수학은 너무 추상적이고 일상생활과도 동떨어진 학문이라고 믿으면서 말이다. 수학 개념 자체가 쉽지 않은데, 수학 문제와 씨름하는 데 흥미를 느낄 사람이 어디 있겠는가. 그러나 이 책의 저자는 이러한 인식이 잘못된 것이며 수학은 쉽게 배울 수 있고 흥미를 불러일으킬 수도 있다는 사실을 입증한다.

  저자인 위르겐 브뤽은 수학의 기초에서 출발해 단계별로 수학의 전 분야에 걸쳐 자세하고도 전문적인 지식을 펼친다. 어려운 문제는 차근차근 풀어나가고 수학의 전문 개념은 일반인들도 이해할 수 있도록 쉽고 자세하게 설명한다. 또한 수많은 예를 통해 수학이 일상생활과 밀접한 관계가 있음을 확실하게 밝히고 있다. 따라서 독자는 매우 이론적인 수학 문제라 할지라도 친근하게 느끼고 쉽게 이해할 수 있다.

저자는 지나치게 전문적인 지식을 늘어놓아 독자의 진을 빼지 않는다. 각 장은 서로 연결되어 있으며 점점 심화된다. 수학의 모든 분야가 이런 방식으로 자세하게 설명된다. 물론 구구단과 같은 기본 계산법은 알고 있어야 한다. 따라서 이 책은 덧셈과 뺄셈, 곱셈과 나눗셈에 대해서는 따로 설명하지 않는다.

《누구나 수학》의 미덕은 일상생활에서 흔히 볼 수 있는 사례를 통해 수학을 구체적으로 전달한다는 데 있다. 중요한 법칙, 공식, 정의, 요점 등을 담고 있는 글상자와 수많은 삽화 그리고 책 뒤의 찾아보기는 독자에게 많은 도움을 줄 것이다.누구나 도움을 얻을 수 있는, 모두를 위한 수학책이다.

차례

III. 선형대수학

IV. 확률과 통계

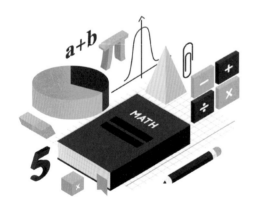

V. 해석학

I 기하

선분, 반직선, 직선

수학에서는 일상생활과는 달리 용어가 엄격하고 범위도 제한되는 경우가 많다. 따라서 단순하게 보이는 사실에 대해서도 수학적으로 어떤 정의를 내리고 있는지를 정확하게 살펴보는 것이 중요하다. 이렇게 해야 복잡한 내용을 접하더라도 어려움을 겪지 않는다. 이에 대한 좋은 예가 선분과 직선이다.

선분

> 두 점을 가장 짧게 잇는 것을 선분이라고 한다. 점 A와 B 사이의 선분은 $\overline{\text{AB}}$로 표시한다.

선분도 기호로 표시할 수 있다. 선분은 소문자를 사용하여 $s=\overline{\text{AB}}$로 표시한다.

수학에서 선분은 조금 더 엄밀하게 정의한다. 물론 선분만 이런 것은 아니다. 정확하게 말하자면, 선분은 양쪽 끝의 두 점 A

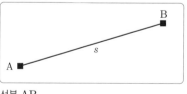

선분 AB

와 B 사이에 있는 모든 점들로 이루어진 집합으로 간주된다. 선분의 다른 특징은 길이는 있지만 넓이가 없는 일차원 도형이라는 것이다.

선분에 관한 전형적인 예는 두 지점 사이의 직선거리이다. 이 예는 선분의 또 다른 성질을 나타낸다. 즉 선분은 길이를 잴 수 있다.

두 지점 사이의 직선거리가 선분이다.

반직선

선분을 한 점에서 시작하여 무한히 연장하면 반직선이 된다. 점 A에서 시작하여 점 B를 지나는 반직선은 $\overrightarrow{AB}$ 로 표시한다.

반직선은 소문자 h를 써서 $h=\overrightarrow{AB}$ 로 표시한다.

반직선은 선분과 달리 무한히 뻗어나가므로 길이를 잴 수 없다. 반직선을 가리켜 빛이라고도 표현할 수 있다. 일상생활에서 전등 빛이라고 말할 때 이 빛은 수학적으로 반직선을 의미한다.

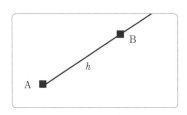

반직선 AB

등대의 불빛도 수학적으로 보면 반직선이다.

직선

두 점을 이은 선분을 무한히 연장하면 직선이 된다. 점 A와 B를 지나는 직선은 $\overleftrightarrow{AB}$로 표시한다.

직선은 두 방향으로 무한히 뻗어나간다. 즉 시작과 끝이 없기 때문에 길이를 잴 수 없다. 직선은 소문자 g를 써서 $g = \overleftrightarrow{AB}$로 표시한다.

기하학의 중요한 공리公理에 따르면, 두 점을 지나는 직선은 오직 하나만 그을 수 있다. 또한 같은 평면에 있는 두 직선은 오직 한 점에서만 교차한다. 교차하지 않으면 두 직선은 평행을 이룬다. 평행하지 않으면서 교차하지 않는 직선은 차원이 다른 공간에 있을 수밖에 없다. 이때 이러한 공간을 휘어진 공간이라 부른다.

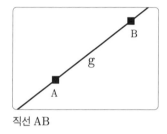

직선 AB

수학사 파고들기

유스투스 반 겐트의 판넬화에 그려진 유클리드의 모습. 1474년 작.

학교에서 배우는 기하학은 그리스 수학자 유클리드Euclid, 기원전 330년경~기원전 275년경에 의해 정리되었기 때문에 유클리드 기하학이라 불리기도 한다. 평행하는 두 직선은 교차하지 않는다는 공리는 이 기하학에서 유래한다. 그러나 이와는 다른 가능성도 배제할 수 없다.

예를 들어 일반상대성이론에 따르면, 질량은 공간을 휘게 할 수 있다. 즉 공간의 기하는 공간 속에 있는 물질의 밀도에 따라 좌우된다. 밀도가 일정한 기준치에 미달하면 우주는 말안장과 유사

한 형태를 보인다. 이때 평행하는 직선들은 공간 속에서 갑자기 서로 뒤틀리게 될 수 있다. 또 다른 이론에 따르면 우주는 구 모양이 된다. 이 경우 평행하는 직선들은 무한히 교차할 수 있다. 그러나 우주가 어떤 기하 형태를 보이고 있는지는 아직 최종적으로 밝혀지지 않았다. 물론 유클리드 기하학의 공리가 옳다는 주장도 여전히 존재한다.

평행이든 휘어졌든, 우주는 무한하다.

삼각형

삼각형은 기하의 기본 도형이다. 삼각형을 이용하면 다른 모든 다각형을 만들 수 있다. 따라서 삼각형이 계산이나 작도에서 가장 많이 이용된다는 것은 놀라운 일이 아니다.

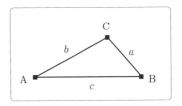

삼각형의 세 꼭짓점은 흔히 시계 반대 방향으로 대문자 A, B, C, 세 변은 소문자 a, b, c로 표시하며, 변 a는 꼭짓점 A와 마주 보도록 한다.

삼각형의 둘레의 길이 U는 세 변의 길이를 합친 것이다.

$$U = a + b + c$$

삼각형에서 각은 그리스 문자인 알파(α), 베타(β), 감마(γ)로 나타낸다.

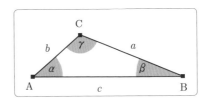

삼각형의 세 내각의 크기의 합은 180도이다.

$$\alpha + \beta + \gamma = 180°$$

삼각형의 넓이를 계산하기 위해서는 높이를 알아야 한다. 삼각형에서는 세 가지의 높이를 잴 수 있다. 삼각형의 높이는 각 꼭짓점에서 마주 보는 변을 향해 수직으로 그은 선분의 길이를 말한다. 이는 h_a, h_b, h_c로

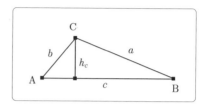

표시한다. 위 그림에서는 h_c만 표시했다. 다른 높이들도 이와 똑같이 표시하면 된다. 즉 꼭짓점 C에서 마주 보는 변 c에 수직선을 그으면, 이 선이 높이 h_c가 되는 것이다. 그리고 이 수직선과 만나는 변을 밑변이라고 한다.

삼각형의 높이가 h이고 밑변의 길이가 g인 삼각형의 넓이 S는 다음과 같이 계산한다.

$$S = \frac{1}{2} \times g \times h$$

교회 탑 지붕

삼각형은 일상생활에서 다양하게 활용되고 있다. 특히 교회 탑의 지붕에서 삼각형을 흔히 볼 수 있다. 대개 네 개의 삼각형으로 이루어진 지붕을 새로 놓으려면 널빤지가 얼마나 필요한지를 미리 계산해야 한다. 즉 지붕의 넓이를 알아야 하는 것이다.

사각뿔 모양인 교회 탑 지붕 밑면의 모서

레셴 호수에 있는 교회 탑 지붕은 네 개의 동일한 삼각형으로 이루어져 있다.

리 길이가 10미터이고, 옆면의 삼각형의 높
이가 모두 15미터라면, 지붕의 넓이는 다음
과 같이 계산한다.

$$S = 4 \times \left(\frac{1}{2} \times 10 \times 15 \right) = 4 \times 75 = 300 \, (\text{m}^2)$$

뮌헨의 올림픽경기장 – 지붕이라고 해서 모두
넓이를 쉽게 계산할 수 있는 것은 아니다.

따라서 300제곱미터의 지붕을 놓기에 충
분한 널빤지를 구입해야 한다(물론 여분도 있어야 하지만, 이는 우리가 다루는 문제와
는 관계가 없다).

다양한 삼각형

삼각형이라고 해서 그 모양이 모두 동일한 것은 아니다. 지금부터 소개하는
삼각형들은 매우 특별한 형태를 띤다.

이등변삼각형

이등변삼각형은 두 변의 길이가 같은 삼각형이
다. 길이가 같은 두 변을 a와 b라고 하면, 등변 a와
b에 대한 밑각 α와 β의 크기는 같다.

$$a = b, \, \alpha = \beta$$

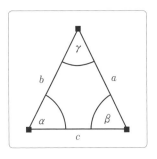

정삼각형

트라이앵글은 정삼각형이다.

정삼각형은 이름 그대로
세 변의 길이가 같고 내각
의 크기와 삼각형의 내각
의 크기의 합은 항상 180

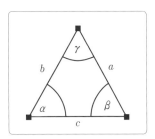

도이므로, 정삼각형의 내각의 크기는 모두 60도로 같다.

$$a=b=c, \alpha=\beta=\gamma=60°$$

직각삼각형

직각삼각형은 한 내각의 크기가 90도인 삼각형이다. 수학에서는 90도를 직각이라고 말하기도 한다(앞으로 직각은 점을 찍어 표시하겠다). 직각삼각형의 특성에 대해서는 뒤에서 자세히 설명할 것이다.

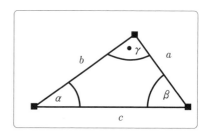

삼각자

학교에서 사용하는 삼각자는 이등변삼각형이면서 직각삼각형의 형태를 띤다. 이러한 성질은 다른 도형을 만들 때 큰 도움이 된다.

전형적인 삼각자

피타고라스의 정리와 유클리드의 정리

직각삼각형은 얼핏 보아서는 대수롭지 않게 보인다. 하지만 일상에서 접할 수 있는 도형을 대상으로 계산할 때는 매우 중요한 역할을 하며 흥미로운 성질을 많이 지니고 있다.

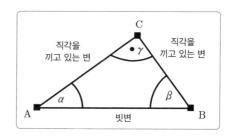

기억을 되살려보자. 직각삼각형은 한 내각이 90도를 이루는 삼각형으로, 직각을 끼고 있는 두 변과 직각을 마주 보는 빗변으로 이루어져 있다.

피타고라스의 정리

피타고라스^{Pythagoras, 기원전 580년경~기원전 500년경}는 기원전 6세기에 활동한 그리스 학자로 세계와 사물에 대해 많은 깊이 있는 연구를 했다. 수학에 대해서도 큰 관심을 가졌던 그는 특히 직각삼각형을 연구해 세 변이 독특한 관계를 이루고 있음을 발견했다. 그리고 자신이 찾아낸 것을 다음과 같은 '피타고라스의 정리'로 표현했다.

동전에 그려진 피타고라스

> 직각삼각형에서 직각을 끼고 있는 두 변의 길이의 제곱의 합은 빗변의 길이의 제곱과 같다.
>
> $$a^2 + b^2 = c^2$$

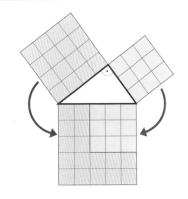

이 정리는 오른쪽과 같은 그림으로 간단하게 설명된다. 즉, 그림을 보면 직각을 끼고 있는 두 변의 길이의 제곱의 합은 빗변의 길이의 제곱과 일치함을 쉽게 알 수 있다.

'피타고라스의 정리'의 활용

피타고라스의 정리는 다양하게 활용된다. 예를 들어 직선거리를 10킬로미터 걷고 난 뒤에 산을 오르기 시작해 12킬로미터 갔을 때, 그 지점의 고도가 얼마인지를 피타고라스의 정리로 계산할 수 있다.

계산하는 방식은 다음과 같다. 먼저 알고자 하는 변의 길이를 x라 하자(x는 수학에서 미지수를 가리킬 때 흔히 사용된다). 피타고라스의 정리를 활용하면 다음과 같이 계산할 수 있다.

$$10^2 + x^2 = 12^2$$

$$\Leftrightarrow x^2 = 12^2 - 10^2$$

$$\Leftrightarrow x^2 = 144 - 100 = 44$$

$$\Leftrightarrow x = \sqrt{44} \fallingdotseq 6.6 (\text{km})$$

따라서 고도는 약 6.6킬로미터임을 알 수 있다.

다음 문제도 같은 방식으로 풀 수 있다. 높이가 2미터인 담벼락에 올라갈 일이 있다고 하자. 담벼락 바로 밑에는 폭 1.5미터인 화단이 있다. 이 화단을 망가뜨리지 않기 위해 타고 올라갈 사다리는 비스듬히 세워야 한다. 원하는 높이에 도달하려면 사다리의 길이는 최소한 얼마가 되어야 할까?

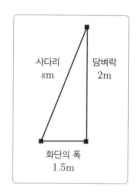

이 경우에도 피타고라스의 정리가 도움된다.

$$s^2 = 1.5^2 + 2^2 = 6.25$$

$$\Leftrightarrow s = \sqrt{6.25} = 2.5 (\text{m})$$

그러므로 사다리의 길이는 최소한 2.5미터는 되어야 한다.

이 그림에서는 화단이 없는 상태에서 사다리를 벽에 세우고 있다.

유클리드와 직각삼각형

유클리드도 삼각형의 다양한 성질에 대해
연구한 후, 몇 가지 정리를 발표했다. 이를
이해하기 위해서는 오른쪽 그림에 표시된
것과 같은 선분의 길이가 몇 개 필요하다.

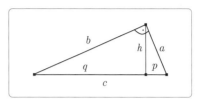

세 변 a, b, c와 높이 h는 이미 알고 있다. 변 c에 수선 h를 그으면 변 c는 2
개의 선분으로 나누어진다. 이때 길이가 긴 선분을 q, 길이가 짧은 선분을 p
라 하자.

유클리드는 다음과 같은 정리를 발표했다.

> 높이의 정리: $h^2 = p \times q$
>
> 직각을 끼고 있는 변의 정리: $a^2 = p \times c$
>
> 직각을 끼고 있는 변의 정리: $b^2 = q \times c$

'유클리드의 정리'의 활용

유클리드의 정리도 실생활에서 활용할 수 있다. 예를
들어 반원 형태의 횡단면을 지닌 터널을 생각해보자. 터
널은 지름이 10미터이고, 도로 양쪽에는 폭 2미터의 주
행 금지로가 있다. 화물차는 터널 천장까지 최소 30센티
미터의 간격이 있어야 통행이 허용된다. 이 터널을 통과
할 수 있는 화물차의 높이는 최고 얼마일까?

터널을 가리키는 독일
의 교통 표지판

이 경우도 그림을 그려 설명하면 이해하
기 쉽다. 오른쪽 그림은 화물차가 터널을
지나가는 장면을 나타내고 있다.

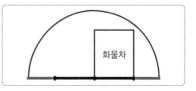

화물차

이것을 다시 수학적인 도형을 사용하여 나타내면 오른쪽 그림과 같다. 이 그림에서 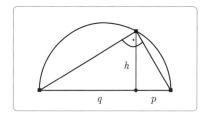 h는 화물차의 최고 높이이다(설정된 조건을 충족하려면 나중에 이 최고 높이에서 30센티미터를 빼야 한다). p는 오른쪽 주행 금지로이고 폭이 2미터이다. 터널 전체의 지름이 10미터이므로 q는 8미터이다. 유클리드의 '높이의 정리'에 따라 계산하면 다음과 같다.

$$h^2 = p \times q \text{이므로}$$
$$h^2 = 2 \times 8 = 16$$
$$\Leftrightarrow h = \sqrt{16} = 4\text{(m)}$$

따라서 h는 4미터이다. 여기서 30센티미터를 빼면 문제의 답이 나온다. 즉 화물차의 최고 높이는 3.70미터가 되는 것이다.

사각형

삼각형에다 각 하나를 추가하면 사각형을 쉽게 만들 수 있다. 하지만 이로써 끝난 것이 아니다. 본격적인 이야기는 지금부터다. 왜냐하면 사각형의 종류도 많고 모두가 각기 부분적으로 다른 성질을 가지고 있기 때문이다.

사각형의 네 꼭짓점은 왼쪽 아래부터 시작하여 시계 반대 방향으로 A, B, C, D로, 네 변은 a, b, c, d로 표시한다. 이렇게 하면 변 a는 꼭짓점 A와 B, 변 b는 꼭짓점 B와 C, 변 c는 꼭짓점 C와 D, 그리고 변 d는 꼭짓점 D와 A와 각각 만난다. 내각은 그림에서와 같이 α, β, γ, δ로 표시한다.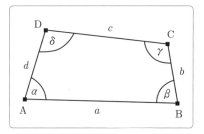

모든 사각형의 내각의 크기의 합은 360도이다.

$$\alpha+\beta+\gamma+\delta=360°$$

정사각형

네 변의 길이가 모두 같고, 네 각의 크기가 모두 직각인 사각형은 정사각형이라 한다. 정사각형의 네 변은 길이가 같기 때문에 보통 소문자 a로 동일하게 표시한다.

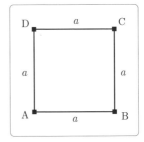

정사각형의 둘레의 길이 U와 넓이 S는 다음과 같다.

$$U=a+a+a+a=4\times a$$
$$S=a\times a=a^2$$

체스판의 정사각형

직사각형

직사각형은 정사각형과 유사하지만 네 변의 길이가 모두 같은 것이 아니라, 마주 보고 있는 변의 길이만 같다. 그래서 길이가 같은 변만 동일한 소문자로 표시한다.

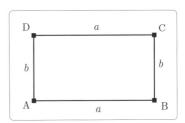

직사각형의 둘레의 길이 U와 넓이 S는 다음
과 같다.

$$U=a+b+a+b=2\times a+2\times b$$
$$S=a\times b$$

도미노 놀이의 말(馬)은 위에서 보면
직사각형 형태를 띤다.

직사각형 벽에 붙인 정사각형 타일

정사각형은 일상생활에서 흔히 볼 수 있다. 특히 벽이
나 바닥에 붙이는 타일은 정사각형으로 만드는 경우가
많다. 정사각형 타일은 평면이라면 거의 모든 곳에 붙일
수 있는 이점이 있기 때문이다. 예를 들어 폭 2.5미터,
높이 5미터인 욕실 벽에 타일을 붙인다고 가정했을 때
욕실 벽 전체에 타일을 붙이려면, 한 변의 길이가 0.5미

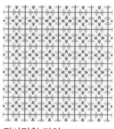

정사각형 타일

터인 타일이 몇 개가 있어야 할까? 이음새는 일단 고려하지 않기로 한다.

먼저 욕실 벽과 타일 한 개의 넓이를 계산한다.

$$S_{벽}=2.5\times 5=12.5(\text{m}^2)$$
$$S_{타일}=0.5\times 0.5=0.25(\text{m}^2)$$

따라서 욕실 벽 전체를 꾸미려면 $12.5\div 0.25=50$개의 타일이 필요하다.

마름모

마름모는 정사각형처럼 네 변의 길이가
같다. 그러나 정사각형과는 달리 마름모의
네 각 중 어느 것도 직각이 아니다. 마름모
의 두 대각선 e와 f는 내각을 이등분하며 서

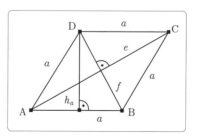

로 수직으로 만난다. 마름모의 넓이를 계산하기 위해서는 높이를 알아야 하는데 높이는 삼각형의 경우와 똑같이 작도한다.

마름모의 둘레의 길이 U와 넓이 S는 다음과 같다.

$$U = 4 \times a$$
$$S = a \times h_a = \frac{e \times f}{2}$$

마름모가 있는 브라질 국기

넓이를 계산하는 식은 다음과 같다. 먼저 마름모를 두 개의 삼각형으로 나눈다. 하나는 꼭짓점이 A, C, D인 삼각형이고, 또 다른 것은 꼭짓점이 A, C, B인 삼각형이다. 이때 두 삼각형은 대각선 e를 밑변으로

마름모로 짜여진 바이에른 주 정부의 기

하고, 높이가 $\frac{1}{2} \times f$이므로 넓이는 $\frac{1}{4} \times e \times f$로 서로 같다. 따라서 마름모의 넓이는 한 삼각형의 넓이에 2를 곱하면 구해진다.

평행사변형

마름모에서 마주 보는 변인 대변의 길이만 같게 하고 이웃하는 변의 길이를 다르게 하면 평행사변형이 된다. 이 경우에도 넓이를 계산하기 위해서는 높이를 알아야 한다.

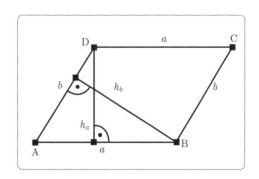

평행사변형의 둘레의 길이 U와 넓이 S는 다음
과 같다.

$$U = 2 \times a + 2 \times b = 2 \times (a+b)$$

$$S = a \times h_a = b \times h_b$$

평행사변형은 주변에서 다양하게 찾아볼 수 있
다. 철도가 교차하는 지점이나 옛 저울에서도 평
행사변형이 나타난다.

철도가 교차하는 지점에서 만들어지
는 평행사변형

연꼴

대칭을 이루고 있는 연꼴에서는 이웃한 두 변의 길
이가 같고, 두 대각선은 서로 수직으로 만난다. 연꼴
은 우리에게 익숙한 도형이다. 어릴 때 연을 날려본
사람이라면 쉽게 연꼴을 떠올릴 수 있을 것이다.

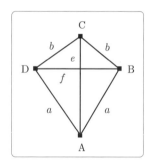

연꼴의 둘레의 길이 U와 넓이 S는 다음과 같다.

$$U = 2 \times (a+b)$$

$$S = \frac{e \times f}{2}$$

이미 짐작한 사람도 있겠지만, 연꼴의 넓이는 마름모의 넓이를 구하는 방법과
똑같이 계산한다.

연 만들기

길이 30센티미터와 50센티미터의 막대기 두 개를 가지고 연을 만들려고 한다. 이를 위해 먼저 두 막대기를 십자가 모양으로 묶는다. 이때 수직으로 놓은 긴 막대기는 수평으로 놓은 짧은 막대기를 이등분하고, 짧은 막대기는 긴 막대기를 15센티미터와 35센티미터로 나누는 지점에 놓이도록 한다.

가을 하늘을 날고 있는 연

그런 다음 두 막대기의 끝을 실로 연결하고 양피지를 붙이면 된다. 이때 필요한 실의 길이와 양피지의 크기는 각각 얼마인가?(양피지가 연보다 커야 한다는 것은 일단 무시한다.)

그림을 보면서 넓이를 계산하면 다음과 같다.

$$S = \frac{e \times f}{2} = \frac{30 \times 50}{2} = 750 (\text{cm}^2)$$

따라서 필요한 양피지의 크기는 750제곱센티미터 이다.

또 실의 길이를 알기 위해서는 연꼴의 둘레의 길이를 구하면 된다. 둘레를 계산하기 위해서는 연꼴의 변의 길이를 알아야 한다. 이는 피타고라스의 정리를 이용하여 다음과 같이 구할 수 있다.

$$a = \sqrt{35^2 + 15^2} \fallingdotseq 38.1 (\text{cm})$$
$$b = \sqrt{15^2 + 15^2} \fallingdotseq 21.2 (\text{cm})$$

따라서 필요한 실의 길이는 다음과 같다.

$$U = 2 \times (38.1 + 21.2) = 118.6 (\text{cm})$$

사다리꼴

사다리꼴은 서커스장이나 체육관에서 볼 수 있는 도형이지만, 수학자들도 사다리꼴을 연구한다. 수학에서는 한 쌍의 대변이 평행한 사각형을 사다리꼴이라고 한다. 이 도형은 더 이상의 특징은 없고, 보통의 사다리꼴은 그림과 같은 모양을 하고 있다.

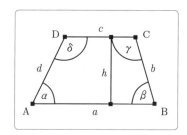

사다리꼴의 내각은 서로 흥미로운 관계를 이루고 있다. 이 관계를 이용하면 사다리꼴을 작도하거나 계산할 때 도움이 된다.

$$\alpha + \delta = \beta + \gamma = 180°$$

사다리꼴의 둘레의 길이 U와 넓이 S는 다음과 같다.

$$U = a + b + c + d$$
$$S = \frac{a+c}{2} \times h$$

어디서나 찾을 수 있는 사다리꼴

사다리꼴도 우리 주변에서 흔히 볼 수 있다. 사다리 모양을 하고 있는 공중그네 이외에도 예를 들어 원근법을 이용해 그림을 그릴 때도 사다리꼴이 등장한다. 축구장도 원근법을 이용해 그리면 사다리꼴 형태를 띤다.

베를린 올림피아슈타디온(올림픽경기장)의 모습

한편 리플렉스 카메라에도 사다리꼴 모양을 한 반사프리즘이 들어 있다. 반사프리즘은 렌즈를 통과하면서 상하가 바뀐 피사체의 상을 바로 잡아주는 역할을 한다.

일반 사각형

지금까지의 설명을 통해 비교적 간단하게 보이는 사각형과 같은 도형도 수학에서는 얼마나 다양한 모습을 나타내는지 알 수 있었다. 이제 마지막으로 네 개의 꼭짓점이 있다는 사실 이외에는 아무런 규칙성을 보이지 않는 일반 사각형을 살펴보기로 하자.

임의의 사각형에 대하여 그 둘레의 길이와 넓이를 구하는 것은 간단한 일이 아니다. 넓이를 구하기 위해서는 먼저 사각형을 두 개의 삼각형으로 나눈다. 그림과 같이 대각선 e를 그으면 두 개의 삼각형이 만들어진다. 그다음에는 새롭게 생겨난 두 삼각형의 높이를 설정한다. 그림에서는 h_1과 h_2로 표시되어 있다.

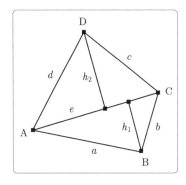

이때 임의의 사각형의 넓이는 두 삼각형의 넓이를 계산하여 더하면 된다.

일반 사각형의 둘레의 길이 U와 넓이 S는 다음과 같다.
$$U = a + b + c + d$$
$$S = \frac{(h_1 + h_2) \times e}{2}$$

주의할 점

임의의 사각형에서 네 변의 길이가 주어져 있다고 해서, 이것만으로 사각형의 형태나 넓이에 대해 단정하는 것은 위험하다. 변의 길이가 같아도 형태가 다른 사각형은 수없이 많기 때문이다!

원

앞에서 각이 세 개인 도형과 네 개인 도형에 대
하여 살펴보았다. 이러한 도형에서 각의 수를 무
한히 늘리면 원이 된다. 원을 수학적으로 올바르
게 표현하면, 평면상에서 중심 M으로부터의 거리
가 같은 점들의 집합이다. 거리는 반지름 r로, 반
지름의 두 배인 지름은 d로 표시한다.

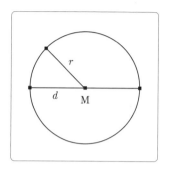

원을 무수히 많은 각을 지닌 정n각형으로
볼 수도 있다. 여기서 n은 각의 수를 가리
킨다. 원을 정n각형이라고 했지만, 이것은
심심풀이로 하는 말이 아니다. 이 개념은
원주율 π를 설명할 때 매우 중요한 역할을
한다.

먼저 원과 관련된 몇 가지 중요한 공식에
대해 알아보기로 하자.

놀이기구로 활용되는 거대한 원-놀이공원의
대관람차

원의 중심각은 360도이다. 원의 둘레의 길이 U와 넓이 S는 다음과 같이 계산한다.

$$U = 2 \times \pi \times r$$
$$S = \pi \times r^2$$

여기서 π는 원주율이라 부르며 분수로 나타낼 수 없는 무리수이다. π는 소
수점 아래의 숫자들이 순환하지 않으면서 무한히 나타나는 무한소수이므로
$\pi = 3.14159265\cdots$로 근삿값으로만 표시할 수 있다.

π의 계산

π가 아주 유용하긴 하지만 특이한 숫자라는 것은 의심할 여지가 없다. 어떻게 이 숫자가 생기게 되었는지도 흥미롭다. 그리스 학자 아르키메데스^{Archimedes, 기원전 287년}는 이미 기원전 3세기에 원에 대해 연구했다. 그는 이 도형에 매료된 나머지 고향 시라쿠사에 로마군이 쳐들어왔을 때 땅에 원을 그리며 연구하다 자신을 체포하려는 로마군 병사에게 "물러서거라, 내 원이 망가

아르키메데스

진다!"라고 호통쳤다고 한다. 이에 병사는 이 노년의 학자의 수학에 대한 열정을 아랑곳하지 않고 그를 죽이고 말았다.

오늘날에는 수학을 연구해도 아르키메데스와 같이 위험에 처하는 일은 없으니 여러분은 안심하고 이 책을 봐도 된다!

다시 본론으로 들어가자. 아르키메데스는 π의 값을 구하기 위해 반지름이 1인(여기서 이 크기는 중요하지 않다) 원에 내접하는 정사각형과 외접하는 정사각형을 각각 그렸다.

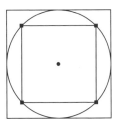

그런 다음 오른쪽 그림과 같이 정사각형의 각의 수를 두 배로 늘린 정팔각형을 원의 내부와 외부에 다시 각각 그려 넣었다.

그는 여기서 그치지 않고 계속해서 16, 32, 64, … 이렇게 각의 수를 늘려나갔다. 정 n 각형은 점점 원의 모습에 가까워졌고 그 넓이도 원의 넓이와 거의 차이가 없어졌다.

이런 세밀한 작업 끝에 다각형의 넓이를 계산한 결과 도형의 넓이는 각의 수가 늘어남에 따라 다음 표에서 나타나는 것처럼 점점 π의 값에 가까워졌다.

각의 수	넓이	각의 수	넓이
4	2	256	3.141277
8	2.828427	512	3.141513
16	3.061467	1024	3.141572
32	3.121445	2048	3.141587
64	3.136548	4096	3.141591
128	3.140331	8192	3.141592

놀라운 원 계산

다음 문제는 국제 학업성취도 평가 시험[PISA: Programme for International Student Assessment]에 자주 출제되어 이제 필수 문제다. 적도 둘레에 빙 둘러 밧줄을 맨다고 가정하자(계산을 간편화하기 위해 적도 둘레의 길이를 4만 킬로미터로 생각한다). 이 밧줄은 특수 장치를 이용해 어디서건 지상으로부터 똑같은 간격을 유지하도록 한다. 이때 밧줄의 길이가 적도 둘레의 길이보다 1미터 길다고 할 때 지구와 밧줄 사이에 한 권의 책을 밀어 넣을 수 있을까?

지구본을 보면 적도의 둘레를 가늠할 수 있다.

먼저 다음의 식을 이용하여 적도를 이루고 있는 원의 반지름을 계산한다.

$$r = \frac{U}{2\pi}$$

문제에서 설정한 적도 둘레의 길이를 대입하여 지구의 실제 반지름의 길이 r_1을 구하면 다음과 같다.

$$r_1 = \frac{40000}{2\pi} \fallingdotseq 6366.197723(\text{km})$$

이제 지구의 적도 둘레의 길이보다 1미터 긴 밧줄의 반지름 r_2를 구하면 다음과 같다.

$$r_2 = \frac{40000.001}{2\pi} \fallingdotseq 6366.197882(\text{km})$$

따라서 지구와 밧줄의 반지름 차이는 0.000159킬로미터 혹은 15.9센티미터이다. 이는 보통의 책이라면 밀어 넣기에 충분한 간격이다. 이 얼마나 놀라운 결과인가!

부채꼴

우리는 일상생활에서 완벽하게 둥근 형태인 원은 물론, 원에서 잘라낸 조각과 같은 모양도 접할 수 있다. 먹기 쉽게 잘라낸 케이크 조각을 생각해보라. 이러한 모양을 기하학에서는 부채꼴이라고 한다.

부채꼴은 크기가 다양하다. 부채꼴의 넓이는 중심각 ε의 크기와 반지름의 길이 r에 따라 좌우된다.

부채꼴에 의해 잘린 원의 일부를 호라 하고 b로 표시한다.

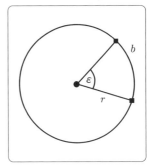

호의 길이 b와 부채꼴의 넓이 S는 다음과 같이 계산한다.

$$b = 2 \times \pi \times r \times \frac{\varepsilon}{360°}$$

$$S = \pi \times r^2 \times \frac{\varepsilon}{360°}$$

아냐의 부채꼴

아냐는 오른쪽 그림과 같은 지름 10센티미터의
장난감 물레방아를 만들었다. 아냐가 날개에 은박
지를 붙여 예쁘게 꾸미려고 할때, 필요한 은박지
의 크기는 얼마인가?

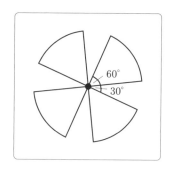

이것은 부채꼴의 넓이를 구하는 문제이다. 그림
에서 보이는 것처럼 네 개의 부채꼴이 같으므로,
부채꼴 한 개의 넓이를 구해 4를 곱하면 된다. 부
채꼴 한 개의 넓이는 다음과 같이 구한다.

$$S = \pi \times 5^2 \times \frac{60°}{360°} = \pi \times 25 \times \frac{1}{6} \fallingdotseq 13.09(\text{cm}^2)$$

부채꼴 한 개의 넓이
가 반올림하여 13.09
제곱센티미터이므로,
물레방아 날개의 전
체 넓이는 52.36제곱
센티미터가 된다. 따
라서 아냐는 52.36제곱센티미터의 은박지
를 준비하면 된다.

물레방아 날개라고 해서 모두가 부채꼴인 것
은 아니다.

원의 방정식

앞에서 말한 대로, 수학에는 단 하나의 기하 형태만 있는 것이 아니다. 여기서
잠깐 해석기하에 대해 알아보기로 하자.

해석기하의 특징은 기하 문제를 풀기 위해 대수학을 이용한다는 것이다. 해석
기하에서는 기하 문제를 순전히 산술적으로 (흔히 방정식으로 나타내어) 푼다.

좌표계

해석기하에서 가장 중요한 요소 중 하나가 좌표계이다. 좌표계는 바둑판 모양처럼 선이 그어져 있는 판으로 생각하면 된다. 2차원 좌표계(이보다 더 높은 차원의 좌표계는 일단 다루지 않는다)는 대개 x축으로 부르는 수평축과 y축으로 부르는 수직축으로 이루어진다. 이 두 축이 만나는 점을 원점이라

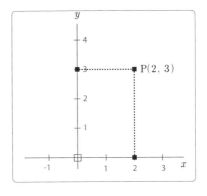

한다. 좌표는 평면 위의 점에서 x축, y축에 수선을 내리고 이 수선이 만나는 x축 위의 값과 y축 위의 값으로 이루어진 순서쌍으로 나타낸다. 점 P가 원점에서 오른쪽으로 2칸, 위로 3칸만큼 이동한 곳에 위치할 때, 이 점의 위치는 P$(2, 3)$으로 나타낸다. 이때 2는 점 P의 x좌표, 3은 점 P의 y좌표라 한다.

이러한 점과 좌표로 다양한 계산을 할 수 있다.

좌표계의 원

좌표계에서는 점을 나타낼 수 있을 뿐만 아니라(점만으로도 수학자들에게 흥미로운 연구거리를 제공한다), 원을 비롯한 온갖 형태의 기하 도형도 나타낼 수 있다. 원을 정확하게 나타내기 위해서는 중심의 위치와 반지름을 알아야 한다. 중심은 좌표계 안에서 원의 정확한 위치를 정하고, 반지름은 원의 크기를 결정한다. 우선 두 가지 기본 사항에 대해 알아보기로 하자.

원을 정확하게 그릴 수 있는 최상의 도구인 컴퍼스

1. 중심이 좌표계의 원점에 있는 원

이 원에서는 좌표가 (x, y)인 점 P를 이용해 원의 반지름을 계산할 수 있다. 이는 피타고라

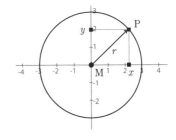

스의 정리를 이용하면 아주 간단하게 해결된다.

> 중심이 좌표계의 원점에 있는 원의 방정식은 다음과 같다.
> $$r^2 = x^2 + y^2$$

2. 중심이 좌표계의 원점이 아닌 임의의 좌표 (a, b)인 원

중심이 좌표계의 원점에 있지 않은 원도 존재한다. 까다로운 수학 문제를 만들어내는 사람들이 이러한 원을 좋아한다. 그렇다고 겁먹을 필요는 없다. 이 경우에도 이용할 수 있는 원의 방정식은 있다. 우선 간단한 스케치를 해보자.

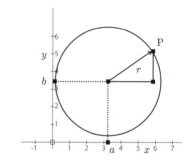

조금만 신경 써서 살펴보면 이 원에서도 직각삼각형이 눈에 띈다(이러한 직각삼각형이 얼마나 유용한지는 이제 알게 될 것이다). 직각을 끼고 있는 두 변의 길이는 $x-a$와 $y-b$가 된다. 여기서도 피타고라스의 정리가 한몫을 한다.

> 중심이 좌표계의 원점이 아닌 임의의 점 (a, b)인 원의 방정식은 다음과 같다.
> $$r^2 = (x-a)^2 + (y-b)^2$$

타원

주변 사람들에게 타원의 정의가 무엇인지를 물어보면(하지만 이 질문은 개그 문

제로는 적합하지 않다),
"달걀같이 생긴 것.
럭비공 같은 것"이라
는 대답을 들을 때가
많다. 대답이 구체적

럭비공도 완전한 타원은
아니다.

이긴 하지만, 수학에서는 정답이라고 여길
수 없다.

타원을 수학적으로 올바르게 정의하는 것
은 약간 복잡하다.

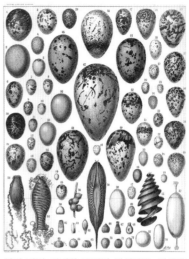

여러 가지 형태와 크기의 알이지만, 타원은
아니다.

> 타원은 평면 위의 두 정점定點 F_1과 F_2로
> 부터의 거리의 합이 일정한 점의 집합을
> 말한다.

그림과 같은 타원에서 r_1과 r_2 초점선이
라 하고, e를 초점 거리라 한다. 두 정점 F_1
과 F_2 사이의 거리는 $2 \times e$가 되고 다음의
관계가 성립한다.

> $$r_1 + r_2 = 2 \times a$$
> $$a^2 - b^2 = e^2$$

여러분은 이 식을 보면 "왜 이렇게 되지?"라고 말하며 고개를 갸우뚱거릴지
도 모르겠다. 첫 번째 식은 점 P가 두 점 A나 A′에 놓일 때 확인할 수 있고, 두
번째 식은 점 P가 두 점 B나 B′에 놓일 때 확인할 수 있다.

정원사의 타원 만들기

여러분이 정원사가 되어 타원형의 꽃밭을 만들어달라는 주문을 받았다고 가정하자(그림의 정원사는 약간 유별나게 보이긴 하지만 그래도 멋있지 않은가). 어떻게 하면 가장 훌륭하게 꽃밭을 만들 수 있을까? 잘 만들었다고 칭찬을 들을 수 있는 아주 간단한 방법이 있다.

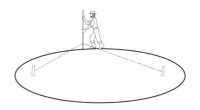

먼저 땅에 말뚝을 두 개 박고 각각 점 F_1 과 F_2로 정한다. 그리고 두 말뚝에 길이 $2 \times a$인 끈의 양 끝을 고정하고 막대기를 걸어 끌어당기면서 이동시킨다. 여러분은 어느새 너무도 멋진 타원이 그려진 것을 보고 놀라게 될 것이다.

이렇게 하면 '거리의 합이 일정한 점의 집합'이라는 타원의 정의가 무엇을 뜻하는지 명확히 드러난다. 두 말뚝에 고정한 끈의 길이는 변함이 없고, 막대기에 의해 분할된 끈의 길이만 달라질 뿐이다. 끈의 한쪽 길이가 길어질수록 다른 쪽 길이는 그만큼 줄어드는 것이다.

타원의 넓이와 둘레

타원의 넓이와 둘레를 계산할 때, 또 한 번 놀라게 된다. 넓이 S는 다른 도형과 마찬가지로 공식에 따라 구할 수 있다. 둘레의 길이 U는 수학의 기본 풀이법에 따르긴 하지만, 근삿값만 구할 수 있을 뿐이다.

$$S = \pi \times a \times b$$
$$U \fallingdotseq \pi \left\{ 1.5 \times (a+b) - \sqrt{a \times b} \right\}$$

접견실용 탁자

회사의 임원 사무실에는 품위 있는 가구가 있어야 한다. 중요한 거래처 손님을 맞이해 상담하는 접견실도 마찬가지이다. 이런 용도에는 타원형 탁자가 잘 어울린다. 뮐러 씨는 접견실을 새로 꾸미면서 길이가 8미터, 폭이 5미터인 커다란 탁자를 주문하려고 한다. 가구점 주인은 다양한 소재의 탁자 모델을 보여주면서 제곱미터 단위로 가격이 표시된 견적서를 내밀었다. 뮐러 씨는 이 견적서에 따른 탁자의 가격을 알기 위해, 펜과 메모지를 꺼내 탁자의 넓이를 계산해보기로 했다.

$$S = \pi \times a \times b$$
$$\Leftrightarrow S = \pi \times 4 \times 2.5 = \pi \times 10 \fallingdotseq 31.42 (\text{m}^2)$$

이렇게 해서 뮐러 씨는 탁자의 넓이 31.42제곱미터에 견적서에 적힌 제곱미터 단위당 가격을 곱하여 탁자의 가격을 알 수 있었다.

다각형

우리 주변이나 기하학에서 볼 수 있는 평면도형은 앞에서 소개한 것이 전부가 아니다. 각이 네 개가 넘는 도형도 있고, 원이나 타원이 아닌 도형도 있다. 이러한 도형을 다각형이라 부른다.

다각형을 가리키는 polygon은 '많은'을 의미하는 그리스어 polys와 '각'을 의미하는 그리스어 gonia가 결합된 말이다. 다각형을 수학에서는 다음과 같이 정의한다.

다양한 형태의 다각형

n개의 점을 선분으로 연결할 때 생기는 모든 닫힌 도형을 다각형이라 한다.

여기서 n은 임의의 자연수이다. 따라서 삼각형과 사각형도 다각형이라 할 수 있다. 그러나 이 두 도형에 대해서는 특별한 규칙이 적용되므로 따로 떼어 설명했을 뿐이다.

변의 길이와 각이 모두 같은 다각형을 정n각형, 변의 길이와 각이 다른 다각형은 부등변 n각형이라 한다.

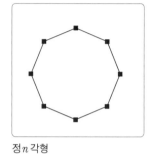
정n각형

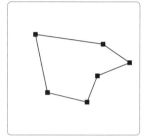
부등변 n각형

다각형의 작도

부등변 n각형의 작도에 대해서는 일반적으로 적용되는 규칙이 없다. 형태나 크기는 각 꼭짓점의 위치에 따라 달라진다.

정n각형을 작도할 때는 따라야 할 몇 가지 규칙이 있다(또한 다각형의 각이 얼마나 많은지에 따라 작도하는 데 인내심도 필요하다). 그중 다음의 규칙이 가장 중요하다.

미국 국방부 건물인 펜타곤은 가장 유명한 오각형이다.

정n각형의 꼭짓점은 모두 한 원 위에 있다. 즉 정n각형은 원에 내접하는 다각형이다.

오른쪽 그림을 보면 정n각형의 성질을 다시 한 번 확인할 수 있다.

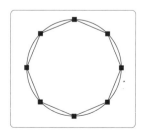

정 n 각형은 다음과 같은 성질도 지니고 있다.

정 n 각형의 모든 변은 길이가 같다.
정 n 각형의 각 변에 대한 중심각(중심각은 α 로 표시한다)은 모두 크기가 같고, 다음과 같이 계산한다.

$$\alpha = \frac{360^\circ}{n}$$

정육각형의 작도

벌집은 수많은 정육각형으로 이루어져 있다. 벌집을 그리기 위해서는 정육각형의 모형이 필요하다. 이제 앞에서 말한 정 n 각형의 성질을 이용해 정육각형 작도 방법을 단계별로 알아보자.

벌집 – 정육각형으로 가득 차 있다!

우선 원이 필요하다. 이 원에 내접하는 정육각형을 작도할 것이므로, 정육각형의 각 변에 대한 중심각의 크기는 다음과 같다.

$$\alpha = \frac{360^\circ}{6} = 60^\circ$$

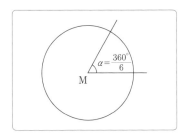

이제 원에 이 각을 그려 넣는다.

이 각을 이루고 있는 두 반직선이 원과 만나는 두 점을 P_1, P_2라 하자. 이때 두 점 P_1과 P_2를 이은 선분 P_1P_2 정육각형의 한 변이 된다.

그런 다음 컴퍼스를 이용해 점 P_2를 원의 중심으로 하고 반지름이 s인 원의 일부인 원호를 처음의 원에 겹쳐 그리고, 만나는 점을 P_3라

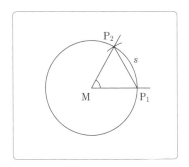

하자. 작도하는 과정이 약간 복잡해 보이긴 하
지만 염려할 필요는 없다. 이제 점 P_3가 다음
에 그릴 원호의 중심이 된다. 이런 방식으로 점
P_4, P_5, P_6를 계속 그려 넣는다.

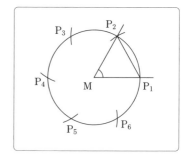

마지막으로 각 점들을 선분으로 연결하기만
하면 멋진 정육각형이 생긴다.

이제 이 모형을 오려내어 상상력을 발휘해
벌집무늬를 그리면 된다.

이 원칙에 따르면 다른 정n각형의 작도도
가능하다.

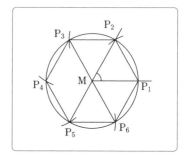

다각형의 계산

다각형의 넓이 계산은 간단하지만은 않다. 매우 복잡한 다각형이라면 삼각형
또는 사각형으로 쪼개어 이미 알고 있는 공식에 따라 넓이를 계산하면 된다. 그
러나 넓이를 계산하기 위해 필요한 높이를 비롯한 각 부분의 값을 알아내는 것
이 쉽지는 않다.

더 알아야 하는 다각형의 성질

다각형을 다룰 때 알아야 할 성질에 대해 더 살펴보자.

$$n \text{각형에서 대각선의 개수는 } \frac{n \times (n-3)}{2} \text{이다.}$$

다각형의 모든 꼭짓점은 이웃하지 않는 다른 꼭짓점과 대각선으로 연결할 수
있다. 따라서 n각형의 한 꼭짓점에서 그을 수 있는 대각선의 개수는 $n-3$이다.
그것은 한 꼭짓점에서 대각선을 그을 때 자기 자신과 이웃하는 두 꼭짓점은 제

외되기 때문이다. 이것은 n각형의 모든 꼭짓점에 적용된다. 즉 n개의 꼭짓점에서 모두 대각선을 그을 수 있으므로, 대각선의 개수는 $n \times (n-3)$이 된다. 하지만 한 대각선이 두 꼭짓점에 걸쳐 있으므로 각 대각선은 실제로 2번씩 그어진다. 따라서 구한 대각선의 개수를 2로 나누어야 한다.

다각형과 관련된 또 다른 성질이 있다. 오른쪽 그림에서 볼 수 있듯이, 다각형의 안쪽에서 한 꼭짓점과 두 변이 이루는 각을 내각이라고 한다.

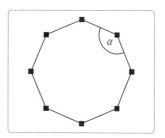

> n 각형에서 내각의 크기의 합은 $(n-2) \times 180°$
> 이다.

따라서 오각형의 내각의 크기의 합은 540도이고, 십각형의 내각의 크기의 합은 1440도임을 알 수 있다.

대칭과 합동

대칭

수학에서는 실제 생활에서와 똑같은 현상이 생길 때가 있다. 양쪽에 있는 부분이 꼭 같은 모양으로 배치되는 도형이나 물체는 다른 것보다 더 관심을 끈다.

그림에 표시한 붉은 점선은 건물을 이등분하는 선으로, 대칭축이라고 한다. 그러나 이 정의가 수학적이지 않으므로 더 엄밀하게 알아보기로 하자.

대칭축이라고 해서 반드시 한 물체를 이등분하는 것은 아니다. 대칭축은 두 물체의 연관관계에 대해서도 적용된다.

이제 수학적으로 보다 정확하게 살펴보자.

> 두 물체 혹은 여러 물체가 혼동될 정도로 서
> 로 닮아서, 마치 전체의 일부처럼 보이는 관
> 계를 이루고 있을 때를 대칭이라고 한다.

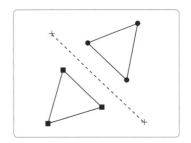

대칭을 이루고 있는 루트비히스부르크 성

크리스마스트리 만들기

대칭과 그 성질에 대해 알면 여러 가지 문제
를 쉽게 해결할 수 있다. 예를 들어 종이로 크
리스마스트리를 만들 때가 그렇다. 우선 종이를 반으로 접는다. 그런 다음 한쪽
면을 가지 모양이 되도록 가위로 오린다. 이 종이를 다시 펼치면 완전한 대칭을
이루는 크리스마스트리를 얻을 수 있다.

만다라도 대칭의 원리에
따른다. 만다라는 마음을 다
스리고 안정감을 주는 그림
으로 통한다. 여기서도 사람
들이 대칭을 높이 평가하고
있음을 알 수 있다.

티베트의 정교한 만다라

합동

"두 쪽이 똑같다"와 "혼동할 정도로 닮았다"라는 말은 대상을 아주 구체적으
로 묘사한 것이다. 그러나 이 말들은 수학과는 아무런 관계가 없다. 이제 명확한
정의를 위해 합동이라는 새로운 개념을 도입하자.

도형들의 형태나 크기가 완전히 일치하며 위치만 다를 때, 합동이라고 한다. 또한 두 도형 A와 B가 합동일 때는 $A \equiv B$로 표시한다.

위에서 말한 정의도 수학자에게는 아직 충분하지 않다. 수학자는 합동인 두 도형을 어떤 수학적 조작을 통해 일치시킬 수 있는지를 알고 싶어 한다. 이러한 조작 방법은 선대칭, 점대칭, 평행이동, 회전이동 등이며 총칭하여 '합동변환'이라고 한다.

물에 비친 대칭

건물 외벽에 나타난 대칭

선대칭

선대칭에서 중요한 역할을 하는 것은 바로 대칭축이다. 한 도형의 임의의 점 P는 선대칭에 의해 점 P′와 대응한다. 이 두 점은 대칭축으로부터의 거리가 동일하고 두 점을 연결한 선분 PP′는 대칭축 g와 수직으로 만난다.

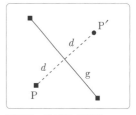
대칭축 g에 대한 선대칭

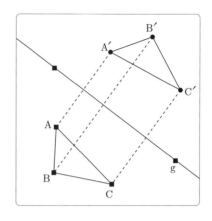

이렇게 원래 도형의 모든 점은 대칭축을 기준으로 반대편 거울에 비친 것처럼 대칭을 이루는 점을 얻게 된다. 실제로는 예를 들어 삼각형의 꼭짓점과 같은 점으로 표시되며 이 점들을 이으면 도형이 된다. 여기서 중요한 것은 도형의 회전 방향이 달라진다는 사실이다. 그림을 보면 원래의 삼각형에서는 점의 표시가 시계 반대 방향으로 진행되는 반면, 반사된 삼각형에서는 시계 방향으로 진행된다. 선대칭은 합동변환 중에서 유일하게 방향이 바뀐다.

점대칭

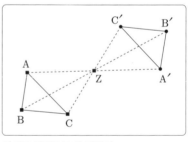

점Z를 기준으로 한 점대칭

점대칭에서는 대칭축이 아니라 한 점 Z를 기준으로 대칭이 이루어진다. 일단 도형의 각 점에서 점 Z를 지나는 선을 긋는다. 점에서 Z까지의 거리만큼 반대편으로도 그으면 대칭을 이루는 도형의 모든 점은 Z까지의 거리가 같게 된다.

점의 회전 방향은 처음 도형과 대칭한 도형 모두 시계 방향이다. 따라서 점대칭은 방향이 보존되는 합동변환이다.

평행이동

평면상의 한 도형에 대하여 그 위의 모든 점을 같은 방향으로 같은 거리만큼 옮기는 것을 도형의 평행이동이라 한다. 평행이동의 거리와 방향은 벡터 $\vec{a}$에

의해 결정된다. 여기서 벡터는 고정된 형태를 말하는 것이 아니라 크기와 방향을 가지고 있는 양으로써, 두 가지 정보를 모두 표현할 수 있는 화살표로 나타낸다. 이 화살표는 출발점에서 평행이동한 점까지의 이동 방향과 이동한 거리를 나타낸다. 평행이동할 때 중요한 것은 $|\vec{a}|$로 표시되는 벡터의 길이와 방향이다.

평행이동은 가장 자연스러운 합동변환으로 볼 수 있다. 또한 평행이동은 선대칭을 두 번 한 결과로 볼 수도 있다.

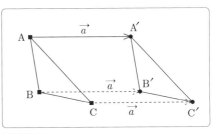

평행이동

우리는 평행이동을 일상생활에서 수없이 실행하고 있다. 여러분은 친구가 커피잔을 A지점에서 B지점으로 별문제 없이 이동시키면, 합동변환에 성공했다고 축하해도 된다. 이렇게 축하하는 당신의 정신 상태를 친구가 의심한다면 이 친구는 수학에 대해 아무것도 모르는 사람이다.

회전이동

회전이동은 두 개의 매개변수에 의해 결정된다. 첫 번째 매개변수는 중심점 Z인데, 이 점을 중심으로 회전이 이루어진다. 두 번째 매개변수는 회전각 α인데, 회전 방향은 회전각 앞에 화살표로 표시된다.

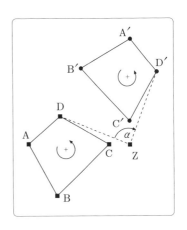

도형을 회전시키려면 먼저 도형의 꼭짓점에서 중심점 Z까지 선을 그은 다음, 그 길이를 유지하면서 중심점 Z에서 회전각 α의 크기만큼 회전시키면 된다.

회전이동은 예를 들어 아이들이 타는 회전목마에서 나타난다. 여기서는 회전

목마가 도는 축이
중심점이 된다. 아
이들은 목마를 타고
원을 그리며 회전
이동한다. 그림에서
보듯이, 프로펠러에

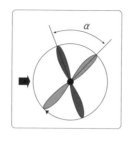

풍력기에도 중심점이 있다.

서도 회전이동 현상이 나타난다. 또한 그네에서도 이를 볼 수 있다.

삼각형의 합동조건

합동과 관련해서도 삼각형이 독특한 성질을 지닌 도형이라는 사실이 드러난
다. 삼각형에는 다음과 같은 몇 가지 특수한 명제가 적용된다.

다음 조건을 만족할 때 두 삼각형은 합동이다. 여기서 S는 변^{Side}을, A는 각^{Angle}
을 나타낸다.
– 대응하는 세 변의 길이가 각각 같을 때(SSS)
– 대응하는 두 변의 길이가 각각 같고, 그 두 변 사이의 끼인각의 크기가 같을 때
  (SAS)
– 대응하는 한 변의 길이가 같고, 그 양 끝각의 크기가 각각 같을 때(ASA)

이러한 명제를 보면, 두 삼각형이 합동이 되기 위해서는 세 각의 크기가 같다
는 조건은 충분하지 않음을 알 수 있다. 세 각의 크기가 각각 같은 두 삼각형은
닮음이라고 한다. 이제 닮음에 대해 알아보기로 하자.

닮음

닮음이라는 말은 우리가 일상생활에서 자주 쓰긴 하지만 명확한 개념은 아니다. "두 아이가 정말 닮았어!"라는 말은 두 아이의 얼굴 모습이 거의 일치할 때도 쓸 수 있지만 귀의 모습만 똑같아도 쓸 수 있다. 이렇듯 닮음이라는 말은 관찰자가 보는

닮은 오누이

눈에 따라 좌우된다. 이렇게 애매한 개념이 기하학에서 자리를 잡은 이유는 무엇일까?

지금까지 이 책을 꼼꼼하게 본 사람이라면 충분히 답을 짐작할 수 있을 것이다. 바로 닮음은 일상생활보다는 수학에서 훨씬 더 명확하게 정의되기 때문이다. 닮음의 조건은 다음과 같다.

> 닮은 두 평면도형은 대응하는 변의 길이의 비가 일정하다. 또한 대응하는 각의 크기가 각각 같을 때도 닮음이다.

따라서 닮음은 앞에서 설명한 합동과 크게 다르지 않다. 사실상 합동은 닮음의 특수한 경우라고 말할 수도 있다. 즉 합동은 대응하는 변의 길이의 비가 항상 1:1인 닮음인 것이다.

이제 한 걸음 더 나아가 보자. 앞에서 말한 삼각형의 합동조건을 닮음조건으로 일반화할 수 있다.

다음 조건을 만족할 때 두 삼각형은 닮음이다.

- 세 쌍의 대응하는 변의 길이의 비가 같을 때

  $a:a'=b:b'=c:c'$

- 두 쌍의 대응하는 변의 길이의 비가 같고, 그 두 변 사이의 끼인각의 크기가 같을 때 예를 들어 $a:a'=b:b'$ 그리고 $\gamma=\gamma'$

- 두 쌍의 대응하는 각의 크기가 같을 때(이 경우는 자동으로 세 쌍의 대응하는 각의 크기가 같게 된다.) 예를 들어 $\alpha=\alpha'$ 그리고 $\beta=\beta'$

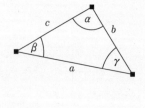 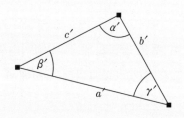

닮음변환

합동의 경우 합동변환이 있듯이, 닮음도 닮음변환이 있다. 이 닮음변환의 원칙은 그림에서 드러난다.

수학자들은 닮음변환을 다음과 같이 설명한다.

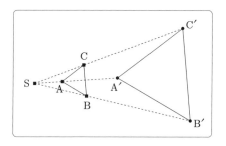

닮음변환은 점 S 와 수 k(k는 0이 아니다)에 의해 결정된다. 여기서 S 는 닮음변환의 중심이고, k는 변환지수이다. 원래 도형의 각 변의 길이는 닮음변환에 의해 k 배로 변화한다.

여기서 k는 양이나 음의 값을 가질 수 있다. k가 -1이면 닮음변환은 중심에 대하여 점대칭을 이룬다.

일상생활에서 나타나는 닮음변환

디지털카메라가 없었던 시절에는 슬라이드 영사기가 인기를 끌었다. 여러분 중에는 친구들을 모아놓고 슬라이드 쇼를 하며 즐거운 시간을 보낸 경험이 있는 사람도 있을 것이다. 그러나 여기서는 옛 추억을 되살리는 시간이 아니라 수학 공부를 하는 시간이므로, 슬라이드 필름을 벽에 투사하는 원칙에 대해 자세히 알아보기로 하자.

슬라이드 필름을 보고 있는 장면

다음 그림에서 보듯이 한쪽에는 슬라이드 영사기가 있고, 멀리 떨어진 곳에 설치된 화면에는 큰 그림이 비치고 있다. 슬라이드 필름과 그림 사이에는 환등기 렌즈가 있다.

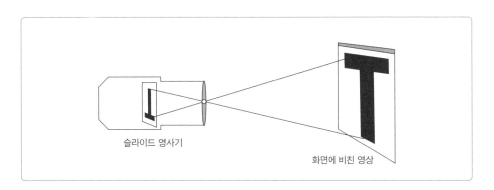

슬라이드 영사기

화면에 비친 영상

이 경우 닮음변환의 중심은 그림을 화면에 투사하는 렌즈에 있다(그림이 거꾸로 투사되는 것은 닮음변환을 배우는 데는 아무런 문제가 되지 않는다).

닮음변환 명제

슬라이드 영사기에 대해 조금 더 살펴보기로 하자. 슬라이드 영사기를 활용하면 여러 선분들 사이의 관계에 대한 기하학적 원리를 조금 더 깊이 알 수 있다. 다음 그림을 활용해 보다 일반적으로(수학적으로) 설명해보기로 하자.

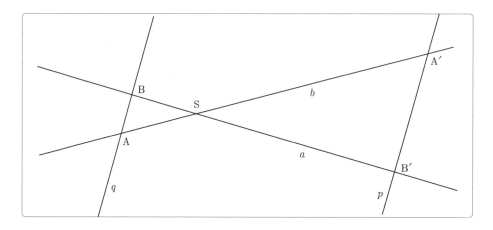

여기서 서로 만나는 두 직선 a, b가 평행한 두 직선 p, q와 만난다고 하자. 이때 두 직선 p, q가 a, b의 교점 S를 기준으로 하여 같은 쪽에 있다거나 왼쪽과 오른쪽에 한 개씩 위치하는 것은 중요하지 않다.

첫 번째 닮음변환 명제는 다음과 같다.

서로 만나는 두 직선이 평행한 두 직선과 만날 때, 교점에서 평행한 직선과 만나는 점까지의 거리의 비는 평행한 또 다른 직선과 만나는 점까지의 거리의 비와 같다.

$$\frac{\overline{SA}}{\overline{SA'}} = \frac{\overline{SB}}{\overline{SB'}}$$

지금까지는 이해를 돕기 위해 두 직선을 가지고 설명했지만, 닮음변환은 여러 개의 직선에 대해서도 적용된다.

이제 두 번째 닮음변환 명제를 살펴보자.

서로 만나는 두 직선이 평행한 두 직선과 만날 때, 교점에서 평행한 직선과 만나는 점까지의 거리의 비는 서로 만나는 두 직선에 의해 잘린 평행한 두 직선 위의 각 선분의 길이의 비와 같다.

$$\frac{\overline{SA}}{\overline{SA'}} = \frac{\overline{AB}}{\overline{A'B'}}$$

슬라이드 영사기에서 화면까지의 거리

앞에서 말한 슬라이드 영사기를 다시 살펴보자. 가로세로 2.5미터인 화면에 슬라이드 필름을 투사해보자. 슬라이드 필름으로부터 영사기 전구까지의 거리는 8센티미터이고 슬라이드 필름의 크기는 가로의 길이가 24밀리미터, 세로의 길이가 36밀리미터이다. 이때 슬라이드 영사기를 화면으로부터 얼마나 떨어진 곳에 놓아야 할까? 물론 영사기를 이리저리 옮기며 이상적인 위치를 잡을 수도 있다. 그러나 수학자는 직접 거리를 계산한다.

슬라이드 영사기와 벽 사이의 거리는?

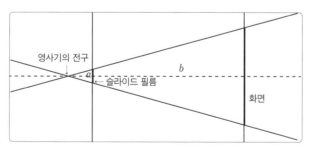

여기서 서로 만나는 두 직선은 빛이 비치는 경계를 표시한다. 그림에는 점선으로 된 세 번째 직선이 추가되어 있다. 영사기의 전구에서 슬라이드 필름까지의 거리(8센티미터)는 a이고, 우리가 구할 슬라이드 필름에서 화면까지의 거리는 b이다. 두 번째 닮음변환 명제를 이용하면 다음과 같이 계산할 수 있다.

$$\frac{\text{화면의 높이}}{\text{슬라이드 필름의 높이}} = \frac{\text{영사기의 전구에서 화면까지의 거리}}{\text{영사기 전구에서 슬라이드 필름까지의 거리}}$$

모든 단위를 밀리미터로 바꾸면 다음과 같다.

$$\frac{2500}{36} = \frac{a+b}{80} \Leftrightarrow a+b = \frac{2500 \times 80}{36} = 5555.56(\text{mm}) \fallingdotseq 5.56(\text{m})$$

$$\Leftrightarrow b = 5.56 - a = 5.56 - 0.08 = 5.48(\text{m})$$

따라서 슬라이드 영사기를 화면으로부터 5.48미터 떨어진 곳에 설치하면 가장 이상적인 슬라이드 쇼를 펼칠 수 있게 되는 것이다.

세 번째 닮음변환 명제는 다음과 같다.

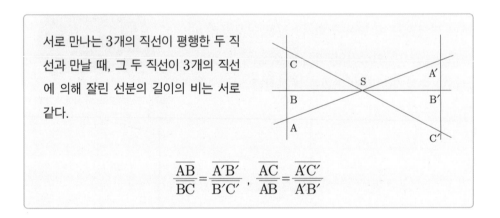

서로 만나는 3개의 직선이 평행한 두 직선과 만날 때, 그 두 직선이 3개의 직선에 의해 잘린 선분의 길이의 비는 서로 같다.

$$\frac{\overline{AB}}{\overline{BC}} = \frac{\overline{A'B'}}{\overline{B'C'}}, \quad \frac{\overline{AC}}{\overline{AB}} = \frac{\overline{A'C'}}{\overline{A'B'}}$$

탑의 높이

이번에는 탑의 높이를 계산해보자. 하지만 탑에 직접 올라갈 수는 없다. 대신 긴 줄자와 막대기를 이용할 수 있다. 하늘에는 태양이 눈부시게 빛나고 있다. 자, 어떻게 하겠는가?

에펠 탑의 높이는 꼭대기의 텔레비전 안테나를 포함해 327미터이다.

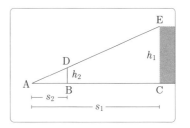

우선 막대기의 그림자 끝과 탑의 그림자 끝이 만나도록 막대기를 수직으로 세운다. 전체 구조는 오른쪽 그림과 같다.

선분 s_1(65미터)과 s_2(3미터)의 길이 그리고 막대기의 길이 h_2(2미터)는 직접 잴 수 있다. 이제 두 번째 닮음변환 명제를 이용해 다음과 같이 계산한다.

$$\frac{h_1}{s_1} = \frac{h_2}{s_2} \iff h_1 = \frac{s_1 \times h_2}{s_2} = \frac{65 \times 2}{3} \fallingdotseq 43.33 (\text{m})$$

따라서 탑의 높이는 43.33미터이다.

각

지금까지 우리는 다양한 도형을 알게 되었고 이 도형들을 이용해 여러 가지 계산을 해보았다. 주의 깊은 독자는 눈치챘겠지만, 딱 한 가지는 다루지 않았다. 바로 각이다. 이제부터는 각에 대해 본격적으로 알아보기로 하자.

우선 워밍업을 위해 각이 무엇인지를 살펴보자. 기하에서 각은 선분과 직선 혹은 평면이 만나는 곳에서는 어디서나 생긴다.

$\overline{AS}$와 $\overline{BS}$는 각을 이루고 있는 두 변이고, S는 각의 꼭짓점이다. 각의 크기는 °(도)로 표시한다.

각-선분, 직선, 평면이 서로 만나고 있다.

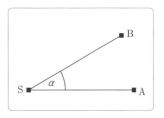

각의 종류

각은 크기에 따라 서로 다른 이름을 가지고 있다. 90도인 각은 직각이라 하며 가장 널리 알려져 있다. 각의 크기에 따라 각각의 이름을 표로 나타내면 다음과 같다.

나무로 뼈대를 세운 집에서 볼 수 있는 예각, 둔각, 직각

각	이름
$a < 90°$	예각
$a = 90$	직각
$90° < a < 180°$	둔각
$a = 180°$	평각
$180° < a < 360°$	우각

몇 가지 특별한 각

두 직선이 만나면 항상 네 개의 각이 생긴다. 이를 그림으로 나타내면 오른쪽과 같다.

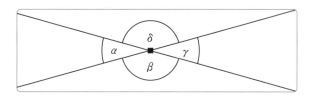

그림에서의 각은 아주 특별한 이름을 가지고 있다.

서로 마주 보는 각을 맞꼭지각이라 하며 $\alpha = \gamma$ 그리고 $\beta = \delta$이다. 또 서로 이웃하는 각을 보각이라 하며 $\alpha + \delta = 180°$ 그리고 $\beta + \gamma = 180°$이다.

기하에서는 오른쪽 그림과 같이 두 개의 직선이
또 다른 한 직선과 만나는 경우가 있다.

이때 생기는 각에도 특별한 이름이 붙는다.

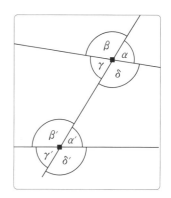

> 각 α와 α', β와 β', γ와 γ' 그리고 δ와 δ'
> 는 동위각이라 하고, 두 직선이 평행하면
> 그 크기는 각각 같다.
> 각 γ와 α' 그리고 δ와 β'는 엇각이라 하고,
> 두 직선이 평행하면 그 크기 역시 각각 같다.

sin(사인), cos(코사인), tan(탄젠트)

지금까지는 삼각형과 각에 대해 알아보았다. 이번에는 한 단계 더 깊게 알아
보자.

우선 직각삼각형에서 변의 길이와 각의 크기 사이의 관계를 다루는 수학 분야
인 삼각법에 대해 살펴보자. 특히 삼각비 $\sin(\alpha)$, $\cos(\alpha)$, $\tan(\alpha)$에 주안점을
둘 것이다. 삼각법은 측량과 천문학에서 주로 사용된다.

직각삼각형에서의 사인, 코사인, 탄젠트

지금부터는 삼각비의 정의를 살펴보고 난 뒤
에 이 삼각비가 실생활에서 사용되는 예를 설
명할 것이다. 삼각비가 쓰이는 분야는 물리학,
천문학, 항해술, 토지 측량 등 매우 다양하다.

먼저 삼각비의 정의에 대해 살펴보자. 오른

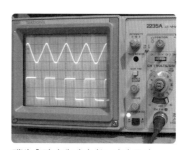

맥박 측정기에 나타나는 사인 곡선

쪽 그림과 같이 2개의 직각삼각형을 겹 쳐 그려보자. 이때 두 직각삼각형에서 대응하는 변의 길이의 비는 같다.

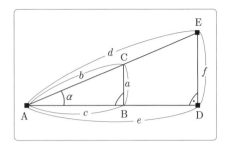

$$\frac{a}{b}=\frac{f}{d}, \quad \frac{c}{b}=\frac{e}{d}, \quad \frac{a}{c}=\frac{f}{e}$$

따라서 직각삼각형 ABC에서 각 α의 크기가 일정하면, 각 변의 길이의 비의 값은 삼각형의 크기와는 상관없이 일정 함을 알 수 있다. 이 일정한 비의 값을 각각 사인, 코사인, 탄젠트라 한다.

sin(사인)

각 α의 사인은 빗변의 길이에 대한 높이의 비의 값을 말한다.

$$\sin(\alpha)=\frac{높이}{빗변의\ 길이}=\frac{a}{b}$$

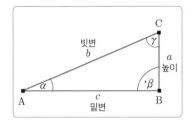

cos(코사인)

각 α의 코사인은 빗변의 길이에 대한 밑변의 길이의 비의 값을 말한다.

$$\cos(\alpha)=\frac{밑변의\ 길이}{빗변의\ 길이}=\frac{c}{b}$$

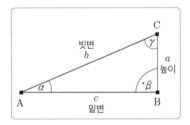

tan(탄젠트)

각 α의 탄젠트는 밑변의 길이에 대한 높이의 비의 값을 말한다.

$$\tan(\alpha)=\frac{높이}{밑변의\ 길이}=\frac{a}{c}$$

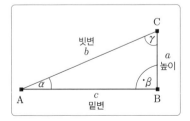

토지 측량

당신이 토지 측량기사가 되어 높이 1240미터의 산을 멀리서 바라보고 있다고 하자. 산의 정상에서 땅으로 수직선을 그을 때 땅에 닿는 지점을 수선의 발이라고 한다. 당신이 서 있는 지점에서 수선의 발까지의 거리는 얼마인가? 특수 측정기로 산 정상을 올려다본 각의 크기가 19.5도라고 할 때 수선의 발까지의 거리를 계산해보자.

이미 알고 있는 것은 각 α의 크기와 높이이다. 이때 탄젠트를 이용하면 직각삼각형의 밑변의 길이를 구할 수 있다.

토지 측량 기구

$$\tan(19.5°) = \frac{1.24\text{km}}{d} \Leftrightarrow d = \frac{1.24\text{km}}{\tan(19.5°)} \fallingdotseq 3.502\,\text{km}$$

커브길 주행

오토바이를 타고 커브길을 돌면 우리가 타고 있는 오토바이는 비스듬히 기울게 된다. 이는 이상한 일이 아니다. 왜냐하면 이렇게 기울어야 우리에게 작용하는 원심력을 지탱할 수 있기 때문이다. 오른쪽 그림을 보면, 커브길을 돌 때 어떤 힘이 어떻게 작용하는지를 알 수 있다.

커브길 주행

커브길을 돌 때 작용하는 힘은 다음과 같은 식으로 나타낸다.

$$\tan(\alpha) = \frac{F}{G}$$

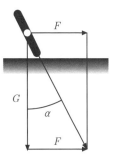

여기서 F는 원심력이고, G는 오토바이의 무게를 가리킨다. 원

심력은 $F=\dfrac{m \times v^2}{r}$ 이라는 식으로 나타낸다. 여기서 m은 차량의 질량, v는 오토바이의 속도, r은 주행 반지름이다. 무게 G는 중력가속도 $g=9.81\text{m/s}^2$ 를 사용하여 $G=m \times g$와 같이 나타낸다. 이 F와 G를 $\tan(\alpha)=\dfrac{F}{G}$에 대입하여 간단히 하면 다음과 같다.

$$\tan(\alpha)=\frac{v^2}{g \times r}$$

이때 오토바이가 기운 각의 크기와 주행 반지름을 알면 오토바이의 속도를 계산할 수 있다.

$$v=\sqrt{g \times r \times \tan(\alpha)}$$

예를 들어 기운 각의 크기가 15도이고 주행 반지름이 10미터일 때, 오토바이의 속도는 다음과 같다.

$$v=\sqrt{9.81\text{m/s}^2 \times 10\text{m} \times \tan(15^\circ)} \fallingdotseq 5\text{m/s}=18\text{km/h}$$

역함수

직각을 끼고 있는 두 변의 길이만 알고, 각의 크기를 모를 때도 다음의 삼각비를 이용하면 각의 크기를 계산할 수 있다.

$$\tan(\alpha)=\frac{a}{c}$$

각의 크기를 계산하기 위해서는 탄젠트의 역함수인 아크탄젠트를 끌어들여야 한다. 아크탄젠트를 이용하면 다음과 같다.

$$\alpha=\arctan\left(\frac{a}{c}\right)$$

이 값은 계산기를 이용해 구할 수 있다. 그림에서 볼 수 있듯이, 계산기에는 아크탄젠트 혹은 $\tan^{-1}$이라고 표시된 버튼이 있다.

사인과 코사인에도 역함수가 있다. 사인과 코사인에 대해서도 위에서 살펴본 탄젠트의 경우처럼 계산하면 된다. 여기서는 더 깊이 다루지는 않는다.

계산기에 표시된 sin, cos, tan와 각각의 역함수

일반 삼각형에서의 사인과 코사인

직각삼각형이 기하학에서 얼마나 중요한 역할을 하는지는 이미 여러 번에 걸쳐 살펴보았다. 이는 삼각비와 관련해서도 또다시 입증되었다. 그러나 일반 삼각형도 무시할

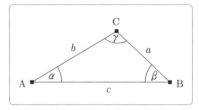

수 없다. 일반 삼각형에서도 사인과 코사인을 이용해 다양한 계산을 할 수 있다. 특히 이제부터 소개할 사인법칙과 코사인법칙은 큰 도움이 된다.

일반 삼각형의 사인법칙

일반 삼각형에서 변의 길이와 각의 크기 사이의 관계는 직각삼각형의 경우처럼 간단하지 않다. 하지만 그렇다고 복잡한 것은 아니다.

> 일반 삼각형에서 각 변의 길이와 마주 보는 각의 크기에 대한 사인값에 대하여 다음과 같은 관계가 성립한다.
> $$\frac{a}{\sin(\alpha)} = \frac{b}{\sin(\beta)} = \frac{c}{\sin(\gamma)}$$

이 법칙은 다음과 같이 표현할 수도 있다.

> 두 변의 길이의 비는 각 변과 마주 보는 각의 크기에 대한 사인값의 비와 같다.

그 이유는 다음과 같다.

$$\frac{a}{\sin(\alpha)} = \frac{b}{\sin(\beta)} \Leftrightarrow a = \frac{b \times \sin(\alpha)}{\sin(\beta)} \Leftrightarrow \frac{a}{b} = \frac{\sin(\alpha)}{\sin(\beta)}$$

이를 다른 변의 길이와 마주 보는 각의 크기의 비에 적용하면 오른쪽과 같은 결과를 얻는다.

$$\frac{a}{b} = \frac{\sin(\alpha)}{\sin(\beta)}$$

$$\frac{b}{c} = \frac{\sin(\beta)}{\sin(\gamma)}$$

$$\frac{a}{c} = \frac{\sin(\alpha)}{\sin(\gamma)}$$

바다 항해

바다를 항해하면서 등대의 불빛을 보고 각의 크기를 재었더니 43도였다. 15킬로미터를 더 항해한 후 다시 각도를 측정해보니 58도였다. 이때 두 번째로 측정한 순간에 배는 등대로부터 얼마나 떨어져 있는가?

등대

답을 구하기 위해 왼쪽과 같이 그림으로 나타내보자. 그림에서 빠져 있는 나머지 한 각의 크기는 쉽게 구할 수 있다.

$$\gamma = 180° - 43° - 58° = 79°$$

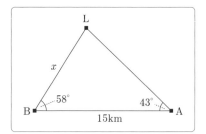

이제 사인법칙을 이용하면 된다.

$$\frac{x}{15} = \frac{\sin(43°)}{\sin(79°)} \Leftrightarrow x = \frac{\sin(43°)}{\sin(79°)} \times 15 \fallingdotseq 10.42 (\text{km})$$

따라서 두 번째로 각을 측정한 순간에 배는 등대로부터 10.42킬로미터 떨어져 있음을 알 수 있다.

일반 삼각형의 코사인법칙

일반 삼각형의 코사인법칙에서 중요한 것은 각 변의 길이 사이의 관계이다. 이때 적어도 한 개의 각의 크기는 알고 있어야 한다.

두 변의 길이와 그 사이의 끼인각의 크기를 알면 코사인법칙을 항상 적용할 수 있다. 조금 복잡하게 보여도 찬찬히 살펴보면 그렇게 어렵지는 않다.

$$a^2 = b^2 + c^2 - 2 \times b \times c \times \cos(\alpha)$$
$$b^2 = a^2 + c^2 - 2 \times a \times c \times \cos(\beta)$$
$$c^2 = a^2 + b^2 - 2 \times a \times b \times \cos(\gamma)$$

새 길 만들기

C지점은 산책하기에 좋은 곳으로 유명하다. 그런데 A지점에서 C지점으로 바로 가는 길이 나 있지 않아 여기를 찾는 사람들은 반드시 B지점을 거쳐 가야 한다. 이 때문에 B지점 주변에 사는 주민들은 방해를 받고, 산책하러 가는 A지점 사람들도 힘이 든다. 그래서 A지점에서 C지점까지 바로 가는 길을 만들기로 했다.

공사 비용을 미리 계산하기 위해 새로 닦는 길의 길이를 알려고 한다(이 지역은 사람이 다닐 수 없는 곳이라, 거리를 자로 재는 것은 불가능하다). A지점에서 B지점까지의 거리는 14킬로미터, B지점에서 C지점까지의 거리는 10킬로미터이며, 이 두 길이 이루는 각의 크기가 54도일 때, A지점에서 C지점까지의 거리를 구하여라.

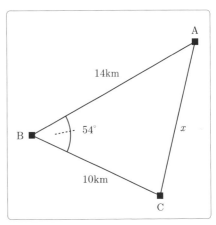

이때, 삼각형의 두 변의 길이가 각각 14, 10킬로미터이고 그 끼인각의 크기가 54°이므로 바로 코사인법칙을 적용하여 x의 값을 구하면 다음과 같다.

$$x = \sqrt{10^2 + 14^2 - 2 \times 10 \times 14 \times \cos(54°)}$$

$$\fallingdotseq 11.46 \text{(km)}$$

삼각함수의 덧셈정리

이미 살펴본 대로 삼각함수는 겉으로 보기와는 달리 어렵지 않다. 물론 척척 계산되는 것은 아니다. 삼각함수의 계산은 덧셈정리라는 매우 독자적인 공식에 따른다.

사인과 코사인 그리고 탄젠트에 대해서는 독특한 계산 법칙이 적용된다. 간단한 예를 들어보겠다. $\sin 30°$는 0.5이다. 각의 크기를 3배로 늘일 경우, 사인값도 세 배가 되면 아무 문제가 없을 것이다. 그러나 $\sin 90° = 1$이고 180도의 사인값은 0이다. 이렇듯 삼각비의 값에 대해서는 우리가 알고 있는 계산 법칙이 적용되지 않는다. 그 이유는 무엇일까? 답은 매우 간단하다. 삼각함수는 일차함수가 아니기 때문이다. 즉, 삼각함수는 좌표평면에서 직선으로 표시할 수 있는 함수가 아니다. 일차함수가 아니면 문제는 조금 복잡해진다.

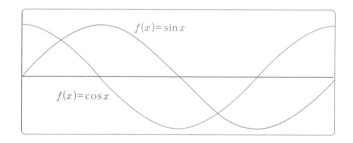

더 이상 에둘러 이야기하지 않겠다. 삼각함수의 덧셈정리를 모두 소개한다.

$$\sin(x+y) = \sin x \times \cos y + \cos x \times \sin y$$

$$\sin(x-y) = \sin x \times \cos y - \cos x \times \sin y$$

$$\cos(x+y) = \cos x \times \cos y - \sin x \times \sin y$$

$$\cos(x-y) = \cos x \times \cos y + \sin x \times \sin y$$

$$\sin 2x = 2 \times \sin x \times \cos x$$

$$\cos 2x = \cos^2 x - \sin^2 x$$

$$\sin x + \sin y = 2 \times \sin \frac{x+y}{2} \times \cos \frac{x-y}{2}$$

$$\cos x + \cos y = 2 \times \cos \frac{x+y}{2} \times \cos \frac{x-y}{2}$$

$$\sin \frac{x}{2} = \sqrt{\frac{1}{2} \times (1 - \cos x)}$$

$$\cos \frac{x}{2} = \sqrt{\frac{1}{2} \times (1 + \cos x)}$$

$$\tan(x+y) = \frac{\tan x + \tan y}{1 - \tan x \times \tan y} \quad (\tan x \times \tan y \neq 1)$$

$$\tan(x-y) = \frac{\tan x - \tan y}{1 + \tan x \times \tan y} \quad (\tan x \times \tan y \neq -1)$$

$$\cot(x+y) = \frac{\cot x + \cot y - 1}{\cot x + \cot y} \quad (\cot x \neq -\cot y)$$

$$\cot(x-y) = \frac{\cot x + \cot y + 1}{\cot x - \cot y} \quad (\cot x \neq \cot y)$$

cot(코탄젠트)는 탄젠트의 역수를 말한다. 직각삼각형에서 각 α 에 대하여

$\tan(\alpha) = \dfrac{\text{높이}}{\text{밑변의 길이}}$ 이므로 $\cot(\alpha) = \dfrac{\text{밑변의 길이}}{\text{높이}}$ 가 된다. 마찬가지로

cosec(코시컨트)는 사인의 역수이고, sec(시컨트)는 코사인의 역수이다.

위에서 말한 공식이 복잡하고 가짓수도 많아 부담스러울 수도 있을 것이다. 그러나 이 공식을 자세히 살펴보면 그렇게 어렵지는 않다는 사실을 알 수 있다. 게다가 수학에서는 모든 공식을 반드시 외워야 하는 것은 아니다. 삼각함수의 덧셈정리는 여러분이 삼각함수를 계산할 때 도움을 주기 위해 만든 것임을 알아야 한다. 이는 여러분 스스로 터득하게 될 것이다.

원기둥

원기둥은 일상생활에서 흔히 볼 수 있다. 주변에서 볼 수 있는 통조림 깡통은 주로 원기둥 모양이다. 프랑스의 요리사 니콜라 프랑수아 아페르[Nicolas Frangois Appert, 1752~1841]가 발명한 통조림 깡통이 왜 하필이면 원기둥 모양인지를 알아내는 것은 매우 흥미롭다. 직

세계에서 가장 유명한 통조림 깡통 중의 하나

니콜라 프랑수아 아페르

육면체라면 쌓기가 훨씬 더 쉬웠을 텐데 말이다. 하지만 이 문제는 우리가 다룰 대상이 아니다. 우리는 여기서 원기둥 계산법을 다루고자 한다.

평면에서의 원 계산법을 머리에 떠올리면 원기둥 계산법도 쉽게 해결된다. 다른 도형도 이와 유사하다. 보통 평면에서 어떤 도형의 계산법을 알면, 이 도형을 삼차원으로 확장했을 때도 응용할 수 있다.

구체적인 공식과 계산법을 다루기 전에 우선 삼차원 도형의 경우 어떤 계산법이 도움될지를 잠깐 살펴보기로 하자. 평면도형은 둘레의 길이 U와 넓이 S를 구할 수

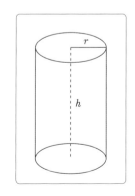

있다. 반면 삼차원 입체도형은 한 걸음 더 나아가 부피 V(예를 들어 통조림 깡통에 얼마나 많은 스프를 담을 수 있는지를 의미한다)와 겉넓이 O(통조림 깡통을 만들기 위해 재료인 납을 얼마나 많이 구입해야 하는지를 의미한다)를 구한다. 때로는 옆넓이 M을 구해야 할 경우도 있다. 옆넓이는 뚜껑과 바닥을 제외한 겉넓이이다.

실린더 모자의 이름은 원기둥에서 따왔다. 원기둥 모양을 하고 있어서 이렇게 불린다.

이제부터는 이 다섯 가지 값을 주의 깊게 살펴볼 것이다. 둘레의 길이 U와 넓이 S는 이미 다루었기 때문에 기억을 되살리는 선에서 그치겠지만, 부피 V와 겉넓이 O 그리고 옆넓이 M에 대해서는 깊이 있게 다룰 것이다. 이 세 가지는 흥미로우면서도 도형 계산에서 빠뜨릴 수 없는 부분이다.

다시 원기둥으로 돌아가보자. 원기둥을 지름이 같은 수많은 원을 차곡차곡 쌓은 것으로 생각하는 것은 그리 어려운 일이 아니다. 이렇게 생각하기만 해도 이미 원기둥의 최대 비밀을 풀 수 있는 실마리를 손에 쥔 셈이다. 나머지는 저절로 풀릴 것이다.

원기둥의 경우 도형의 구조를 생각하는 것이 간단하지 않으므로, 실마리가 되는 트릭을 잠깐 공개하겠다.

도형의 전개도를 생각해보라. 이 전개도는 원기둥의 옆면 한쪽을 고정하고 나머지를 펼치면 윤곽이 드러난다. 오른쪽 그림은 원기둥의 전개도를 나타낸 것이다.

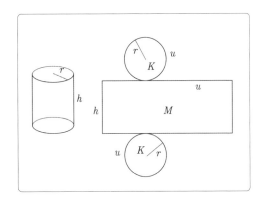

이제 계산법을 알아볼 차례이다. 먼저 원을 계산하는 공식을 복습해보자. 원의 둘레의 길이 U를 계산하는 공식은 $U = 2 \times \pi \times r$이고, 원의 넓이 S를 구하는 공식은 $S = \pi \times r^2$이다.

이제 부피를 계산하자. 부피는 밑넓이에 높이를 곱한 값이다. 따라서 부피 V를 구하는 공식은 다음과 같다.

$$V = \pi \times r^2 \times h$$

원기둥의 옆면은 전개도에서 볼 수 있듯이 직사각형이다. 한 변은 바닥이나 뚜껑의 둘레와 길이가 같고, 다른 한 변은 원기둥의 높이와 같다. 따라서 옆넓이 M을 구하는 공식은 다음과 같다.

$$M = 2 \times \pi \times r \times h$$

원기둥의 겉넓이 O도 구할 수 있다. 옆넓이와 아래위 뚜껑의 넓이를 더하면 된다.

$$O = 2 \times \pi \times r \times h + 2 \times \pi \times r^2 = 2 \times \pi \times r \times (h+r)$$

이로써 우리는 원기둥에서 알아야 하는 모든 중요한 값을 계산한 셈이다.

기름통

지하실에 지름 65센티미터, 높이 90센티미터인 기름 통이 있다고 가정하자. 얼마 후에 300리터의 기름을 받 기로 되어 있다고 할 때 이 기름통에 기름을 모두 담을 수 있을지 알아보아라.

이 문제를 해결하기 위해 지름 65센티미터의 새로운 기름통에 300리터의 기름을 담는다고 하자. 여기서 우 리는 이 기름통의 높이를 구하고, 원래 기름통의 크기 와 비교하면 된다. 원기둥의 부피를 계산하는 공식이

보통 크기의 기름통은 1배 럴(약 159리터)의 기름을 담을 수 있다.

$V = \pi \times r^2 \times h$이므로 높이 h는 다음의 식에 따라 계산한다.

$$h = \frac{V}{\pi \times r^2}$$

계산 단위의 혼동을 피하기 위해 모든 단위를 데시미터(미터의 십분의 일에 해당하는 길이의 단위로 dm으로 표시한다)로 바꾸어 계산하면 다음과 같다.

$$h = \frac{300\text{dm}^3}{\pi \times 3.25^2\text{dm}^2} ≒ 9.04\text{dm} = 90.4\text{cm}$$

따라서 지하실에 있는 기름통은 300리터의 기름을 담기에는 충분하지 않다는 것을 알 수 있다.

구

구는 의심의 여지없이 원과 밀접한 관련이 있으며 아주 독특한 성질을 가지고 있다. 도형의 왕과도 같다. 겉넓이가 같을지라도 구보다 부피가 큰 도형은 없으며, 구만큼 표면에 압력이 골고루 미치는 도형도 없다.

이 특이한 도형에는 또 다른 특징이 있다. 그림에서 볼 수 있듯이 크기라고는 반지름만 표시되어 있다. 구와 관련된 계산을 하기 위해서는 반지름 이외에 무리수 π 만 있으면 된다. 이 두 가지 값만 알면 구의 부피와 겉넓이를 구할 수 있다. 구의 옆넓이는 존재하지 않는다고 말할 수도 있고, 경우에 따라서는 겉넓이와 동일하다고 말할 수도 있다. 옆넓이의 존재 여부는 보는 관점에 따라 달라진다.

구를 다룰 때에도 원을 계산하는 중요한 공식은 필요하다. 여기서는 반복하지 않겠다. 원기둥의 계산법을 참조하기 바란다. 이제 곧바로 구의 계산법을 살펴보자.

구의 겉넓이를 계산하는 공식은 다음과 같다.

$$O = 4 \times \pi \times r$$

또 구의 부피를 구하는 공식은 다음과 같다.

$$V = \frac{4}{3} \times \pi \times r^3$$

당구공

당구는 인기 있는 게임이다. 컴퓨터게임의 등장으로 시들해지긴 했지만, 여전히 많은 사람의 사랑을 받고 있다. 한편 여가 활동을 과학적인 연구로 발전시켜 나가는 사람들이 있다. 당구는 이런 사람들에게는 더할 나위 없이 적합한 게임으로 통한다. 오래전부터 많은 사람들이 당구대와 당구공의 관계를 연구해오고 있다. 요즘 사용되는 당구공은 대개 페놀수지로 만들지만, 상아로 만든 것이 최상품으로 평가받는다. 보통 당구공의 지름은 6센티미터이다. 그렇다면 상아의 밀도가 $1.8g/cm^3$일 때 상아로 만든 당구공의 무게는 얼마일까?

우선 당구공의 부피를 계산하기로 하자. 상아의 밀도가 세제곱센티미터 단위로 표시되므로, 부피를 계산할 때도 이 단위를 사용하는 것이 바람직하다.

$$V = \frac{4}{3} \times \pi \times r^3 = \frac{4}{3} \times \pi \times 3^3 \fallingdotseq 113.1(\text{cm}^3)$$

위에서 구한 부피에 상아의 밀도를 곱하면 당구공의 무게를 구할 수 있다.

$$G = 113.1 \times 1.8 \fallingdotseq 203.6(\text{g})$$

따라서 상아로 만든 당구공의 무게는 203.6그램이다.

각기둥

물리 시간에 프리즘에 대해 배웠을 것이다. 물리 실험에서 사용되는 프리즘은 그림에서 보듯이 삼각기둥 모양이다. 빛을 프리즘에 통과시켜서 분산시키면 다양한 빛의 스펙트럼을 얻을 수 있다.

프리즘은 삼각기둥 형태가 가장 많이 사용되지만, 다양한 각기둥 형태도 있다. 각기둥은 일반적으로 다음과 같이 정의된다.

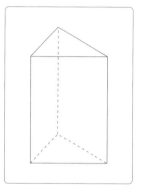

> 위아래의 면이 서로 평행이고 합동인 n각형으로 이루어진 입체도형을 각기둥이라고 한다.

각기둥은 위아래의 면이 합동이기만 하면, 삼각형 외에도 다양한 형태를 띤다. 따라서 각기둥의 계산에서는 일반적인 설명만 할 수 있을 뿐이다.

각기둥의 밑면의 넓이는 각기둥의 윗면과 아랫면을 이루고 있는 n각형의 넓이와 같다. 삼각기둥의 경우, 밑면의 넓이 G는 밑변의 길이가 g이고 높이가 h_1인 삼각형의 넓이를 구하는 공식에 따른다.

$$G = \frac{1}{2} \times g \times h_1$$

각기둥의 옆면은 평행사변형이다. 일반적인 각기둥의 옆면은 직사각형이다. 밑면이 삼각형이고, 모서리의 길이가 a인 각기둥이라면, 옆면의 넓이는 $a \times h$가 될 것이다. 그러나 비스듬히 기운 각기둥의 경우 옆면의 넓이는 평행사변형에 적용되는 공식을 이용하면 된다.

옆면의 넓이를 모두 합하면 옆넓이가 된다. 이 옆넓이에 윗면과 아랫면의 넓이를 더하면 각기둥의 겉넓이 O를 구할 수 있다. 각기둥의 부피 V는 밑면의 넓이에 높이 h를 곱하면 된다. 이러한 점에서 각기둥의 계산은 기하학의 다른 도형들과 아무런 차이가 없다.

광학에서 사용되는 프리즘

빛을 굴절시켜 다양한 빛의 스펙트럼을 분산시키는 프리즘의 모습을 본 적이 있을 것이다. 물리 실험에서 본 프리즘 빛이나 팝그룹 핑크 플로이드Pink Floyd의 유명한 앨범 '더 다크 사이드 오브 더 문The Dark Side Of The Moon'의 표지 그림을 떠올리면 된다. 여기서는 한 줄기 빛에서 다채로운 빛다발을 뽑아내는 프리즘이 인상적이다. 프리즘이 어떤 작용을 하기에 이런 현상이 생기는가? 이 인상적인 트릭은 어떻게 해서 만들어지는가?

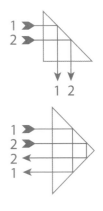

우선 빛이 직각을 끼는 면 또는 빗면에 수직으로 투사되지 않는 것이 중요하다. 만약 수직으로 투사되면 내부로 들어가 다른 면에서 완전히 반사되어 같은 형태로 프리즘 밖으로 다시 나간다. 이 경우 빛의 방향만 90도 혹은 180도로 달라질 뿐이다.

그러나 수직으로 투사되지 않으면 빛은 굴절된다. 여기서 특이한 점은 굴절의 강도가 빛이 프리즘에 투사되는 각도에 따라 달라질 뿐만 아니라 빛의 색깔에 따라서도 달라진다는 것이다. 다양한 색깔의 빛이 프리즘의 여러 곳에서 굴절되어 프리즘 밖으로 나가게 되는 것이다.

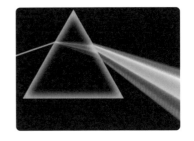

이처럼 프리즘은 들어온 빛을 다채로운 빛다발로 분산시킨다.

각뿔

각뿔이라고 하면 아마 무엇보다도 먼저 유명한 피라미드의 모습이 머릿속에 떠오를 것이다. 그러나 이집트에서 볼 수 있는 피라미드는 일반적인 형태의 각뿔이 아니라 각뿔의 특수한 형태일 뿐이다(피라미드 형태는 특수하긴 하지만 기하학에서는 매우 흔하게 등장한다). 각뿔은 밑면이 다양한 형태를 띨 수 있고 꼭짓점도 밑면을 기준으로 했을 때 반드시 중앙에 위치하는 것도 아니다.

인디언의 천막집인 티피도 각이 많긴 하지만 각뿔을 다룰 때 빼놓을 수 없는 유형이다.

여기서는 오른쪽 그림과 같이, 밑면이 사각형인 보통의 각뿔을 다룬다. 직사각형 밑면의 두 변의 길이가 각각 a와 b라면 밑면의 넓이 G는 $G = a \times b$ 이다.

각뿔의 옆면은 삼각형으로 이루어져 있다. 보통 밑면이 정다각형인 각뿔이라면 옆면의 삼각형은 모두 합동이다. 따라서 옆넓이는 삼각형 하나의 넓이만 구하여 옆면을 이루고 있는 삼각형의 개수를 곱하면 되기 때문에 계산하기가 매우 쉽다.

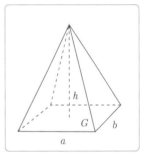

삼각형의 넓이를 계산하는 것은 이미 앞에서 충분히 학습했기 때문에 간단히 기억을 되새기는 선에서 그치기로 하고 옆면인 삼각형의 높이를 계산

기자의 피라미드

해보자. 높이를 구하기 위해서는 피타고라스의 정리를 이용하면 된다. 다음 그림의 색칠된 직각삼각형에서 빗변이 바로 우리가 계산해야 하는 삼각형의 높이이다. 또한 직각을 낀 두 변 중, 한 변은 각뿔의 높이이며 다른 변은 밑면의 중심에서 모서리에 내린 수선으로 그 길이는 정확하게 $\frac{1}{2}b$이다. 따라서 옆면인 삼

각형의 높이는 다음과 같다.

$$h_D = \sqrt{\left(\frac{1}{2}b\right)^2 + h^2}$$

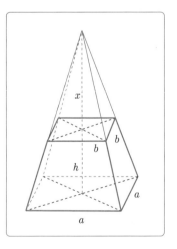

이제 삼각형의 넓이를 계산한 다음 각뿔의 겉넓이를 구하면 된다.

각뿔의 부피는 아래 공식으로 구한다. 여기서 G는 밑면의 넓이이고 h는 각뿔의 높이이다.

$$V = \frac{1}{3} \times G \times h$$

각뿔대

각뿔의 뾰족한 윗부분을 밑면에 평행하게 잘라 내면 그림에서 볼 수 있듯이 각뿔대가 남는다.

각뿔의 원래 모습과 비교하면 밑면 G만 달라지지 않았다. 가장 큰 변화는 밑면과 크기는 다르지만 모양이 같은 윗면이 생긴 것이다.

각뿔대에 대해서는 바로 적용할 수 있는 공식이 없다. 윗면이 한 변의 길이가 b인 정사각형이면, 그 넓이는 b^2이 된다. 또한 옆면은 이제 삼각형이 아니라 사다리꼴이다.

왼쪽 그림과 같은 각뿔대의 겉넓이를 계산하기 위해서는 사다리꼴 4개의 넓이와 밑면의 넓이 그리고 윗면의 넓이를 더하면 된다.

부피 V를 계산하는 방법은 두 가지가 있다. 첫째는

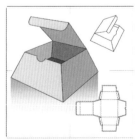

각뿔대는 소포 상자로 이용할 수 있다.

각뿔 전체의 부피를 계산한 다음, 이 부피에서 잘라 낸 부분(이 부분도 크기는 작지만 마찬가지로 각뿔이다) 의 부피를 빼면 된다. 이 방법은 원래 각뿔의 높이를 알 때 쓸 수 있다.

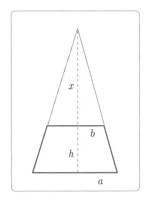

각뿔의 높이를 모른다고 해서 실망할 필요는 없다. 이 높이도 계산할 수 있다. 오른쪽 그림과 같은 각뿔 대의 단면을 생각해보자. 그림에서 회색선은 잘라낸 각뿔의 원래 모습을 나타낸 것이다.

앞에서 배운 닮음변환 명제를 기억하는가? 기억하지 못한다면 다시 앞으로 돌아가 살펴보기를 바란다. 여기서 잘라낸 부분의 높이를 x라 할 때 다음의 관계가 성립함을 알 수 있다.

$$x : \frac{b}{2} = (x+h) : \frac{a}{2}$$

이 비례식을 계산하면 $x = \frac{b \times h}{a-b}$ 라는 결과가 나온다.

특이한 각뿔 - 정사면체

이번에는 매우 특이한 각뿔인 정사면체에 대해 알아보자. 이 각뿔은 네 개의 삼각형으로 이루어져 있다. 이 모습을 그림으로 나타내면 오른쪽 그림과 같다.

1995년 보트롭에 세워진 정사면체. 이 60미터 높이 의 건축물에서는 루르 지역 의 멋진 전망을 볼 수 있다.

정사면체의 겉넓이를 계산하려면, 네 개의 삼각형의 넓이를 계산하면 된다. 하지만 정사면체의 부피는 각뿔 의 부피를 계산하는 공식을 이용한다.

$$V = \frac{1}{3} \times G \times h$$

정사면체는 특히 화학자들이 큰 관심을 가진다. 그것은 분자를 구성하는 원자가 정사면체 모양으로 배열되어 있기 때문이다. 예를 들어 다이아몬드 격자 속의 탄소 원자는 정사면체 배열을 이루고 있고 메탄 분자의 수소 원자도 이와 동일하게 배열되어 있다.

직육면체

각뿔을 통해 도형의 계산이 시시한 것은 아니라는 사실을 잘 알게 되었다. 올바른 값을 구하기 위해서는 집중해서 정확하게 살펴보아야 하고 계산도 여러 단계를 거쳐야 한다. 계산을 성공적으로 해냈기 때문에 이제 긴장을 풀고 직육면체로 넘어가 보자.

> 밑면과 윗면이 직사각형으로 이루어진 사각기둥을 직육면체라 한다.

직육면체는 모두 여섯 개의 직사각형으로 이루어져 있고, 마주 보는 세 쌍의 면은 평행하다. 이는 간단하긴 하지만 정확한 정의이다. 우리는 일상생활에서 직육면체를 자주 접한다. 아침 식사를 할 때 빵에 발라 먹는 버터부터, 우유와 오렌지 주스 또한 직육면체 통에 담겨 있다. 벽돌은 전형적인 직육면체 모양이며, 방도 대부분 직육면체이다. 직육면체의 예로 들 수 있는 것은

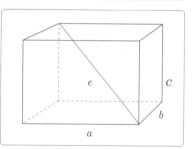

아침 식사를 할 때 식탁에 놓이는 직육면체

이처럼 수없이 많다. 이제 예는 그만 들고 직육면체와 관련된 계산에 대해 알아보자.

직육면체를 계산할 때는 직사각형의 계산이 기본이 된다. 두 변의 길이가 각각 a와 b인 직사각형의 둘레의 길이는 $2 \times (a+b)$이고, 넓이는 $a \times b$라는 사실을 우리는 잘 알고 있다.

직육면체의 겉넓이 O와 옆넓이 M을 구하기 위해서는 직사각형의 넓이를 구해 더하면 된다. 직육면체의 부피 V도 쉽게 계산할 수 있다. 부피 V는 밑면의 넓이 G와 높이 h를 알면 구할 수 있다.

부피는 다음과 같이 계산한다.

$$V = G \times h = a \times b \times c$$

직육면체의 대각선의 길이를 구해야 할 경우도 있다. 직육면체의 대각선은 앞의 그림에서 선분 e와 같은 경우를 말한다. 이 길이(직육면체에는 네 개의 대각선이 있고 모두 길이가 같다)는 다음과 같이 계산한다.

$$e = \sqrt{a^2 + b^2 + c^2}$$

마법의 주사위인 큐브-계산하기는 쉽지만 맞추기는 어렵다.

주사위 - 정육면체

주사위의 모양은 직육면체의 특수한 형태이다. 주사위는 크기가 같은 여섯 개의 정사각형 면으로 이루어져 있다. 주사위와 관련된 계산을 할 때는 단 하나의 크기, 즉 모서리의 길이 a만 알면 된다. 주사위와 관련된 주요 공식은 다음과 같다.

정육면체로 주사위를 만들 수 있지만, 모든 주사위가 정육면체인 것은 아니다.

밑면의 넓이: $G=a^2$

윗면의 넓이: $D=G=a^2$

겉넓이: $O=6a^2$

부피: $V=a^3$

대각선의 길이: $e=a\times\sqrt{3}$

직육면체와 관련된 까다로운 문제

다음과 같은 문제는 국제 학업성취도 평가 시험^{PISA}에 자주 출제된다. 직육면체의 세 모서리의 길이의 비는 $1:2:3$이고, 부피가 1세제곱미터일 때 이 직육면체의 모서리의 길이는 각각 얼마인가?

직육면체의 부피는 공식 $V=a\times b\times c$에 따라 계산한다. 문제에서 세 모서리의 길이의 비가 주어져 있다. 따라서 다음과 같은 방정식을 세워 풀 수 있다.

$$1=a\times 2a\times 3a$$

$$\Leftrightarrow 1=6a^3$$

$$\Leftrightarrow a=\sqrt[3]{\frac{1}{6}} \fallingdotseq 0.55$$

따라서 a의 길이는 0.55미터이고 b의 길이는 1.10미터 그리고 c의 길이는 1.65미터이다.

원뿔

이제 도형을 다루는 장을 마무리하면서 마지막으로 원뿔에 대해 알아보자. 원뿔은 그 겉모습이 고깔모자와 비슷하다. 원뿔의 밑면은 원이고, 옆면은 밑면의

중심 위에 위치한 꼭짓점에서 원 위의 모든 점을
이은 선분으로 이루어진다.

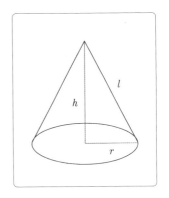

그림에서 보듯이 원뿔은 각뿔과 매우 유사하다.
각뿔의 각이 무한대로 늘어나면 원뿔이 된다.

원뿔은 우리 주변에서 흔하게 볼 수 있다. 서커
스단의 어릿광대가 머리에 쓰는 모자뿐만 아니라
도로공사 현장에서 출입금지를 알리는 컬러콘으로
사용되기도 한다.

원뿔이 일상생활에서 쓰이는 용도에 대해서는 이
쯤 하고, 이제 다시 수학 공부로 돌아가 보자!

원뿔의 밑면은 원으로 이루어져 있으므로 밑면의
넓이 G는 다음의 공식으로 구한다.

원뿔은 도로공사를 할 때 출입금지
를 나타내는 도구로 사용될 뿐만
아니라…

$$G = \pi \times r^2$$

생일 파티 때 머리에 쓰고 춤을 출 수
도 있고…

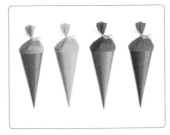

초등학교에 입학할 때 선물을 담아주
기도 하고…

아이스크림을 담아 먹
을 수도 있다.

원뿔의 꼭짓점과 밑면의 원둘레 위의 점을 잇는 선분의 길이(앞의 그림에서 l로
표시했고 모선이라 부른다)는 원뿔의 계산에서 중요한 역할을 한다. 우리는 밑면
의 반지름과 높이를 이용해 모선의 길이를 구할 수 있다. 여기서도 피타고라스
의 정리를 이용한다.

$$l = \sqrt{h^2 + r^2}$$

원뿔의 옆넓이는 다음과 같은 공식으로 구한다.

$$M = \pi \times r \times l = \pi \times r \times \sqrt{h^2 + r^2}$$

원뿔의 겉넓이 O는 옆넓이와 밑면을 이루는 원의 넓이를 합한 값이다.

$$O = \pi \times r^2 + \pi \times r \times l = \pi \times r \times (r + l)$$

여러분은 도대체 원뿔의 부피 계산 공식은 언제 나오느냐며 기다렸을 것이다. 이제 가르쳐주겠다. 부피를 구하는 공식은 다음과 같다.

$$V = \frac{1}{3} \times \pi \times r^2 \times h$$

원뿔과 관련해서는 또 다른 계산 방법이 있다. 여러분 중에서는 원뿔이 얼마나 기울어져 있는지, 다시 말해 밑면과 모선이 이루는 각 α가 얼마인지를 알고 싶어 하는 사람이 있을지도 모르겠다. 이런 사람을 위해 각 α를 구하는 간단한 공식도 소개하겠다. 오른쪽과 같은 삼각법 공식을 이용하면 된다.

$$\tan(\alpha) = \frac{h}{r}$$
$$\Leftrightarrow \alpha = \arctan\left(\frac{h}{r}\right)$$

모래시계 수수께끼

모래시계는 꼭짓점이 서로 연결된 크기가 같은 두 개의 원뿔로 이루어져 있다. 원뿔의 밑면의 반지름은 3센티미터이고, 모래시계 전체의 높이는 10센티미터이다. 위의 원뿔에 가득 차 있는 모래는 균일하게 아래로 흘러내린다. 모래가 5분 후면 아래에 있는 원뿔로 모두 흘러내린다고 할 때, 초당 흘러내리는 모래의 양은 얼마나 될까?

먼저 문제에서 알 수 있는 사실을 점검해보자. 우리는 원뿔의 크기와 원뿔에 모래가 가득 차 있다는 사실을 안다. 게다가 모래가 아래에 있는 원뿔로 완전히 흘러내리는 데 걸리는 시간도 알고 있다. 여기서 우리가 모래의 전체 부피를 안다면 초당 흘러내리는 모래의 양을 계산할 수 있다. 따라서 우선 모래의 전체 부피를 알아야 한다.

이미 알고 있는 값을 공식에 대입하면, 전체 모래의 양을 구할 수 있다.

$$V = \frac{\pi \times 3^2 \times 5}{3} \fallingdotseq 47.12 (\text{cm}^3)$$

5분 동안 모래시계를 통해 흘러내리는 모래의 양은 47.12 세제곱센티미터이다. 5분은 300초이므로, 부피를 300으로 나누면 초당 흘러내린 모래의 양이 0.157세제곱센티미터인 것을 알 수 있다.

우리는 컴퓨터 작업을 하다가 마우스를 클릭하면 뜨는 이 표시가 무엇을 의미하는지 안다. "컴퓨터 작동 중!"

원뿔대

각뿔의 경우와 유사하게 원뿔도 뾰족한 윗부분을 잘라낼 수 있다. 원뿔의 밑면에 평행하게 잘라내고 남은 부분을 원뿔대라고 한다. 윗면에는 뾰족한 윗부분 대신에 밑면보다 작은 원이 생긴다.

원뿔대와 관련된 계산을 할 때도 원뿔의 경우와 똑같다. 다만, 새롭게 생겨난 윗면을

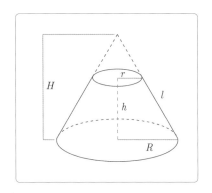

항상 염두에 두어야 한다. 따라서 세부적으로 몇 가지 변화가 있을 수 있다. 그림에서 표시한 각 부분의 명칭을 정리하면 다음과 같다.

R	밑면의 반지름	H	원뿔의 높이
r	윗면의 반지름	h	원뿔대의 높이

그 밖의 부분은 원뿔과 동일하다.

이제 원뿔대를 구성하는 각 부분의 값을 어떻게 구하는지 살펴보기로 하자. 우선 모선의 길이 l을 계산할 때는 피타고라스의 정리를 이용한다. 높이는 주어진 값을 적용하면 되지만, 직각을 낀 다른 한 변의 길이는 계산해야 한다. 이 길이는 두 반지름의 차이이다. 따라서 모선의 길이는 다음과 같은 공식으로 구한다.

$$l = \sqrt{h^2 + (R-r)^2}$$

옆넓이 M은 다음과 같은 공식으로 구한다.

$$M = \pi \times l \times (R+r)$$

원뿔대는 윗면이 하나 더 있으므로, 겉넓이 O는 두 원의 넓이와 옆넓이를 더하여 계산한다.

$$O = \pi \times r^2 + \pi \times R^2 + \pi \times l \times (R+r)$$

부피 V의 계산도 조금 복잡하지만 차분히 따져나가면 어렵지는 않다.

$$V = \frac{\pi \times h}{3} \times (R^2 + R \times r + r^2)$$

밑면과 모선이 이루는 각 a를 계산할 때는 큰 변화가 없다. 각 a는 다음과 같이 구한다.

$$\tan(\alpha) = \frac{H}{R} \Leftrightarrow \alpha = \arctan\left(\frac{H}{R}\right)$$

물론 여기서 처음 원뿔의 높이 H를 계산해야 한다. 다음과 같은 공식을 적용하면 높이 H를 구할 수 있다.

$$H = \frac{h \times R}{R - r}$$

원뿔의 단면

원뿔은 윗부분만 잘라낼 수 있는 것이 아니라 원칙적으로 어느 곳에서든 자를 수 있다. 여러분 중에는 이 말을 들으면 "어떤 도형도 자를 수 있기는 마찬가지인데……"라고 이의를 제기하는 사람이 있을 것이다. 당연히 옳은 말이다. 그러나 매우 독특하고 멋진 단면을 만들 수 있는 도형은 원뿔 혹

현대 건축물에서 활용되는 이중 원뿔

은 모래시계와 같은 이중 원뿔뿐이다. 이렇게 잘랐을 때 생기는 단면이 원뿔의 토대가 된다. 이중 원뿔은 모래시계와 같이 두 꼭짓점을 수직으로 이어붙인 두 원뿔로 이루어져 있다.

오른쪽 그림에서 알 수 있듯이 원뿔의 단면은 좌표평면에 나타낼 수 있다. 그림에서는 두 원뿔의 꼭짓점이 원점에 위치하고 있다. 원뿔을 자르는 도구는 칼이 아니라 평면이다. 평면을 이용해 원뿔을 자르는 방법은 다양하다.

단면에 생기는 도형

평면을 y축과 평행하도록 바닥면에 수직하게 세운 다음, 이 중 원뿔을 잘라보자. 이때 생기는 단면은 서로 만나는 두 직선을 나타낼 뿐 특별한 점은 없다.

이제 원뿔을 자를 평면이 약간 기울어 있는 경우를 생각해 보자. 먼저 평면을 원뿔의 모선보다 경사도를 크게 하여 원뿔을 자르면, 단면은 쌍곡선 형태를 띤다.

평면을 조금 더 기울여 원뿔의 모선과 접하도록 원뿔을 자르면 단면은 단 하나의 직선을 이룬다.

이제 평면을 원뿔의 모선과 평행하게 한 채로 위아래로 이동시키면 단면은 그림에서 볼 수 있듯이 포물선의 형태를 띤다.

이번에는 평면과 바닥면이 이루는 각을 원뿔의 모선의 경사도보다 작게 하면 단면은 타원이 된다.

평면이 원뿔의 밑면과 평행하게 원뿔을 자르면 그 단면은 산뜻한 원이 된다.

밑면과 평행하게 평면을 위로 올려 두 원뿔의 꼭짓점이 만나는 곳을 자르면 그 단면은 단 하나의 점만 생긴다.

Ⅱ 대수

절댓값

금액이라는 말은 일상생활에서 흔히 접할 수 있다. '이 금액을 14일 내로 입금해 주십시오.' 이와 유사한 말은 거의 모든 계산서에 쓰여 있다. 이 금액 또는 총액을 의미하는 독일어 beträge는 수학에서는 절댓값을 뜻한다.

이제 수직선^{數直線}(일정한 간격으로 숫자가 표시되어 있는 직선)을 통해 절댓값에 대해 알아보기로 하자.

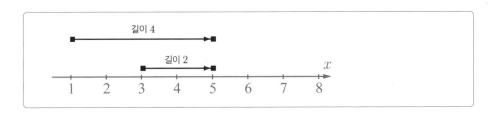

위 그림에는 두 개의 화살표가 있다. 하나는 길이가 4이고, 또 다른 하나는 길이가 2이다(여기서 길이의 단위는 아무래도 상관없다). 이 화살표들의 길이는 자연수로 나타내며, 이 값이 바로 절댓값이다. 여기서 화살표의 방향은 중요하지 않다. 절댓값은 실제 길이만을 의미한다. 다음 그림의 두 화살표는 방향이 다르지만 각 화살표의 길이가 나타내는 절댓값은 4로 같다.

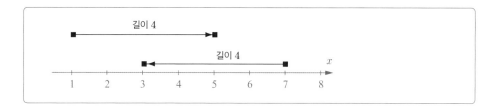

지금까지 말한 내용에서 절댓값의 정의가 모두 나온 셈이다.

> 어떤 수 a의 절댓값은 $|a|$로 표시하며, 다음과 같이 계산한다.
>
> $$|a|=\begin{cases} a, & a \geq 0 \text{일 때} \\ -a, & a < 0 \text{일 때} \end{cases}$$

따라서 절댓값을 나타내는 기호 $||$는 음수를 양수로 바꾸고, 양수는 그대로 둔다고 말할 수 있다.

절댓값의 용도

절댓값은 두 수 사이의 간격을 나타낼 때 쓰인다. -3과 5 사이의 간격을 예로 들어보자.

보통의 덧셈에서는 $-3+5=2$로 계산한다.

이는 두 수 사이의 간격과는 아무런 관계가 없다. 이 간격을 나타내는 것이 바로 절댓값이다. 두 수 사이의 간격은 다음과 같이 계산해야 올바른 값이 나온다.

간격-미터자에서는 두 수 사이의 간격이 잘 드러난다.

$$|5-(-3)| = |5+3| = 8$$

물리학에서 큰 역할을 하는 벡터 계산에서도 절댓값은 매우 중요하다. 방향뿐만 아니라, 길이가 관건인 벡터 계산에서 절댓값은 큰 비중을 차지한다.

복잡한 절댓값

원칙적으로 수학자는 절댓값을 나타내는 기호 | | 안에 자신이 필요하다고 생각하는 숫자나 수식을 마음대로 써넣을 수 있다. 그러다 보면 $|a|$ 보다 훨씬 더 복잡한 수식이 들어간 절댓값이 생기기도 한다. 이때는 절댓값을 구하기 위해 경우의 수를 따져야 한다. 다시 말해, 절댓값 기호 안의 수식이 음인 경우와 양인 경우 그리고 0인 경우에 대하여 각각을 고려해야 한다. 예를 들어 다음과 같은 절댓값을 살펴보기로 하자.

$$|x-3|$$

먼저 절댓값 기호 안의 수식이 음의 값을 가질 때가 언제인지를 생각한다. 이는 x가 3보다 작을 때이다. 따라서 두 가지 경우로 나누어 생각할 수 있다.

$$|x-3| = \begin{cases} x-3, & x \geq 3 \text{ 일 때} \\ -(x-3), & x < 3 \text{ 일 때} \end{cases}$$

항

대수에서 자주 등장하는 개념 중 하나가 항이다. 항은 수학의 다른 분야에서도 중요하게 취급된다. 항을 정확하게 아는 것은 매우 중요하다. 이 개념을 제대로 알지 못하면 앞으로 문제를 풀어나가면서 번번이 낭패를 당할 수가 있다.

$2a, 5x^2, 300$ 등과 같이 수 및 문자의 곱으로만 이루어진 식을 단항식이라 하

고, 이 단항식들을 덧셈으로 연결한 식을 다항식이라 한다. 예를 들어 $5x-3$, $4x+y-200$과 같은 식은 다항식이다.

한편 다항식을 이루는 각 단항식을 그 다항식의 항이라 한다. 또 항에 포함되어 있는 문자의 곱해진 개수를 그 문자에 대한 항의 차수라고 한다. 예를 들어 $3x$의 차수는 1이고, $3x^2$의 차수는 2이다.

이제 항이 무엇인지를 알았으니, 조금 더 깊이 들어가 보자.

문자와 차수가 같은 항을 동류항이라 한다. 예를 들면 다음과 같다.

$$4x^2 \qquad -2x^2 \qquad \frac{1}{2}x^2$$

다음과 같이 문자는 같지만 차수가 다르면 동류항이 아니다.

$$x^2y \qquad 3xy \qquad y^2x^2 \qquad \frac{1}{3}xy^2$$

따라서 다항식 $4x+3z-2a^2+5z-a^2$에서 $3z$와 $5z$는 동류항이고, $-2a^2$과 $-a^2$도 동류항이다.

위에서 예로 든 항은 비교적 간단한 편으로, 매우 복잡한 항도 있다. 복잡한 항으로 이루어진 수식을 다루기 위해서는 계산 규칙이 필요하다. 이 규칙에 대해서는 지금부터 소개하겠다.

이런 규칙은 방정식과 같은 수학 문제를 빠르고 정확하게 풀기 위한 기본 도구가 된다. 그래서 일상생활과 관련된 예는 찾기가 어렵다.

식의 계산

식을 계산할 때는 먼저 동류항끼리 모으고 양과 음의 부호(+, −)에 유의해야 한다.

$$4x + 4z - 2x - 5a + 2a^2 - 3x - 2a$$
$$= 4x - 2x - 3x + 4z - 5a - 2a + 2a^2$$
$$= -x + 4z - 7a + 2a^2$$

식은 괄호를 사용하여 나타낼 수 있다. 괄호가 있는 식은 아래와 같이 소괄호, 중괄호, 대괄호의 순서로 풀어나간다.

$$-[3y - \{4z + 4x + (5y + 3x - 2z - 3x + 2z)\}]$$
$$= -[3y - \{4z + 4x + 5y\}]$$
$$= -[3y - 4z - 4x - 5y]$$
$$= -[-2y - 4z - 4x]$$
$$= 2y + 4z + 4x$$
$$= 4x + 2y + 4z$$

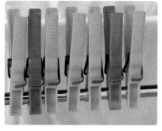

클라머라고 해서 모두 계산에 쓰이는 것은 아니다(괄호를 뜻하는 독일어 Klammer는 집게를 의미하기도 한다).

전개와 인수분해

식은 덧셈으로만 연결되는 것은 아니다. 곱셈과 나눗셈도 등장한다. 곱셈과 나눗셈은 쉽게 계산할 수 있다. 이 경우에도 양과 음의 부호에 유의해야 한다.

$$4x \times (-2z) \times 3z = -24xz^2$$

물론 수학에는 이렇게 간단하고 쉽게 풀리는 문제만 있는 것은 아니다. 수학뿐만 아니라 우리 삶도 이와 같을 것이다. 실제 문제에서는 덧셈과 곱셈이 포함된 복잡한 식이 자주 등장한다. 그러나 겁먹을 필요는 없다. 차분하게 접근하면 풀지 못할 문제는 없다. 이때는 전개와 인수분해라는 두 가지 기본 작업을 해야 한다.

> 대수식을 몇 개의 인수의 곱의 꼴로 바꾸는 것을 인수분해라 한다. 이와 반대로 (단항식)×(다항식) 또는 (다항식)×(다항식)을 단항식들의 합으로 바꾸는 것을 전개한다고 한다.

우선 다음 식에 대하여 인수분해를 해보자.

$$ab - ax + ca - a^2d$$

인수분해에서는 모든 항에 공통으로 있는 인수를 찾는 것이 중요하다. 위의 예에서는 a가 공통인수이다. 공통인수는 다음과 같이 괄호 앞에 나타내어 식을 간단히 할 수 있다.

$$a \times (b - x + c - ad)$$

반대로 (단항식)×(다항식), (다항식)×(다항식)을 단항식들의 합으로 나타낼 수도 있다(다항식)×(다항식)을 전개할 때는 곱하기(×) 앞의 다항식의 각 항을 곱하기 뒤의 다항식의 각 항과 곱해야 한다.

$$(2x - 3z) \times (4z - 4y + 2)$$

이것을 곱한 결과는 다음과 같다.

$$8xz - 12z^2 - 8xy + 12yz + 4x - 6z$$

이 식의 경우 동류항이 없으므로 더 이상 줄일 수 없다.

이항식의 계산

수학의 유명한 공식이나 법칙은 발명자의 이름을 따서 붙이는 경우가 많다. 예를 들어 피타고라스의 정리가 그렇다. 그러나 이항식의 계산은 이와 다르다. 이항식은 다루는 대상이 2개의 항으로만 이루어진 특수한 식을 말한다.

> 이항식은 두 개의 항으로 이루어진 식이다.

이항식의 예를 들면 다음과 같다.

$$a+b,\ 4a-9b,\ x-3y$$

또한 이항식은 차수에 따라 구별된다. 이항식의 차수는 괄호 밖의 지수에 따른다. $a-b$는 일차 이항식이고, $(x+y)^2$은 이차 이항식이다. 이항식의 차수가 높아질수록 계산도 복잡해진다. 여기서는 계산이 매우 간단한 이차 이항식의 계산법에 대해 알아보기로 하자.

이차 이항식을 계산할 때는 유명하면서도 까다로운 세 가지 계산법을 이용한다. 수학 선생님들은 학생들이 이 정리들을 어떤 상황에서도 쓸 수 있도록 외우게 한다. 그리고 이 정리를 외우도록 하는 것은 옳은 방법이다.

이제 더 이상 잔소리를 늘어놓지 않고 곧바로 세 가지 계산법을 소개하겠다.

$$(a+b)^2=a^2+2ab+b^2$$
$$(a-b)^2=a^2-2ab+b^2$$
$$(a+b)\times(a-b)=a^2-b^2$$

첫 번째 계산법의 경우, 간단한 전개를 통해 유도할 수 있다.

$$(a+b)^2=(a+b)\times(a+b)=a^2+ab+ba+b^2$$
$$=a^2+2ab+b^2$$

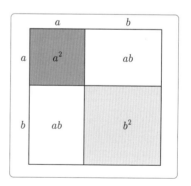

그림을 통해서도 첫 번째 이항식의 계산법이 참임을 확인할 수 있다.

나머지 두 계산법에 대해서는 위의 방법으로 여러분이 직접 증명해보기 바란다.

빈칸 채우기 퀴즈

이항식의 계산법은 수학에서 자주 등장한다. 실생활에서는 어떤가? 예를 들어 방정식을 풀 때 이항식의 계산법은 큰 도움이 된다. 그 쓰임새에 대해서는 이 장을 읽고 나면 자연스럽게 알게 될 것이다. 신문의 빈 칸 채우기 퀴즈에서도 이항식의 계산법은 한몫 할 수 있다.

예를 들어 빈칸 채우기 퀴즈에서 다음 조건을 만족하는 어떤 수 x를 찾는다고 하자.

이 수는 5를 뺀 값과 5를 더한 값을 곱하면 이 수를 제곱한 값보다 25가 작아진다.

유감스럽게도 흔히 하는 빈칸 채우기 퀴즈에서 이항식의 계산법을 사용하는 일은 많지 않다.

자, 이제 천천히 생각해보자. 찾는 수는 x이다. 그렇다면 5를 뺀 값은 $x-5$이고, 5를 더한 값은 $x+5$이다. 이 두 값을 곱하면 $(x-5) \times (x+5)$가 된다(이 식을 어디에서 본 기억이 나지 않는가?). 이제 찾는 수의 제곱에서 25를 빼야 한다. 따라서 다음과 같은 수식으로 나타낼 수 있다.

$$(x-5) \times (x+5) = x^2 - 25$$

세 번째 이항식의 계산법을 이용하면 이 식의 좌변을 다음과 같이 계산할 수 있다.

$$(x-5) \times (x+5) = x^2 - 5x + 5x - 25 = x^2 - 25$$

이 결과는 무엇을 의미하는가? 아주 간단하다. 이 방정식은 임의의 수 x에 대해서 참이다. 따라서 x는 어떤 수라도 상관없다. 자, 이제 여러분이 나설 차례이다. 이 말이 맞는지를 직접 검증해보라!

차수가 높은 이항식

이제 여러분은 이차 이항식을 효과적으로 풀기 위한 도구를 가진 셈이다. 그럼 여기서 차수가 더 높은 이항식을 살펴보기로 하자.

$(a+b)^3$과 같은 삼차 이항식에서는 계산을 여러 번 계속해야 한다. 이 계산은

힘들뿐더러(물론 이런 노력은 기꺼이 해야 한다) 실수를 할 위험도 있다.

그러나 높은 차수의 이항식을 풀다 보면 의외로 복잡하지 않은 해결책이 나온다는 것을 알게 된다. 우선 삼차 이항식과 사차 이항식을 소개하겠다.

$$(a+b)^3 = a^3 + 3a^2b + 3ab^2 + b^3$$
$$(a+b)^4 = a^4 + 4a^3b + 6a^2b^2 + 4ab^3 + b^4$$

여러분 중에는 이 이항식들을 보고 "잠깐만요, 우연이라고 할 수 없을 정도로 무언가 규칙이 있는 것 같습니다"라고 말하는 사람이 있을지도 모르겠다. 그렇다. 수학에서는 우연이 거의 작용하지 않는다. 적어도 여기서는 그렇다. 이 이항식들에는 어떤 규칙이 작용하고 있음에 틀림없다. 이 규칙을 파헤치기 위해 이차 이항식에서 사차 이항식까지 우변을 다시 써보자.

$$a^2 + 2ab + b^2$$
$$a^3 + 3a^2b + 3ab^2 + b^3$$
$$a^4 + 4a^3b + 6a^2b^2 + 4ab^3 + b^4$$

여기서 a 또는 b의 지수와 각 항의 계수를 주목하자. 이 계수를 이항계수라 한다.

조금 더 명확하게 파악하기 위해 사차 이항식의 전개식에서 지수가 0인 것까지 써보기로 하겠다.

$$(a+b)^4 = a^4b^0 + 4a^3b^1 + 6a^2b^2 + 4a^1b^3 + a^0b^4$$

이제 몇 가지 사실을 확인할 수 있다. 이 법칙은 위에서 든 예뿐만 아니라 어느 경우에나 적용된다.

- 가장 높은 지수는 이항식의 차수와 일치한다.
- a의 지수는 이항식의 차수로 시작해 0이 될 때까지 1씩 줄여가며 식이 전개된다.
- b의 경우는 a와 정반대로 전개된다.

여기까지는 잘 정리가 되었다. 그런데 임의의 n차 이항식을 계산하기 위해서는 이항계수에 관한 정보가 필요하다. 이것은 뒤에서 자세히 살펴보기로 하자. 지금은 이 정보가 그렇게 복잡하지 않다는 말만 미리 해두겠다.

파스칼^{Pascal}의 삼각형

어떤 이항식의 계산이든지 지수의 분배는 명확해졌다. 이제 이항계수, 즉 a와 b 앞에 오는 수에 대해 살펴보자. 이 계수를 나열하면 다음과 같은 삼각형 모양이 된다.

```
                1
              1   1
            1   2   1
          1   3   3   1
        1   4   6   4   1
      1   5  10  10   5   1
    1   6  15  20  15   6   1
```

얼핏 보아도 이 숫자들은 하늘에서 떨어진 우연이 아니라 일정한 규칙을 따른다는 사실을 알 수 있다. 삼각형의 꼭짓점에는 1이 있고, 모든 줄의 처음과 끝 숫자도 1이다. 나머지 숫자들은 바로 위에 위치한 두 수의 합이다. 이와 같이 이항계수를 삼각형 모양으로 배열한 것을 파스칼의 삼각형이라 한다. 이로써 파스칼의 삼각형이 만들어지는 규칙이 밝혀진 셈이다. 각 줄에 나타나는 숫자들은 각 차수의 이항식의 전개식에 나타나는 각 항의 계수와 일치한다.

블레즈 파스칼
(1623~1662)

이 표에서는 삼각형이 육차 이항식으로 끝났지만, 계속해서 이어나갈 수 있다. 새로운 수를 대입해 계산하기만 하면 된다. 앞에서 말한 지수의 분배에 대한 규칙을 적용하면 어떤 이항식이든지 큰 문제없이 계산할 수 있다.

$$
\begin{array}{cccccccccccc}
(a+b)^0 & & & & & & 1 & & & & & \\
(a+b)^1 & & & & & 1 & & 1 & & & & \\
(a+b)^2 & & & & 1 & & 2 & & 1 & & & \\
(a+b)^3 & & & 1 & & 3 & & 3 & & 1 & & \\
(a+b)^4 & & 1 & & 4 & & 6 & & 4 & & 1 & \\
(a+b)^5 & 1 & & 5 & & 10 & & 10 & & 5 & & 1 \\
(a+b)^6 & 1 & 6 & & 15 & & 20 & & 15 & & 6 & 1 \\
\end{array}
$$

파스칼과 피보나치

파스칼의 삼각형은 이항식의 계산을 쉽게 하는 것 외에도 쓰이는 곳이 더 있다.

이와 관련해 토끼의 세계로 잠깐 눈을 돌려보자.

수학자 레오나르도 다 피사$^{\text{Leonardo da Pisa}}$(1200년경 에 활동했으며 흔히 피보나치로 불린다)는 토끼에 관심이 많아, 다음과 같은 문제를 남겼다.

레오나르도 다 피사

레오나르도 다 피사가 토끼 문제를 계산한 책의 일부

한 쌍의 토끼가 매달 암수 한 쌍의 토끼를 낳고, 태어난 한 쌍의 토끼는 다음다음 달, 즉 생후 2개월째 부터 암수 한 쌍의 토끼를 낳기 시작한다고 하자. 그러면 n개월 후에는 모두 몇 쌍의 토끼가 될까? 단, 태어난 모든 한 쌍의 토끼는 생후 2개월이 되면 한 쌍의 토끼를 낳고, 그 뒤에도 매달 한 쌍의 토끼를 낳으며, 토끼는 죽지 않는 것으로 가정한다.

수백 년이 지난 후, 오일러$^{\text{Leonhard euler, 1707~1783}}$가 토끼의 수 k를 계산하는 공식을 발명했다. 이는 다음과 같다.

$$k_n = k_{n-1} + k_{n-2}, \text{ 여기서 } k_1 = k_2 = 1\text{이다.}$$

k에 3, 4, 5, …를 대입하여 계산하면 다음과 같은 수열을 얻을 수 있다. 이때 각 숫자들을 피보나치 수라 한다.

$$1, 1, 2, 3, 5, 8, 13, 21, 34, 55, \cdots$$

피보나치 수는 식물에서 흔히 발견된다. 예를 들어 백합의 꽃잎은 1장, 갈란투스는 3장, 채송화와 딸기꽃은 5장, 코스모스와 모란은 8장, 금잔화는 13장, 치커리는 21장, 장미는 34장 또는 55장 등이다. 해바라기의 씨앗이나 파인애플 비늘, 솔방울에서도 피보나치 수가 나타난다. 해바라기의 씨앗은 시계 방향과 시계 반대 방향의 나선 모양을 하고 있다. 이러한 나선의 수는 해바라기의 크기에 따라 다르지만 대개 시계 방향으로 21개와 시계 반대 방향으로 34개, 또는 34개와 55개, 55개와 89개, 심지어 89개와 144개까지 나타난다. 이때 이 수들은 이웃한 두 개의 피보나치 수임을 알 수 있다. 정말 놀라운 자연의 신비이다.

그런데 이 모든 것이 우리가 다루고 있는 삼각수와 관련이 있다고 한다. 어떤 관련이 있는 걸까?

	1	2	2	3	5	8	13	21
1								
1	1							
1	2	1						
1	3	3	1					
1	4	6	4	1				
1	5	10	10	5	1			
1	6	15	20	15	6	1		
1	7	21	35	35	21	7	1	

그건 아주 간단하다. 이 숫자들이 이루는 삼각형을 잘 살펴보면, 바로 피보나치 수가 나타나기 때문이다. 쉽게 식별할 수 있도록 숫자들을 왼쪽과 같이 표시해 보자. 점선으로 표시된 대각선 오른쪽 위에 나타난 숫자들이 바로 피보나치 수[1]이다.

파스칼과 시어핀스키

폴란드의 수학자 시어핀스키[Waclaw Sierpinski, 1882~1969]도 특이한 삼각형을 만들어 자신의 이름을 붙였다. 바로 오른쪽 그림에 나타난 도형을 시어핀스키 삼각형이라 한다.

이 삼각형의 작도 원칙은 간단하다. 처음 삼각형을 네 개의 합동인 삼각형으로 나눈다. 여기서 중간에 있는 삼각형을 떼어낸 다음, 남은 세 개의 삼각형을 가지고 다시 똑같은 과정을 반복한다.

이렇게 만든 시어핀스키 삼각형에 파스칼의 삼각형을 겹쳐 쓰면 오른쪽 그림과 같다. 그런 다음 자세히 살펴보면 홀수와 짝수가 자연스럽게 구분됨을 알 수 있다. 여러분은 이러한 예를 통해 수학에서는 별개로 보이는 많은 사항들이 놀라울 정도로 서로 연관이 있다는 사실을 알 수 있다.

---

1) 과학자들의 연구에 따르면, 꽃잎이 피보나치 수를 나타내는 것은 꽃이 피는 과정과 관련이 있다. 꽃이 활짝 피기 전까지 꽃잎은 봉오리를 이루어 내부의 암술과 수술을 보호한다. 이때 꽃잎들이 이리저리 겹치면서 가장 효율적인 모양으로 암술과 수술을 감싸기 위해 피보나치 수만큼의 꽃잎을 필요로 한다. 해바라기 씨앗과 솔방울의 경우, 피보나치 수를 따르면 중간에 밀집되거나 가장자리 부분의 엉성함 없이 균일하게 배열되어 비바람에도 견딜 수 있고, 외부의 위험으로부터도 안전하다. 자연이 피보나치 수를 택한 이유는 최적화된 상태로 환경에 적응해 살아남기 위한 전략 때문이다. - 옮긴이 주

이항계수

파스칼의 삼각형을 이용하면 간단하면서도 효과적으로 이항계수를 구할 수 있다는 사실을 알게 되었다. 물론 차수가 높은 이항식은 몇 가지 계산을 더 해야 한다. 이를 편리하게 하려고 이항식을 계산하는 일반적인 공식이 만들어졌다.

우선 이항계수를 구하는 법을 알아보자. 다른 설명은 하지 않고 곧바로 공식을 소개하면 다음과 같다.

$$\binom{n}{k} = \begin{cases} \dfrac{n!}{k!(n-k)!}, & 0 \le k \le n \text{일 때} \\[2mm] 0, & 0 \le n \le k \text{일 때} \end{cases}$$

'이제 정말 어려운 식이 나왔구나'라고 당황한 사람이 있을 것이다. 그래서 이 식에 대해 자세하게 설명하기로 하겠다.

우선 n과 k가 무엇을 의미하는지를 살펴보자. n은 파스칼의 삼각형에서 줄의 수를 나타내고, k는 칸의 수를 나타낸다.

$\binom{n}{k}$가 여러분에게는 생소하게 여겨질 것이다. 이것은 분수를 의미하는 것이 아니며, 일반적으로 서로 다른 n개에서 순서를 생각하지 않고 k개를 택하는 조합을 나타낸 기호이다.

위에 나온 계산식을 이해하기 위해서는 먼저 느낌표의 기호가 나타내는 의미를 알아야 한다. 이는 '계승'(팩토리얼)을 의미하는 것으로, n계승은 1부터 n까지의 양의 정수를 모두 곱한 값이다.

$$n! = 1 \times 2 \times 3 \times 4 \times \cdots \times n$$

예를 들어 5의 계승은 $5! = 1 \times 2 \times 3 \times 4 \times 5 = 120$과 같이 계산한다. 한편 0!과 1!은 특별한 의미 없이 $0! = 1$과 $1! = 1$로 나타내기로 한다.

따라서 이항계수를 구하는 식은 다음과 같이 쓸 수 있다. 이렇게 표현하면 위의 방식보다는 조금 쉽게 여겨질 것이다.

$$\binom{n}{k} = \frac{n \times (n-1) \times (n-2) \times \cdots (n-k+1)}{1 \times 2 \times \cdots \times k}$$

이항계수와 이 식의 계산은 확률과 통계를 다룰 때 다시 살펴볼 것이다. 그때는 구체적인 사례들이 등장하기 때문에 지금보다는 쉽게 배울 수 있다.

다음은 이항계수를 사용하여 n차 이항식을 전개하는 식을 나타낸 것이다. 이것을 이항정리라 한다.

$$(a+b)^n = \sum_{k=0}^{n} \binom{n}{k} a^{n-k} b^k$$

시그마 기호(Σ)를 쓰지 않고 연산을 풀어서 쓰면, 공식이 더 길어지지만 이해하기는 쉽다.

$$(a+b)^n = \binom{n}{0} a^n b^0 + \binom{n}{1} a^{n-1} b^1 + \cdots + \binom{n}{n} a^0 b^n$$

집합과 집합의 연산

우리가 일상적으로 집합이라고 말할 때는 대개 헤아리기 어렵거나 양적으로 표현할 수 없는 불특정한 다수를 가리킨다. "할 일이 많다"고 할 때는 얼마나 많은지를 알 수 없다. 그러나 수학에서는 무엇이든지 정확하고 명료하게 표현한다. 이제 수학이 정확성을 추구한다는 것쯤은 알게 되었을 것이다.

집합은 수학에서 일정한 성질이나 범주에 따라 결정되는 요소의 모임을 말한다. 또한 이 요소들을 집합의 원소라고 한다.

집합은 흔히 알파벳 대문자인 $A, B, C, \cdots$ 등으로 표시하며, 집합의 원소는 소문자 $a, b, c, \cdots$ 또는 $a_1, a_2, a_3, \cdots$로 표시한다. 집합의 원소를 나열할 때는 기호 $\{\ \}$를 사용한다.

집합에서 중요한 또 다른 개념은 크기이다. 집합의 크기는 원소의 개수를 뜻하며, $n(A)$와 같이 표시한다. 예를 들어 '집합 A의 원소의 개수는 7개이다'를 수학 기호로 나타내면 $n(A)=7$이 된다.

집합의 예

요일을 영어로 말할 때, S자로 시작하는 요일의 집합을 A라고 하자. 이 경우 S자로 시작하는 요일이 집합의 조건이다. 이 집합은 다음과 같다.

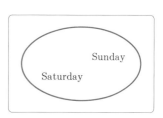

$$a = \{\ \text{Sunday, Saturday}\ \}$$

그리고 Sunday가 집합 A의 원소일 때는 $\text{Sunday} \in A$로 표시한다. 또한 $\text{Monday} \notin A$는 Monday가 집합 A의 원소가 아니라는 것을 뜻한다.

한편 수학에서 흔히 보게 되는 또 다른 집합으로 자연수의 집합이 있다. 이는 $N = \{1, 2, 3, \cdots\}$과 같이 표시한다. 앞에서 예로 든 집합 A는 원소의 개수가 한정되어 셀 수 있는 유한집합이지만, 자연수의 집합은 원소의 개수가 셀 수 없이 많은 무한집합이다.

집합의 표현

위의 첫 번째 예에서는 집합을 표현하는 것이 간단하다. 즉 원소를 나열하기만 하면 된다. 원소의 개수도 2개뿐이니까 복잡하지도 않다. 그러나 집합의 표현이 항상 이렇게 간단하게 해결되는 것은 아니다. 자연수 중에서 홀수의 집합을 B라고 하자. $B = \{1, 3, 5, 7, \cdots\}$과 같이 원소를 나열할 수도 있지만, 완전하지도 정확하지도 않다. 이 경우에는 집합을 다르게 표현하는 것이 바람직하다. 바로 조건을 제시하는 방법이다.

$$B = \{\, a \mid a \text{는 홀수} \,\}$$

이를 다시 설명하면 집합 B는 원소 a로 이루어지는데 a가 홀수라는 것이다.

집합을 표현할 때 어려움이 생기면 그림으로 나타내는 것도 도움이 된다. 이때 도형으로는 주로 원이나 타원을 이용한다.

특별한 집합

수학에서 집합을 다루거나 이야기할 때는 몇 가지 특별한 집합을 구별한다. 이러한 집합들과 표현 방법에 대해 알아보자.

부분집합과 초집합

우선 앞에서 말한 요일과 관련된 집합을 다시 생각해보자. S자로 시작하는 요일은 집합 A의 원소일 뿐만 아니라 모든 요일의 집합 W의 원소이기도 하다.

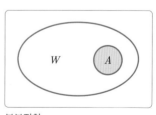

부분집합

이 경우 A는 W의 부분집합[subset], W는 A의 초집합[superset]이라 하며 기호로 $A \subset W$로 표시한다.

멱집합

부분집합을 조금 더 깊이 파고 들어가 보자. 우리는 한 집합에 대하여 이 집합의 모든 부분집합을 원소로 하는 또 다른 집합을 생각해볼 수 있다. 이를 멱집합^{power set}이라 한다.

> 주어진 집합의 모든 부분집합을 모은 집합을 멱집합이라 하고, $P(A)$로 표시한다.

교집합

두 개의 집합이 앞에서 말한 것과는 다른 관계를 맺을 때도 있다. 예를 들어 원소들의 일부가 두 집합에 동시에 속하는 경우가 생긴다. 이와 같은 공통 원소의 집합을 집합 A와 B의 교집합이라 한다. 교집합은 $A \cap B$로 표시하며 집합 기호로 나타내면 다음과 같다.

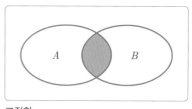

교집합

> $$A \cap B = \{x \mid x \in A \text{ 그리고 } x \in B\}$$

학교에서 교집합의 구체적인 예를 살펴볼 수 있다. 학생들이 방과 후 학습에서 과목을 자유롭게 선택할 수 있다고 가정하자. 수학을 선택한 학생들의 집합을 A, 축구를 선택한 학생들의 집합을 B라고 했을 때. 두 수업이 동시에 진행되지 않기 때문에,

수학? 축구? 또는 둘 다?!

학생들은 두 수업을 모두 선택할 수도 있다. 따라서 A와 B의 교집합에는 수학과 축구를 모두 선택한 학생들이 포함된다. 드물긴 하지만 이렇게 선택하지 말라는 법은 없다.

합집합

'그리고'라는 말과 '또는'이라는 말은 매우 비슷한 의미를 띠는 경우가 있다. 특히 합집합에서 그렇다. 합집합은 집합 A와 집합 B에 동시에 존재하는 원소들은 물론, 집합 A에만 속하는 원소들과 집합 B에만 속하는 원소들로 이루어진 집합을 말한다. 합집합은 $A \cup B$로 표시하며 두 집합의 모든 원소를 포함한다. 이것을 집합 기호로 나타내면 다음과 같다.

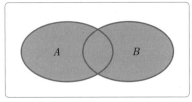
합집합

$$A \cup B = \{ x \,|\, x \in A \text{ 또는 } x \in B \}$$

앞에서 예로 든 수학반과 축구반을 다시 생각해보자.

이 두 반이 함께 국가 대항 축구경기를 보러 가기로 했고, 이 관람을 제안한 수학 선생님이 입장권을 예약하기로 했다. 표를 몇 장이나 예약해야 하는지를 알려면 선생님은 두 반의 합집합을 만들어야 한다.

차집합

한 가지 경우를 더 생각하자. 집합 A에서 집합 B의 모든 원소를 뺄 수도 있다. 이처럼 집합 A에는 속하지만 집합 B에는 속하지 않는 모든 원소의 집합을 차집합이라 하고 $A-B$로 표시한다. 집합 기호로 나타내면 다음과 같다.

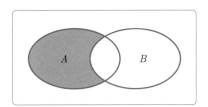
차집합

$$A - B = \{ x \,|\, x \in A \text{ 그리고 } x \notin B \}$$

다시 학교의 예를 들어보자. 수학 올림피아드 경시대회가 열려 수학반 학생들이 직접 참가자를 뽑기로 했다. 수학반과 축구반에 모두 들어 양다리를 걸치다가 건성으로 수학 공부를 하는 학생들은 참가시키지 않을 수 있게 된 것이다(그러나 참가하지 못하는 학생들도 불만은 없다. 경시대회가 열리는 날에는 학교 대항 축구 대회도 열리기 때문이다). 집합으로 말하면, 두 반 학생들의 차집합 $A-B$가 수학 경시대회에 참가하는 셈이다.

곱집합

두 개의 집합이나 두 집합의 원소들을 가지고 또 다른 집합을 만들 수 있다. 이를테면 곱집합 $A \times B$인데, 이는 두 집합의 모든 원소들로 이루어진 순서쌍의 집합을 말한다.

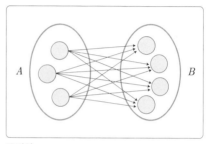

곱집합

순서쌍의 첫째 원소와 둘째 원소의 순서는 수학에서 매우 중요하다. 두 수의 뺄셈에서는 두 수의 순서가 결정적인 역할을 한다. 굳이 집합을 예로 들지 않더라도 $7-3$과 $3-7$은 답이 전혀 다르지 않은가! 순서쌍도 이와 마찬가지이다.

다시 곱집합으로 돌아가 보자. 수학에서 곱집합은 다음과 같이 정의한다.

> 두 집합 A와 B의 곱집합은 모든 순서쌍 (a, b)로 이루어진다. 여기서 원소 $a \in A$를 순서쌍의 첫째 원소라 하고, 원소 $b \in B$를 둘째 원소라 한다. 집합 기호로 나타내면 다음과 같다.
>
> $$A \times B = \{(a, b) \mid a \in A \text{ 그리고 } b \in B\}$$

다음의 두 집합 A와 B를 가지고 구체적으로 설명해보겠다.

$$A = \{1, 2, 3\}$$
$$B = \{a, b\}$$

이제 곱집합을 만들어보자. 다음 두 가지 경우를 비교해본다면, 순서쌍에서 원소의 순서가 얼마나 중요한지를 알 수 있을 것이다.

$$A \times B = \{(1, a), (2, a), (3, a), (1, b), (2, b), (3, b)\}$$
$$B \times A = \{(a, 1), (a, 2), (a, 3), (b, 1), (b, 2), (b, 3)\}$$

분수

물이 반쯤 차 있는 잔을 보고 '반이 비었다'고 할지 또는 '반이 찼다'고 할지는 흥미로운 철학 문제가 된다. 그러나 수학은 이러한 문제에 개입하지 않고 양이 얼마나 되는지만 관심을 가진다. 따라서 내용물의 반이 없어졌고 나머지 반은 아직 남아 있다고만 확인할 뿐이다. 수학이 이렇게 하는 이유는 전체에서 일부분을 나타내는 분수라는 수의 일정한 형태가 있기 때문이다.

유리잔은 반쯤 찼을까, 아니면 반쯤 비었을까?

> 분수는 $\dfrac{a}{b}$ 의 형태를 띠는 수이다. 여기서 a와 b는 정수이고, $b \neq 0$이어야 하며 a는 분자, b는 분모라 한다.

나눗셈은 0으로 나누는 경우를 정의하지 않는다. 그러므로 분모에는 0이 올 수 없다. 그런데 분수의 분자에는 0이 올 수 있다. 이 경우 분수 전체의 값은 0

이다(0의 부분도 항상 0이기 때문이다. 이 문제도 깊이 파고들면 철학 문제로 번진다).

분수는 여러 가지로 분류할 수 있다. 분자가 1인 분수는 단위분수라 한다. 진분수는 분자가 분모보다 작은 분수이며 이와 반대로 분자가 분모보다 크거나 같은 분수는 가분수라 한다. 가분수는 정수와 진분수의 합의 꼴로 나타낼 수 있다. 예를 들면 $\frac{5}{4}$ 는 $1\frac{1}{4}$ 과 같다.

분수를 구체적으로 표현할 때는 흔히 케이크 조각을 예로 든다. 케이크 전체를 기분에 따라 반 조각, 삼분의 1조각, 팔분의 1조각씩 나누어주며 분수를 설명한다. 이러한 예가 빠지지 않고 등장하는 것은 수학자들이 달콤한 케이크를 좋아해서가 아니라 그림으로 멋있게 나타낼 수 있기 때문이다. 시계 숫자판도 분수를 설명하는 데 도움이 된다. 긴 막대를 이용해 분수를 설명하는 수학책도 있지만, 케이크나 시계 숫자판보다는 명확하지 않고 보기에도 좋지 않다.

입맛을 다시게 하는 분수 계산

약분과 통분

분수도 계산이 가능하다. 분수의 계산에서는 약분과 통분, 이 두 가지 기본 계산법이 중요하다.

> 약분은 분수의 분자와 분모를 같은 수로 나누는 것을 말하고, 통분은 분수의 분자와 분모에 같은 수를 곱하여 분모가 서로 다른 분수의 분모를 같게 하는 것을 말한다.

분수 $\frac{1}{2}$ 과 $\frac{1}{3}$ 을 예로 들어보자. $\frac{1}{2}$ 의 분자와 분모에는 3을 곱하고, $\frac{1}{3}$ 의 분자와 분모에는 2를 곱하면 다음과 같이 두 분수의 분모가 같아진다.

$$\frac{1 \times 3}{2 \times 3} = \frac{3}{6} \qquad\qquad \frac{1 \times 2}{3 \times 2} = \frac{2}{6}$$

또, 분수 $\frac{3}{12}$ 을 약분할 때는 3과 12의 공약수 3으로 분자와 분모를 나눈다.

$$\frac{3 \div 3}{12 \div 3} = \frac{1}{4}$$

한편, 위에서 분자와 분모에 같은 수를 곱하거나 나누어도 분수의 값은 동일하다.

> 값이 같은 두 분수를 동치분수라 하고, 두 분수의 분모가 같을 때는 공통분모를 가진 분수라 한다.

예를 들어 분수 $\frac{2}{3}$ 와 $\frac{27}{3}$ 은 공통분모를 가진다. 그러나 이 두 분수는 값이 다르다.

이제 분수 계산법을 본격적으로 알아보자. 우선 분모가 같지 않은 분수의 분모를 같게 만드는 방법에 대해 알아보자.

공통분모

공통분모를 만들면 분수의 계산이 놀라울 정도로 쉬워진다. 공통분모를 만드는 법을 분수 $\frac{1}{3}$, $\frac{1}{4}$, $\frac{1}{6}$ 의 예를 들어 설명해보겠다.

우선 각 분모의 최소공배수를 구한다.

3의 배수는 3, 6, 9, (12), 15, …
4의 배수는 4, 8, (12), 16, 20, …
6의 배수는 6, (12), 18, 24, 30, …

이때 최소공배수는 12이다.

이제 세 분수의 분모가 12가 되도록 통분한다.

$$\frac{1 \times 4}{3 \times 4} = \frac{4}{12} \qquad \frac{1 \times 3}{4 \times 3} = \frac{3}{12} \qquad \frac{1 \times 2}{6 \times 2} = \frac{2}{12}$$

이제 모든 분수가 공통분모를 가지게 되었다.

분수의 계산

이제 서로 다른 분수의 공통분모를 구했으므로 나머지 계산은 어렵지 않다. 공통분모를 구하는 것이 분수 계산에서는 가장 큰 문제이기 때문에, 주의를 집중해야 한다.

분수의 덧셈

두 개의 분수를 더할 때에는 두 분수를 통분하여 분모가 같도록 한 다음 분자끼리 더하면 된다.

> 분수의 덧셈은 우선 공통분모를 구한 다음, 분자의 덧셈을 한다.

예 $\dfrac{1}{2} + \dfrac{1}{3} = \dfrac{3}{6} + \dfrac{2}{6} = \dfrac{3+2}{6} = \dfrac{5}{6}$

분수의 뺄셈

> 분수의 뺄셈은 덧셈의 경우와 같은 방법으로 계산한다.

분수의 뺄셈은 우선 공통분모를 구한 다음, 분자의 뺄셈을 한다.

예 $\dfrac{1}{2} - \dfrac{1}{3} = \dfrac{3}{6} - \dfrac{2}{6} = \dfrac{3-2}{6} = \dfrac{1}{6}$

분수의 곱셈

> 분수의 곱셈은 분자는 분자끼리, 분모는 분모끼리 곱한다.

예 $\dfrac{1}{4} \times \dfrac{1}{5} = \dfrac{1 \times 1}{4 \times 5} = \dfrac{1}{20}$

분수의 곱셈이 필요한 경우는 전체의 한 부분에 대하여 다시 일부의 값을 구할 때이다. 위의 예는 전체의 $\dfrac{1}{4}$에 해당하는 양에서 다시 $\dfrac{1}{5}$을 구하는 경우이다. 이러한 경우에는 나눗셈을 적용하지 않는 것이 중요하다. 곱셈이 아니라 나눗셈을 하면 매우 엉뚱한 결과가 나온다. 이런 실수를 피하기 위해서는 어떤 연산을 해야 할지를 항상 생각해야 한다.

분수의 나눗셈

분수의 나눗셈은 역수라고 하는 새로운 수를 도입해야 한다. 역수는 분수의 분자와 분모를 바꾼 수이다. 즉, $\dfrac{2}{3}$의 역수는 $\dfrac{3}{2}$이다.

> 두 분수의 나눗셈은 첫 번째 분수에 두 번째 분수의 역수를 곱하여 계산한다.

예 $\dfrac{1}{4} \div \dfrac{1}{5} = \dfrac{1}{4} \times \dfrac{5}{1} = \dfrac{1 \times 5}{4 \times 1} = \dfrac{5}{4}$

분수의 나눗셈은 번분수(분수의 분자 또는 분모가 분수인 복잡한 분수를 말한다)로 표시할 수도 있다.

$$\dfrac{1}{4} \div \dfrac{1}{5} = \dfrac{\dfrac{1}{4}}{\dfrac{1}{5}}$$

이러한 번분수를 계산할 때는 반드시 분모의 역수를 만들어야 함을 명심한다.

소수 小數

지금까지 배운 분수는 항상 소수로 나타낼 수 있다. 예를 들어 $\frac{1}{4}$ 은 0.25로도 쓸 수 있다. 분수 $\frac{a}{b}$ 는 $a \div b$ 와 같은 나눗셈을 통해 소수로 나타낼 수 있다.

$1 \div 4 = 0.25$ 와 같이 나눗셈의 결과, 소수점 아래의 숫자가 유한개로 끝나는 소수를 유한소수라고 한다.

소수는 일상생활에서 퍼센트의 형태로 자주 나타난다.

이번에는 $\frac{1}{3}$ 을 소수로 나타내보자. $1 \div 3$ 을 계산하면 0.33333…이 되어 3이 무한히 반복됨을 알 수 있다. 이렇게 소수점 아래의 숫자가 무한히 반복되는 수를 순환소수라고 하고, 반복되는 숫자 위에 점을 붙여 0.3̇과 같이 간단히 표시한다. 소수점 아래에서 여러 개의 숫자가 계속 반복될 때는, 반복되는 부분의 첫 숫자와 끝 숫자의 바로 위에 점을 붙여 표시한다. 즉, 2.34567567567…은 2.34̇567̇이 된다. 소수점 아래에서 순환하지 않는 34는 전마디라고 하고, 567은 순환마디라고 한다. 소수 첫째 자리부터 순환마디가 시작되는 수는 순순환소수라고 하고, 2.34̇567̇과 같이 소수점 아래에서 순환하지 않는 수와 순환마디가 섞여 있는 수는 혼순환소수라고 한다.

비례

신체나 사물이 이상하게 보일 때 (흔히 사물이 예술적으로 묘사되었을 때 기형적으로 느껴지는 경우가 많다) 당혹감을 느끼며 "비율이 맞지 않다"고 말한다. 비율이 맞을 때 사물이 어떻게 보이는지는 뒤에 다시 설명할 것이다. 여기서는 우선 비례라는 개념에 대해 살펴보기로 하자.

이 주제에 대해 수학은 일반적으로 다음과 같이 말한다.

> 비율은 두 수나 크기의 비의 값을 말한다.

한편 함께 변화하는 두 수나 크기가 계속 같은 비율을 유지하면, 이들은 비례를 이룬다고 말할 수 있다. 이때의 비율을 비례상수라 한다.

잘 알려진 비율

기하에서 잘 알려진 비율의 예로 원의 지름에 대한 원둘레의 길이의 비율(또는 관계)인 원주율 π를 들 수 있다. π 역시 두 크기 사이의 비례상수이다.

상품을 살 때도 비례상수를 접하게 된다. 예를 들어 부가가치세의 금액은 상품의 순가격과 비례한다.

이제 대표적인 비례인 정비례와 반비례에 대해 알아보자.

정비례

> 함께 변화하는 두 양 또는 수에 있어서, 한쪽이 2배, 3배, …로 되면 다른 쪽도 2배, 3배, …로 될 때, 이 두 양은 정비례한다고 말한다. 이때 함께 변화하는 두 양을 a, b라 하면 a와 b 사이에는 $\frac{a}{b} = c$인 관계가 성립한다. 여기서 c는 비례상수라 한다.

한 식품의 양과 가격 사이의 비율을 예로 들어보자. 다음과 같이 몇 가지 값을 표로 정리했다.

가격(유로)	2	4	8	16
양(킬로그램)	1	2	4	8

$$c = \frac{가격}{양} = 2$$

이 예에서 나타난 가격과 식품의 양을 좌표평면 위에 표시해보자. x축은 가격을, y축은 양을 나타낸다. 좌표평면 위에 표시된 점을 연결하면, 원점을 지나는 직선이 생긴다.

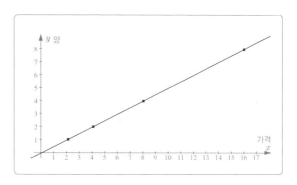

이 그래프를 보면 출발점의 값을 두 배, 네 배, 여덟 배, … 했을 때, 목표점의 값도 두 배, 네 배, 여덟 배, …로 커지는 것을 알 수 있다.

반비례

함께 변화하는 두 양이 있을 때, 한쪽이 2배, 3배, …로 되면 그에 대응하는 다른 쪽 양이 $\frac{1}{2}$배, $\frac{1}{3}$배, …로 될 때, 이 두 양은 반비례한다고 말한다. 두 양을 a, b라 하면 $ab = c$의 관계가 성립한다. 이 경우에도 c를 비례상수라 한다.

자, 이제 맛있는 음식 이야기부터 해야겠다. 식탁 위에 입맛 당기는 피자 한 판이 놓여 있다고 생각해보자. 딱 한 판뿐이다. 만약 단 한 사람만 있다면 혼자서 한 판 모두 먹을 수 있다. 두 사람이 있다면 공평하게 나누어야 한다. 이

때는 각자가 반씩 먹는다. 세 사람이 있다면 삼 분의 일씩 나눈다. 이런 식으로 계속 분배해나간다고 하자. 이 상황을 표로 나타내면 다음과 같다.

사람 수	1	2	3	4
피자	1	$\frac{1}{2}$	$\frac{1}{3}$	$\frac{1}{4}$

이 경우, 비례상수는 간단히 $c=1$로 정할 수 있다. 여기서는 출발점의 값을 2배, 3배, 4배, … 했을 때, 목표점의 값은 $\frac{1}{2}$배, $\frac{1}{3}$배, $\frac{1}{4}$배, …로 줄어드는 것을 알 수 있다. 이는 반비례 관계에 있다.

이 결과를 좌표평면 위에 표시하면, 정비례의 경우와는 전혀 다른 곡선인 쌍곡선이 그려진다.

신의 비율, 황금분할

이상적인 비율과 개인의 미적 감각은 매우 사적인 취향이므로 수학적으로 계산할 수 없다. 그런데 정말 그럴까? 사실은 사람의 마음을 끄는 특정한 비율이 있는 것처럼 보인다.

전설에 따르면 그리스의 수학자 에우독소스[Eudoxos, 기원전 400년경~기원전 350년경]는 친구들에게 막대를 주면서 막대에서 가장 마음에 드는 곳에 점을 표시하도록 요청했다고 한다. 친구들은 대개 막대에서 작은 부분과 큰 부분의 비율이 큰 부분과 막대 전체 길이의 비율과 일치하는 곳을 선택했다.

이 점의 위치를 수학적으로 정확하게 정하기는 어렵다. 그러나 긴 부분과 작은 부분의 비율은 대략 55 : 34이고, 비례상수는 대략 1.6이다.

그리스 철자 '피'(Phi, ϕ)로 불리는 이 비례상수에

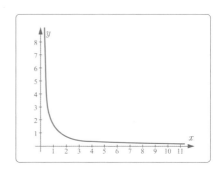

황금비의 남자 - 레오나르도 다빈치의 스케치

영감을 받아 작품을 만든 예술가와 건축가도 많았다. 그중 레오나르도 다빈치의 그림은 특히 유명하다. 이 그림은 나체 상태로 원에 내접하는 정사각형 안에 서서 두 팔을 벌리고 있는 남자를 그린 것이다. 1509년 수학자 루카 파치올리^{Luca Pacioli, 1445년경~1510년경}는 자신의 책에서 원의 반지름과 정사각형의 변의 길이는 '신의 비율'을 이룬다며 이 비율을 다루기도 했다. 이 신의 비율은 바로 '황금비'를 말하며, 조화로운 아름다움의 대명사로 간주된다.

비례법

사칙연산과 더불어 비례법은 일상생활의 수학에서 중심 역할을 한다. 비례법은 일목요연한 해법을 제시하며 대개 일상적이고 단순한 사고방식에 근거한다. 비례법에는 세 가지 형태가 있는데, 서로 밀접하게 연관되어 있다.

단순 정비례법

이 비례법은 다음의 예시 문제를 해결하는 과정에서 쉽게 이해할 수 있다.

두 마리의 개가 매일 3통의 먹이를 먹는다. 다섯 마리의 개는 매일 몇 통의 먹이를 먹을까?

답은 아주 간단하게 구할 수 있는데, 다음과 같은 세 단계의 과정을 거친다.

1) 두 마리의 개가 3통의 먹이를 먹는다.

2) 그러면 한 마리의 개는 $\frac{3}{2}$ 통을 먹는 셈이다.

3) 따라서 다섯 마리의 개는 $5 \times \frac{3}{2} = \frac{5 \times 3}{2} = \frac{15}{2} = 7\frac{1}{2}$ 통을 먹게 된다.

여기서 가장 중요한 것은 두 번째 단계로, 이 단계에서는 기본단위(한 마리의 개가 매일 몇 통의 먹이를 먹는가?)를 결정하게 된다.

위의 내용 전체는 다음과 같이 정리할 수도 있다.

> 단순 정비례법에서 크기 b는 크기 a에 따라 좌우되어 다음과 같은 식이 성립한다.
> 여기서 c는 변하지 않는 일정한 수이다.
>
> $$\frac{b}{a} = c$$

이제 알아차린 사람이 있을 것이다. 그렇다. 비례법은 앞에서 배운 비례를 그대로 적용하면 된다.

단순 반비례법

단순 반비례법의 원칙에 따라 꼬아놓은 문제일지라도 (수학자들과 이야기를 나누다 보면, 이들이 얼마나 어렵게 문제를 꼬고 있는지 놀라게 된다) 본질적으로는 큰 차이가 없다. 대표적인 예로 들 수 있는 것이 다음과 같은 형태이다.

굴착기 5대로 일하면 몇 시간이 걸릴까?

3대의 굴착기가 지하실을 만들기 위해 흙을 파고 있다. 일을 끝내는 데는 2시간이 걸린다. 6대의 굴착기로 이 일을 한다면 몇 시간이 걸리겠는가?

이 문제도 간단히 답할 수 있다.

1) 3대의 굴착기로는 2시간이 걸린다.
2) 1대의 굴착기로는 $3 \times 2 = 6$시간이 걸린다.
3) 6대의 굴착기로 이 일을 하는 데는 $\frac{6}{6} = 1$시간이 걸린다.

여기서도 답을 구하는 데 있어서 두 번째 단계가 가장 중요한 역할을 한다. 앞의 내용 전체는 다음과 같이 정리할 수 있다.

> 단순 반비례법에서 크기 b는 크기 a에 따라 좌우되어 다음과 같은 식이 성립한다. 여기서 c는 변하지 않는 일정한 수이다.
> $$a \times b = c$$

복비례법

지금까지는 항상 단순한 형태의 비례법에 대해서만 설명했다. 이미 짐작한 사람도 있겠지만, 단순한 형태가 있으면 복잡한 형태도 있기 마련이다. 이제 복비례법에 대해 설명하겠다.

이름에서 이미 드러나듯이 복비례법은 단순 비례법을 두 번 적용한다. 그렇다고 복비례법이 지나칠 정도로 복잡한 것은 아니다. 전체의 흐름을 놓치지 않고 집중하는 것이 중요하다. 우선 예부터 들어보겠다.

5명이 3일 동안 열리는 회의 기간에 아침마다 30잔의 커피를 마신다. 8명이 이 회의에 참석한다면 2일 동안 아침마다 몇 잔의 커피를 마시겠는가?

답을 구하기 위해서는 다섯 단계를 거쳐야 한다. 그렇지만 풀이 과정은 이미 다룬 문제들과 크게 다르지 않다.

커피는 항상 충분히 준비되어 있어야 한다.

1) 5명이 3일 동안 아침마다 30잔의 커피를 마신다.
2) 1명은 3일 동안 아침마다 $\frac{30}{5} = 6$잔을 마신다.
3) 1명이 하루 아침에 마시는 커피는 $6 \div 3 = 2$잔이다.

4) 1명이 2일 동안 아침에 마시는 커피는 $2 \times 2 = 4$잔이다.

5) 8명이 2일 동안 아침에 마시는 커피는 $8 \times 4 = 32$잔이 된다.

이 예에서 알 수 있듯이 복비례법도 단순 비례법에 비해 크게 어렵지 않다. 계산에 앞서 알아야 하는 값이 무엇인지, 어떤 순서에 따라 계산을 해나가야 하는지를 판단하면 된다. 물론 답을 구하는 데는 여러 가지 방법이 있다. 예를 들어 두 번째 단계에서 5명이 하루 아침에 마시는 커피잔 수를 먼저 구할 수도 있다.

실수

지금까지 우리는 몇 가지 수를 다루었다. 하지만 이 수들을 편의상 명확하게 정의하지 않았다. 이제 그동안 미뤄왔던 개념을 정의하고자 한다. 특히 미분과 적분에 매우 중요한 역할을 하는 수집합인 실수에 대해 알아보기로 하자.

실수의 집합 R은 다음과 같은 수집합으로 이루어진다. 이 수집합도 지금까지 특별히 강조하지는 않았지만 부분적으로 다루었다.

실수를 처음으로 만든 19세기의 수학자 카를 바이어슈트라스

- 자연수의 집합 $N = \{1, 2, 3, \cdots\}$
- 정수의 집합 $Z = \{\cdots, -2, -1, 0, 1, 2, \cdots\}$
- 유리수의 집합 Q: $\dfrac{\text{정수}}{\text{0이 아닌 정수}}$ 의 형태로 된 분수
- 무리수의 집합 I

이제부터는 무리수에 대해서 조금 상세하게 알아보기로 하자.

무리수

수학에서 무리수를 생각할 때는 일상생활에서 뜻하는 '무리'라는 의미를 염두에 두어선 안 된다. 무리수는 사리에 맞지 않거나 정도에서 지나치게 벗어난다는 의미의 '무리한 요구'라든지 '무리수를 두다'와 같은 말과는 아무런 관계가 없다. 이러한 사정은 영어에서도 마찬가지이다. 무리수를 영어로 irrational number라고 하는데, 글자 그대로 옮기면 비이성적인 수가 된다. 그러나 무리수는 이 뜻과는 전혀 반대되는 역할을 한다. 무리수는 멋지고 조화로운 세계를 만드는 데 크게 기여한다.

우리가 지금까지 배웠던 범주에서 완전히 벗어나는 수들이 있다. 이 수들은 유한소수나 순환소수로 나타낼 수 없다. 이제 요점을 정리해보자.

> 무리수는 두 정수로 이루어진 분수, 다시 말해 두 정수의 비의 형태로 나타낼 수 없는 수이다.

어느 정도 명확해졌지만 아직도 의문이 완전히 사라지지 않은 것 같다. 언제나 그렇듯이 이런 상황에서는 예를 들어 설명하는 것이 도움이 된다.

여러분은 가장 유명한 무리수 중 하나를 이미 배웠다. 바로 π이다. π는 유한소수도 순환소수도 아니다. 이 π값에 대해서는 누군가가 소수점 아래 몇천 자리까지 구했다든지 또는 슈퍼컴퓨터로 조 자리까지 구했다는 언론 보도가 심심찮게 나오고 있다.

오일러 수 e(2.71828⋯)도 이런 숫자 중 하나이다. 이 수는 로그함수를 다룰 때 만날 수 있다. 오일러 수는 자연과학에서도 중요한 역할을 한다.

π나 e와 같은 무리수는 초월수라고도 한다.

원주율 π의 소수점 아래 숫자들

초월수는 유리수를 계수로 하는 대수방정식의 근이 될 수 없는 수이다. 대수방정식의 근이 되는 수를 대수적 수라고 하며, 유리수는 모두 대수적 수이다. 그러나 무리수라고 해서 모두 대수방정식의 근이 될 수 없는 것은 아니다. $\sqrt{2}$, $\sqrt[3]{5}$ 등은 대수방정식의 근이 된다. 이러한 수를 대수적 무리수라고 한다.

구간축소법

π를 계산하는 데서도 알 수 있듯이, 무리수를 찾는 것은 매우 어렵다. 그럼 어떤 방법이 있을까? 원칙적으로 가능한 한 가깝게 접근해 소수점 아래 자리를 차례로 구하는 방법을 택한다.

이러한 방법을 택하는 이유는 수직선상에서는 어떤 유리수라도 그 점의 위치를 정할 수 있고, 무리수도 이런 위치 선정이 가능하다고 생각했기 때문이다. 예를 들어 수직선상에서 $\sqrt{200}$ 의 위치를 정한다고 하자. 우리는 $14^2=196$이고 $15^2=225$인 것을 안다. 그렇다면 찾는 수는 14와 15 사이에 있음이 분명하다. 이런 식으로 구간을 점점 좁혀나가는 것이다. 이 방식을 구간축소법이라고 하며 다음과 같이 정리할 수 있다.

> 두 유리수를 경계로 했을 때 그 사이에 무리수를 넣을 수 있다. 두 유리수 l과 r 사이에 있는 모든 실수의 집합을 구간이라고 한다. 여기서 l은 왼쪽 구간경계, r은 오른쪽 구간경계라고 한다. 수학 기호로 표시하면 다음과 같다.
>
> $$[l, r]=\{x \in R \mid l \leq x \leq r\}$$

다음 예를 보면, 구간축소법의 원리가 어떤 것인지를 알 수 있다.

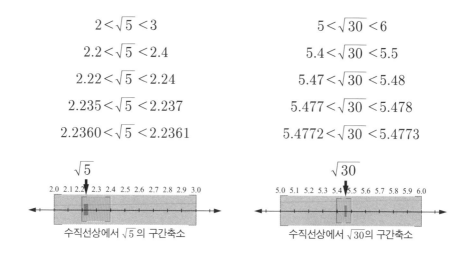

$$2 < \sqrt{5} < 3 \qquad\qquad 5 < \sqrt{30} < 6$$
$$2.2 < \sqrt{5} < 2.4 \qquad\qquad 5.4 < \sqrt{30} < 5.5$$
$$2.22 < \sqrt{5} < 2.24 \qquad\qquad 5.47 < \sqrt{30} < 5.48$$
$$2.235 < \sqrt{5} < 2.237 \qquad\qquad 5.477 < \sqrt{30} < 5.478$$
$$2.2360 < \sqrt{5} < 2.2361 \qquad\qquad 5.4772 < \sqrt{30} < 5.4773$$

수직선상에서 $\sqrt{5}$의 구간축소   수직선상에서 $\sqrt{30}$의 구간축소

일차방정식

추리소설이나 추리영화에서는 대개 정체가 드러나지 않은 미지의 인물을 찾는 것이 주요 골격을 이루며 숨 막히는 긴장이 펼쳐진다. 수학에서도 미지수가 이런 긴박감을 불러일으킨다. 그러나 수학자가 아니라면 미지수 앞에서 흥미로운 긴장감이 아니라 고양이 앞에서 숨죽이며 떨고 있는 쥐와 같은 신세가 되는 경우가 많다. 이런 반응을 보일 필요가 전혀 없

범죄학만 미지의 인물을 찾는 것이 아니다.

다는 것을 일차방정식을 다루는 이 부분에서 밝히고자 한다.

원칙적으로 방정식을 풀 때는 미지수(대개 x로 표시한다)를 구하는 것이 목표다. 이 목표에 도달하는 방법을 곧 알게 될 것이다. 이에 앞서 확인할 사항이 있다.

해집합

간단하게 풀 수 있는 방정식을 예로 들어 말해보면, 방정식 $x+1=2$의 해집합은 $L=\{1\}$이다.

계란의 개수는 자연수로만 나타낸다.

방정식을 올바르게 풀기 위해서는 미지수의 값(해)이 속하는 수의 범위를 알아야 한다. 예를 들어 계란의 개수를 구하는 방정식에서는 음수나 분수가 방정식의 해로 적합하지 않다. 따라서 이 경우는 해집합이 자연수 N에 포함되어야 한다. 그러나 은행에 적금이나 예금을 할 때나 은행에서 돈을 빌리는 경우 통장에 찍히는 잔액을 묻는 방정식에서는 유감스럽게도 음수나 소수의 이율의 값도 생각해야 한다. 이 경우 해집합은 유리수 집합 Q에 포함되어야 한다.

해집합에 대해 말하는 것이 시시하고 필요 없는 일로 보일지도 모른다. 그런데 방정식이 더 복잡해지면 이 집합이 포함되는 수집합을 정확히 알고 있어야 올바른 해를 구할 수 있다. 이 말의 뜻은 뒤에 가서 다룰 이차방정식에서 실감하게 될 것이다.

방정식 풀기

이미 말했듯이 방정식은 하나 또는 여러 개의 미지수의 값을 구하는 데 도움이 된다. 결코 심술궂은 수학자들이 불쌍한 학생들을 괴롭히면서 쾌감을 느끼기 위한 것이 아니다.

방정식을 푸는 원칙은 등호의 한쪽에 구해야 하는 미지수가 오고, 나머지는 다른 쪽에 오도록 등식의 성질을 적용하는 것이다. 이 얼마나 간단명료한 원칙인가! 이것이 바로 방정식을 푸는 가장 중요한 열쇠이고, 다른 몇 가지만 더 유의하면 아무 문제없다.

등식의 성질은 방정식의 복잡성에 따라 한 단계 또는 여러 단계를 거칠 수 있다. 여기서 명심할 것은 각 단계에서도 등식이 항상 성립해야 한다는 것이다. 따라서 양변을 똑같이 취급해야 한다. 즉, 좌변에서 어떤 항을 빼면 우변에서도 똑같이 빼야 하는 것이다. 바로 이러한 점이 방정식을 풀 때 가장 큰 문제가 된다.

저울을 예로 들어보겠다. 방정식이 양쪽의 균형을 유지하는 저울이라고 가정하자. 저울의 한쪽에 물건을 올리면, 균형을 유지하기 위해서는 다른 쪽에도 똑같은 물건을 올려야 한다. 왼쪽 저울판에서 100그램을 빼면, 오른쪽 저울판에서도 100그램을 빼야 저울의 균형이 유지되는 것이다.

항상 공평하게 다룰 것!

> 등식의 성질에 따라 식을 정리할 때, 각 단계마다 양변에 적용하는 규칙이 같아야 하며, 각 단계는 기호 ⇔로 표시한다.

이제 예를 통해 주어진 방정식을 어떻게 푸는지 구체적으로 알아보자. 우선 매우 간단한 예를 들어보겠다.

$$2x = 16$$

이 방정식에서는 좌변에 x만 남기는 것이 목표이다. 자, 이제 어떻게 하겠는가? 이 경우에는 x 앞의 계수 2로 나누면 된다. 하지만 이 과정을 양변에서 똑같이 실행해야 한다. 방정식을 어떻게 푸는지를 자세히 알아보기 위해 다음과 같이 써보자.

$$2x = 16 \qquad | \div 2$$

$$\Leftrightarrow \frac{2x}{2} = \frac{16}{2}$$

$$\Leftrightarrow x = 8$$

따라서 이 방정식의 해집합은 $L = \{8\}$이다.

물론 이보다 더 복잡한 방정식도 있다. 다음 방정식을 보자.

$$\frac{2}{3}x - \frac{1}{4} = \frac{1}{3} - \frac{x}{2}$$

이제 우리는 미지수가 여러 항에 등장하는 방정식을 풀어야 한다. 그렇다고 겁먹을 필요는 없다! 이 방정식도 얼마든지 풀 수 있다. 우선 양변에 $\frac{x}{2}$를 더해서 미지수가 한쪽에만(여기서는 좌변) 오도록 한다. 그다음에는 양변에 똑같이 $\frac{1}{4}$을 더해 방정식을 정리한다.

$$\frac{2}{3}x - \frac{1}{4} + \frac{x}{2} = \frac{1}{3} \qquad \left| + \frac{1}{4} \right.$$

$$\Leftrightarrow \frac{2}{3}x + \frac{x}{2} = \frac{1}{3} + \frac{1}{4}$$

이제 앞에서 배운 분수 계산을 적용해 공통분모를 만들면 된다.

$$\frac{4}{6}x + \frac{3}{6}x = \frac{4}{12} + \frac{3}{12}$$

분수를 더하고 $\frac{6}{7}$을 양변에 똑같이 곱하면 다음과 같다.

$$\frac{7}{6}x = \frac{7}{12} \qquad \left| \times \frac{6}{7} \right.$$

$$\Leftrightarrow x = \frac{7}{12} \times \frac{6}{7} = \frac{1}{2}$$

따라서 이 방정식의 해집합은 $L = \left\{ \frac{1}{2} \right\}$ 이다

해가 이렇게 눈앞에 놓인 것을 보면서, 방정식을 풀기가 그렇게 어렵지는 않다는 사실을 깨달았을 것이다. 이와 관련해 추가로 방정식을 풀어나가는 데 도움이 될 만한 일반적인 힌트를 소개한다.

- 우선 방정식의 좌변과 우변이 간단하게 정리되었는지를 검토하라. 예를 들면 괄호를 먼저 없앤다.
- 미지수 x가 있는 항과 x가 없는 항을 각각 한 변에 모은다.
- 이때, 방정식의 우변에는 x가 있는 항을 적합한 연산을 통해 모두 없앤다. 마찬가지로 x가 없는 항은 모두 방정식의 우변으로 보낸다. 이렇게 하면 좌변에는 x가 있는 항만 모이고, 우변에는 x가 없는 항만 모인다.
- 이제 x의 계수를 역수로 곱하거나 나누어 없앤다.
- 마지막으로 구한 해가 적합한지를 검토한다. 적합하다면 해집합을 만들면 된다.

방정식 끌어내기

아마 여러분 중에서는 방정식을 푸는 것이 이렇게 멋진 일이지만, 그보다도 먼저 주어진 문제에서 방정식을 올바르게 이끌어내는 방법도 중요하고 흥미로운 일이 아니냐고 이의를 제기하는 사람이 있을지도 모르겠다. 그렇다. 실제 일상생활에서는 문제가 방정식으로 제시되는 경우는 거의 없고 우리가 해결해야 하는 복잡한 서술문 형태로 던져진다.

먼저 나쁜 소식부터 전할 수밖에 없다. 왜냐하면 문제에서 곧바로 방정식을 만드는 처방은 존재하지 않기 때문이다. 여러분에게 알려줄 수 있는 것은 몇 가지 기준뿐이다.

오일러와 함께 하는 술값 모으기

레온하르트 오일러

스위스의 수학자 레온하르트 오일러는 다음과 같은 문제를 제시했다.

20명의 남녀가 술집에 들렀다. 남자는 한 사람당 8그로셴씩을, 여자는 7그로셴씩을 냈다. 술값을 모두 모으니 6탈러가 되었다. 함께 술을 마시는 남자와 여자는 각각 몇 명인가?(그로셴과 탈러는 당시 쓰이던 화폐단위이고, 1탈러는 24그로셴이다)

얼핏 보아서는 풀기 어려운 문제 같지만 자세히 살펴보면 그렇지 않다. 여자의 인원수를 x라고 하자. 총 20명이므로, 남자의 인원수는 20명에서 x를 뺀 $20-x$이다.

여자는 7그로셴씩 냈으므로 여자들이 낸 금액은 모두 합해 $7x$이다. 한편 남자는 8그로셴씩 냈으므로 남자들이 낸 금액은 모두 합해 $8 \times (20-x)$이다. 또한 술값의 총액이 (남자들과 여자들이 낸 술값의 합계) 6탈러 또는 144그로셴이므로 다음과 같은 방정식을 세울 수 있다.

$$7x + 8 \times (20-x) = 144$$

이 방정식을 풀기 위해서는 먼저 좌변을 정리한 다음, 상수항을 우변으로 이항하면 된다.

$$7x + 8 \times (20-x) = 144$$
$$\Leftrightarrow 7x + 160 - 8x = 144$$
$$\Leftrightarrow -x = -16$$
$$\Leftrightarrow x = 16$$
$$L = \{16\}$$

따라서 술집에 들른 여자는 모두 16명이고, 남자는 4명임을 알 수 있다.

이 예에서 알 수 있듯이, 복잡하게 보이는 문제도 아주 간단한 방정식으로 만들어 해결할 수 있다. 항상 먼저 해야 할 일은 문제에서 무엇을 구하는지를 정확하게 파악하는 것이다. 이는 시시하게 들릴지 몰라도 아주 중요하다. 상대를 알아야 대처하는 방법도 찾는 법이다. 물론 문제가 요구하는 바를 파악하기가 매우 복잡하고 어려울 때도 있다. 그러므로 문제를 주의 깊게 읽고 신중하게 분석하는 자세를 길러야 한다.

구하는 것이 무엇인지를 알았다면, 그 대상을 x로 표시하면 된다(x 대신 여러분이 좋아하는 철자를 사용해도 된다). 그다음에는 x와 수학적으로 관련이 있는 다른 값을 찾기 시작한다. 해결할 수 있는 문제라면 이런 값은 항상 있기 마련이다. 먼저 x와 다른 값과의 관계를 서술문 형태로 써보는 것이 좋다(예: x명의 남자가 있고, y명의 여자가 있다. 합계는 20명이다). 끝으로 방정식 또는 방정식에 들어갈 개개의 항을 쓰면 된다.

농장의 동물

또 다른 예를 통해 앞에서 설명한 사항을 익혀보기로 하자.

이번에는 농장으로 간다. 이 농장에서 키우는 닭과 돼지는 모두 합쳐 32마리이다. 그리고 동물의 다리를 모두 헤아리니 106개가 되었다. 농장에 있는 닭과

돼지는 각각 몇 마리인가?

먼저 닭의 마릿수를 x로 표시하자. 동물이 모두 32마리이므로, 돼지는 $32-x$마리(모든 동물의 수-닭의 수)이다. 닭의 다리는 2개이므로 닭의 다리의 총 개수는 $2x$가 된다. 돼지의 다리는 4개이므로, 돼지의 다리 총 개수는 $4 \times (32-x)$이다. 주어진 조건에서 동물의 다리가 106개 있다고 했으므로 다음과 같이 방정식을 세울 수 있다.

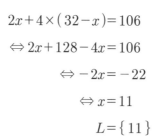

$$2x + 4 \times (32 - x) = 106$$
$$\Leftrightarrow 2x + 128 - 4x = 106$$
$$\Leftrightarrow -2x = -22$$
$$\Leftrightarrow x = 11$$
$$L = \{11\}$$

따라서 농장에 닭은 11마리, 돼지는 21마리가 있음을 알 수 있다.

부등식

이제 여러분은 방정식을 충분히 풀 수 있다! 방정식을 알면 부등식도 별 어려움 없이 풀 수 있다. 그러나 먼저 부등식이 어떤 것인지를 알아보기로 하자.

크기가 서로 다른 동물

> 부등호 $<$, $>$, $\leq$, $\geq$를 사용하여 수 또는 식의 대소관계를 나타낸 식을 부등식이라고 한다.

방정식과 달리 부등식은 양변의 관계를 부등호로 나타낸다. 그런데도 부등식을 방정식과 거의 같은 방법으로 푼다고 말하면 의아하게 생각하는 사람이 있을 것이다. 하지만 '거의'라는 말은 백 퍼센트 일치하는 것은 아님을 명심해야 한다.

부등식을 다룰 때는 방정식과 부등식 사이에 다음과 같이 두 가지의 중요한 차이가 있음을 기억하자.

부등호의 방향

> 부등식의 양변에 같은 음수를 나누거나 곱하면 부등호(<, >, ≤, ≥)의 방향이
> 바뀐다.

예를 들어 부등식 $50 - 10x \le 200$을 살펴보자. 계산을 하다가 양변에 음수를
곱하거나 나누면 부등호의 방향이 바뀐다.

$$50 - 10x \le 200 \qquad | -50$$
$$\Leftrightarrow -10x \le 150 \qquad | \div (-10)$$
$$\Leftrightarrow x \ge 15$$

부등호의 방향을 바꾸지 않았을 때 해가 맞는지를 검토해보면, 부등호의 방향
을 바꾸는 것이 옳은 것인지, 아닌지를 검증할 수 있다. 결국 부등호의 방향을
바꿀 때만 옳은 해가 나온다는 것을 알게 될 것이다.

부등식의 해집합

방정식과 부등식의 두 번째 차이는 각각의 해집합이다. 앞의 예를 다시 살펴
보자. 만약 부등식이 아니라 방정식이라고 가정하면 해는 다음과 같을 것이다.

$$x = -15$$

이 경우의 해집합은 $L = \{ -15 \}$가 된다.

그런데 부등식일 때의 해는 $x \ge -15$였다. 이는 해집합이 -15 혹은 -15보
다 큰 수를 모두 포함한다는 것을 의미한다. 따라서 해집합은 방정식의 경우보
다 훨씬 더 크다. 해집합을 쓰면 다음과 같다.

$$L = [-15, \infty)$$

즉, 해는 −15에서 무한까지이다. ∞는 무한을 나타내는 수학 기호이며 괄호는 구간을 가리킨다. 여기서 잠깐 구간을 뜻하는 기호에 대해 살펴보는 것이 도움될 것 같다.

참고 - 네 개의 구간
구간은 다음과 같이 네 가지 경우가 있다.

- $[a, b]$로 표시된 구간은 닫힌 구간이라고 한다. 이 경우는 구간의 경계인 a와 b도 구간에 속한다.
- $(a, b]$로 표시된 구간은 반열린 구간이라고 한다. 여기서 하위 경계인 a는 구간에 속하지 않고, b는 이 구간에 속한다.
- $[a, b)$로 표시된 구간은 반열린 구간의 두 번째 형태이다. 여기서 하위 경계인 a는 구간에 속하고, b는 이 구간에 속하지 않는다.
- 마지막으로 열린 구간 (a, b)가 있다. 여기서는 두 경계가 모두 이 구간에 속하지 않는다.

한 구간의 경계 중 하나가 ∞이거나 $-\infty$이면, 이 구간은 정의상으로 항상 반열린 구간이 된다. 이 경우는 $(-\infty, b]$ 또는 $[a, \infty)$로 표시한다.

자, 이제 다시 부등식의 해집합으로 돌아가보자. 방정식의 해집합과 반대로 부등식의 해집합에는 세 가지 경우가 있다.

1) 해집합이 비어 있다. 즉 $L = \phi$이다.
2) 해집합이 개개의 구체적인 값을 지닌다. 예를 들어 $L = \{2, 3, 4\}$가 된다.
3) 해집합이 구간으로 표시되는 한 개 또는 여러 개의 값의 영역을 지닌다. 예를 들어 $L = [-4, 6]$ 또는 $L = [-5, \infty)$가 있다.

그러나 주의할 점은 방정식에도 해집합이 여러 개 있을 수 있다는 사실이다.

핸드폰 계약

다음과 같은 예를 보면, 부등식이 일상생활에서도 중요한 역할을 한다는 사실을 알 수 있다.

핸드폰을 새로 구입한다고 가정하자. 여러분은 두 가지 종류의 계약 방식을 선택할 수 있다. 기본요금 없이 통화료로 분당 15센트를 내는 방식, 아니면 매월 기본요금을 10유로 내고 통화료로 분당 7센트를 내는 방식을 택할 수 있다. 매월 몇 분을 통화할 때, 첫 번째 방식이 유리할까? 단, 100센트는 1유로이다.

통화 시간을 x분이라고 할 때, 다음과 같은 부등식을 만들 수 있다.

$$0.15x < 10 + 0.07x$$

부등식의 좌변은 첫 번째 방식에 따른 통화료를 나타낸 것이고, 우변은 두 번째 방식으로 계약할 때 내는 월 요금이다. 첫 번째 방식이 언제까지 더 유리한가가 관건이므로, 부등호 <를 사용하여 식을 세운 다음, 이 부등식을 풀면 다음과 같다.

$$0.15x < 10 + 0.07x \quad | -0.07x$$
$$\Leftrightarrow 0.08x < 10 \quad | \div 0.08$$
$$\Leftrightarrow x < 125$$

따라서 첫 번째 방식이 유리한 때는 월 통화 시간이 125분이 될 때까지이다.

퍼센트

지금까지 살펴본대로 우리는 일상생활에서 방정식과 부등식을 자주 접한다. 따라서 이러한 식을 푸는 연습을 해두면 많은 도움을 얻을 수 있다.

퍼센트를 쓰는 예인 부가가치세

그런데 이보다 흔하게 등장하는 또 다른 분야가 바로 퍼센트 계산이다. 우리는 곳곳에서 퍼센트로 표시한 수치를 보게 된다. 예를 들어 부가가치세를 계산하거나 혼합 비율, 혈중 알코올 농도를 측정할 때 퍼센트가 등장한다. 하루 동안 가장 많이 접하는 수치가 퍼센트라고 해도 지나친 말이 아닐 것이다.

우선 퍼센트가 과연 무엇을 의미하는지를 알아보기로 하자. 퍼센트는 이름 자체에서부터 중요한 본질이 드러난다. 퍼센트^{percent}라는 말은 라틴어에서 나왔고, 뜻은 '백(100)의' 또는 '백 중의'를 의미한다. 따라서 1퍼센트는 '100 중의 1'이다. 그리고 수학 기호로는 %를 사용한다.

퍼센트는 기본적으로 분모가 100인 분수로 볼 수 있고 수식으로 표시하면 다음과 같다.

$$1\% = \frac{1}{100} = 0.01$$

퍼센트로 계산할 때는 이러한 관계를 항상 염두에 두어야 한다.

퍼센트 계산

퍼센트 계산에서는 다음과 같은 세 가지 개념이 항상 등장한다.

기본값 : G

퍼센트 값 : W

퍼센트 비율 : p

여기서 기본값은 전체, 즉 100퍼센트에 해당하는 크기이다. 퍼센트 비율은 퍼센트로 표시된 수치이다. 기본값에서 차지하는 몫을 의미하는 퍼센트 값은 이 퍼센트 비율 중의 하나이다.

"19유로는 100유로의 19퍼센트이다"라는 말을 예로 들어보자. 여기서 100유로는 기본값을 가리킨다. 19퍼센트는 퍼센트 비율이고, 19유로는 퍼센트 값을 나타낸다.

이 개념들을 잘 기억하고 있어야 한다. 그렇지 않으면 혼동해 틀린 답을 하기 쉽다.

자, 이제 본격적인 퍼센트 계산을 해보자. "12킬로그램은 80킬로그램의 몇 퍼센트인가?" 또는 "인간은 몸의 60퍼센트가 물로 이루어져 있다. 그렇다면 나는 얼마나 많은 물을 몸에 지니고 다니는가?" 이런 문제는 어떻게 풀 수 있을까? 쉽게 알아맞힌 사람도 있으리라 짐작된다. 그렇다. 우리가 이미 배운 비례법을 이용하면 간단히 풀린다. 그런데 수식으로 올바르게 표시하면 더 쉽고 빠르게 풀 수 있다.

오른쪽은 앞에서 말한 세 가지 값을 계산하는 식이다. 물론 세 개의 식 중에서 하나만 알면 된다. 다른 두 식은 방정식에서 이미 배운 대로 등식의 성질을 적용하면 쉽게 유도할 수 있다.

기본값은 다음의 식으로 계산한다.

$$G = \frac{W \times 100}{p}$$

퍼센트 값은 다음의 식으로 계산한다.

$$W = \frac{G \times p}{100}$$

퍼센트 비율은 다음의 식으로 계산한다.

$$p = \frac{W \times 100}{G}$$

이 식들을 잘 살펴보면 서로 비슷할 뿐만 아니라 각 식은 다른 식에서 만들어낼 수 있다. 예를 들어 다음과 같이 하면 첫 번째 식에서 두 번째 식을 만들 수 있다.

$$G = \frac{W \times 100}{p} \qquad | \div W$$

$$\Leftrightarrow \frac{G}{W} = \frac{100}{p} \qquad | \div W$$

$$\Leftrightarrow \frac{1}{W} = \frac{100}{G \times p}$$

$$\Leftrightarrow W = \frac{G \times p}{100}$$

다시 말해 세 개의 식 중에서 하나만 알고 있으면, 나머지 두 식은 아무 문제 없이 계산할 수 있다.

물로 가득 찬 우리의 몸

앞에서 말했듯이, 인간의 몸은 60퍼센트가 물로 이루어져 있다. 이는 카챠도 학교에서 이미 배운 사실이다. 게다가 카챠는 물 1리터의 무게가 1킬로그램이라는 것도 알고 있다. 카챠는 거울을 들여다보며 33리터의 물이 자신의 몸속에 들어 있다고 생각했다. 그렇다면 카챠의 몸무게는 얼마일까?

얼핏 보면 매우 어렵게 보일 수도 있다. '어떻게 답을 구해야 하지?'라고 전전긍긍하는 사람이 있을지도 모르겠다. 그러나 다시 찬찬히 살펴보면 긴장이 풀린다. 문장제 문제에서는 항상 찾고자 하는 것이 무엇인지를 주목해야 한다. 또한 여기서는 이미 말한 기본값, 퍼센트 값, 퍼센트 비율, 이 세 가지 값과 각각의 정의를 생각해야 한다. 이렇게 하면 우리가 찾고 있는 것은 바로 기본값, 즉 카챠의 몸무게임을 알 수 있다. 퍼센트 값(33kg)과 퍼센트 비율(60%)도 주어져

인간의 몸은 대부분 물로 이루 어져 있다.

있지 않은가! 처음 문제를 보았을 때 느꼈던 두려움이 언제 그랬냐는 듯이 단번에 사라질 것이다. 답은 거의 저절로 구해진다.

$$G = \frac{W \times 100}{p} = \frac{33 \times 100}{60} = 55(\text{kg})$$

따라서 카챠의 몸무게는 55킬로그램이다.

월세 부담

위의 계산은 다른 과제에도 적용할 수 있다. 다음과 같은 예를 보면 이런 유형의 문제는 언제든지 풀 수 있다는 자신감을 가지게 될 것이다.

슈미트 씨의 월급은 3600유로이다. 그는 월세로 1260유로를 낸다. 월세는 월급의 몇 퍼센트인가?

여기서도 먼저 구하고자 하는 값이 무엇인지를 생각해야 한다. 이 경우는 퍼센트 비율이다. 따라서 다음의 공식을 이용한다.

$$p = \frac{W \times 100}{G} = \frac{1260 \times 100}{3600} = 35(\%)$$

따라서 슈미트 씨는 월급의 35퍼센트를 월세로 내야 한다.

이자 계산

퍼센트 계산의 예를 보면서 금융 문제를 다루었으면 하고 아쉬움을 느낀 사람이 있을 것이다. 사실상 금융과 관련해서는 퍼센트가 거의 빠지지 않고 등장한다. 앞에서 금융 문제를 언급하지 않은 이유가 있다. 바로 이렇게 중요한 내용을 간단히 넘길 수 없어 따로 독립된 내용으로 다루고자 했

미국의 월스트리트가. 여기서는 이자와 퍼센트가 중심이다.

기 때문이다. 이제 이자 계산을 통해 본격적으로 금융 문제를 살펴보기로 하자.

이자 계산의 원칙은 예를 들어 신용업무를 하거나 유리한 투자 방법을 계산할

때 나타난다. 이 원칙도 몇 가지 식이 바탕이 되는데, 이 식들은 퍼센트 계산을 하는 식과 비슷하다. 따라서 이자 계산에서도 아무런 두려움을 가질 필요가 없다.

이자 계산은 퍼센트 계산과 비슷하지만 단위가 다르다. 이자 계산에서 중요한 사항을 표로 정리하면 오른쪽과 같다. 이해를 돕기 위해 퍼센트 계산의 값도 함께 표시했다.

퍼센트 계산	이자 계산
기본값 G	원금 K
퍼센트 값 W	이자 Z
퍼센트 비율 p	이율 p
	시간=날짜 수 t

연 단위의 이자 계산

이자 계산 중에서 가장 간단한 것은 연 이자의 계산이다. 이 경우는 퍼센트를 계산할 때 적용한 식을 이용하면 된다. 날의 수 t는 신경 쓸 필요가 없다. 여기에 적용하는 식을 표로 정리하면 다음과 같다. 마찬가지로 퍼센트 계산식을 함께 표시한다.

표에서 볼 수 있듯이, 퍼센트 계산과의 차이점은 사용된 미지수뿐이다. 따라서 각 값의 이름도 퍼센트 계산처럼 쉽게 붙일 수 있다.

이제 이자를 계산하는 가장 간단한 방법을 알아보자.

은행 광고에서는 돈을 빌려주고 이자를 얼마나 받는지에 관한 이야기가

퍼센트 계산	이자 계산
$G = \dfrac{W \times 100}{p}$	$K = \dfrac{Z \times 100}{p}$
$W = \dfrac{G \times p}{100}$	$Z = \dfrac{K \times p}{100}$
$p = \dfrac{W \times 100}{G}$	$p = \dfrac{Z \times 100}{K}$

자주 등장하고, 또 마찬가지로 이율로 답하는 경우가 많다. 예를 들면 다음과 같다. "놀라지 마십시오. 우리는 여러분에게 연 6.5퍼센트의 이자를 보장합니다!" 이 조건으로 1년 동안 750유로를 은행 계좌에 넣어두고 있으면 1년 뒤에 얼마

가 될까?

우선 연 이자는 다음과 같은 식으로 계산한다.

$$Z = \frac{K \times p}{100} = \frac{750 \times 6.5}{100} = \quad 48.75(유로)$$

따라서 48.75유로를 이자로 받는다. 즉 1년 후 계좌의 금액은 798.75유로가 되는 것이다.

일별 이자와 월 이자의 계산

물론 일상생활에서는 이렇게 연 단위로 이자를 계산하는 간편한 경우만 있는 것은 아니다. 그러므로 우리는 임의적인 기간의 이 자를 계산하는 식도 알고 있어야 한다.

앞쪽의 표에서 맨 밑에 시간을 가리키는 변수 t를 쓴 것은 나름 이유가 있다. 수학자라면 아무런 생각 없이 재미 삼아 새로운 문자를 써놓지는 않는다.

다시 식의 계산으로 들어가기 전에 새로운 개념인 은행 회계연도를 소개하고 자 한다.[2]

> 은행의 회계연도는 12개월로 이루어지며, 매월은 30일로 계산한다. 따라서 1년은 360일이 된다.

이렇게 은행 회계연도를 끌어들이는 이유는 이자 계산을 쉽게 하기 위해서다.

---

2) 우리나라의 일부 은행도 360일을 기준으로 하고, 독일을 비롯해 중국, 미국의 일부 금리시장에서도 360일을 기준으로 삼는 경우가 있다. 이렇게 하면 일별 금리를 계산할 때 0.333… 등과 같은 순환소수가 나오는 것을 피할 수 있는 장점이 있다. 금리나 금리 조정폭을 365보다는 360으로 나누어떨어질 수 있도록 하는 것이다. - 옮긴이 주

1년 전체가 아니라 일정 기간의 이자를 계산하기 위해서는 일별 이율 $p(t)$를 알아야 한다. 이는 다음과 같이 계산한다.

$$p(t) = \frac{t}{360}$$

여기서 t는 날짜 수를 가리키고, $\frac{t}{360}$는 일 년 중에서 돈을 맡긴 기간의 몫이다. 따라서 1년 전체의 이율은 $p(t) = p \times \frac{360}{360} = p$가 된다.

앞에서 말한 연 이자를 계산하는 식을 이용해 일별 이자를 계산하는 식을 만들면 다음과 같다.

$$Z(t) = Z \times \frac{t}{360} = \frac{K \times p \times t}{100 \times 360}$$

분모에 있는 숫자를 바로 계산할 수도 있지만($100 \times 360 = 36000$), 각 숫자가 가리키는 의미가 드러나도록 이러한 형태로 두었다.

앞에서 예로 든 연 이자의 경우에 100일 동안의 이자는 얼마가 될지를 계산해보자.

$$Z(t) = Z \times \frac{100}{360} = 48.75 \times \frac{100}{360} ≒ 13.54(유로)$$

따라서 100일 후에는 대략 13.54유로의 이자를 받게 된다.

일별 이자와 월 이자를 알 때 자본과 이율 구하기

1년 중 일정 기간의 자본과 연이율을 계산하는 식은 어렵지 않게 만들 수 있다. 연이율 대신에 일별 이율 $p(t) = \frac{p \times t}{360}$를 대입해 계산하면 된다.

자본을 계산하는 식은 다음과 같다.

$$K = \frac{Z(t) \times 100 \times 360}{p \times t}$$

위의 식을 이용하면 예를 들어 이율 3%로 200일 동안 은행에 돈을 맡기고 10 유로의 이자를 받을 때, 자본이 얼마나 될 것인가라는 질문에 답할 수 있다. 계산은 다음과 같다.

$$K = \frac{Z(t) \times 100 \times 360}{p \times t} = \frac{10 \times 100 \times 360}{3 \times 200} = 600(\text{유로})$$

따라서 자본은 600유로가 된다.

또한 연이율을 계산하기 위해서는 다음과 같은 식이 필요하다.

$$p = \frac{Z(t) \times 100 \times 360}{K \times t}$$

이를 구체적으로 다시 설명해보자. 지금까지 이율에 관한 문제에서는 다음과 같이 질문했다.

"원금이 x유로일 때 1년에 y유로의 이자가 붙는다면, 연이율은 얼마인가?"

이제 질문을 바꿔야 한다.

"원금이 x유로일 때 t일 동안 y유로의 이자가 붙는다면, 연이율은 얼마인가?"

예를 들어보자. 21000유로의 원금으로 40일 동안 70유로의 이자를 받는다면, 연이율은 얼마인가? 이 문제는 다음과 같이 계산한다.

$$p = \frac{70 \times 100 \times 360}{21000 \times 40} = 3(\%)$$

이 경우에 연이율은 3퍼센트이다.

이자의 이자, 복리 계산

일상생활에서는 매우 흥미로운 일이 생길 때가 있다. 다음과 같은 경우가 이 중의 하나이다. 이제 원금과 이자 그리고 이율을 계산하는 아주 멋진

Sparkassenbuch – 예금통장

식을 찾아보자.

돈을 1년 넘게 은행에 맡긴다고 생각해보자. 당연히 이자가 붙는다. 1년 후에 계좌에는 원금 K와 이자 $K \times \dfrac{p}{100}$가 들어 있다. 따라서 원금과 이자를 합한 원리합계는 $K \times \left(1 + \dfrac{p}{100}\right)$가 된다. 그다음 해에는 처음 원금에 똑같은 이율로 또다시 이자가 붙는 것이 아니라, 첫해 연말에 계좌에 있는 돈, 즉 원리합계에 이자가 붙는다.

이를 상세하게 설명하기 위해 표를 만들면 다음과 같다.

기간	계좌 금액 (단위: 유로)	이율 10%로 계산한 이자 (단위: 유로)	또 1년이 지난 후의 계좌 금액 (단위: 유로)
첫 1년	100	10	110
1년 후	110	11	121
2년 후	121	12.10	133.10

이 표에서 알 수 있듯이 K는 매년 변화한다. 이런 경우, 이자에 이자가 붙는 복리 계산식이 필요하다.

n년 후의 자본을 계산하는 식은 다음과 같다.

$$K_n = K \times \left(1 + \frac{p}{100}\right)^n$$

여기서 K_n은 n년 후의 자본이고 K는 원금을 가리킨다. 이 식에서 n 대신에 t라고 쓰는 수학자도 있지만, 우리는 일별 이자를 나타내는 t와 혼동을 피하기 위해 n으로 표기한다.

누구의 투자가 더 유리한가?

브라운 씨는 800유로로, 바이스 부인은 700유로를 10년 기간으로 예금했다. 두 예금은 각각 다른 이율로 이자가 붙으며 이자는 계좌에 입금된다. 정해진 기간이 지난 후, 브라운 씨의 계좌에는 1242.38유로가, 바이스 부인의 계좌에는

1140.23유로가 들어 있다. 누가 더 유리하게 투자했는가?

이 문제를 풀기 위해서는 복리식을 이용해야 한다.

$$K_n = K \times \left(1 + \frac{p}{100}\right)^n$$

브라운 씨는 이 식에 $K = 800$유로, $n = 10$년, $K_{10} = 1242.38$유로를 대입하면 된다. 우리가 구하려는 것은 p의 값이다. 계산하면 다음과 같다.

$$1242.38 = 800 \times \left(1 + \frac{p}{100}\right)^{10}$$

$$\Leftrightarrow \frac{1242.38}{800} = \left(1 + \frac{p}{100}\right)^{10}$$

$$\Leftrightarrow \sqrt[10]{\frac{1242.38}{800}} = 1 + \frac{p}{100}$$

$$\Leftrightarrow 0.045 = \frac{p}{100}$$

$$p = 4.5$$

따라서 브라운 씨의 이율은 4.5퍼센트이다.

바이스 부인도 마찬가지로 계산하면 5퍼센트의 이율로 돈을 은행에 맡긴 것을 알 수 있다. 따라서 바이스 부인이 브라운 씨보다 유리하게 투자한 셈이다.

소수 素數

수학에서는 일상생활에서 접하는 것과 비슷한 일이 생각보다 흔하게 일어난다. 예를 들면 겉으로 보기에는 다른 사람들과 거의 차이가 없지만, 매우 특이한 성격을 지닌 사람들이 있다. 수학에도 이런 수들이 있다. 얼핏 보기에는 평범한 수 같은데, 자세히 살펴보면 아주 특별한 성질이 드러난다. 이제 우리는 이러한 수 가운데 소수에 대해 다룰 것이다.

> 소수는 1과 자기 자신만으로 나누어지는 1보다 큰 양의 정수이다.

1부터 100까지의 수 중에서 소수를 나열하면 다음과 같다.

2, 3, 5, 7, 11, 13, 17, 19, 23, 29, 31, 37, 41, 43, 47, 53, 59, 61, 67, 71, 73, 79, 83, 89, 97

소수를 찾는 방법에는 여러 가지가 있다. 가장 단순한 방법은 수를 나열해 하나하나씩 그 수가 소수의 조건을 만족하는지 검토하는 것이다. 물론 이 방법은 번거롭기 때문에 비교적 작은 숫자인 경우에만 추천한다.

에라토스테네스의 체

또 '에라토스테네스의 체'라는 방법을 활용하여 소수를 찾을 수도 있다. 그리스의 수학자이자 지리학자인 에라토스테네스[Eratosthenes, 기원전 276년경~기원전 194년경]가 고안했기 때문에 그의 이름을 딴 것이다. 이 방법은 다음과 같이 표에 일단 많은 숫자들을 차례대로 써넣는다.

에라토스테네스

1	2	3	4	5	6	7	8	9	10
11	12	13	14	15	16	17	18	19	20
21	22	23	24	25	26	27	28	29	30
31	32	33	34	35	36	37	38	39	40
41	42	43	44	45	46	47	48	49	50
51	52	53	54	55	56	57	58	59	60
61	62	63	64	65	66	67	68	69	70
71	72	73	74	75	76	77	78	79	80
81	82	83	84	85	86	87	88	89	90
91	92	93	94	95	96	97	98	99	100

원칙은 소수가 아닌 수를 모두 지우는 것이다.

먼저 숫자 1을 지울 수 있다. 1은 소수가 아니기 때문이다. 1 다음에는 2가 온다. 2는 소수이기 때문에 지울 수 없다. 이후에 생길지도 모를 혼동을 피하기 위해 2는 초록색으로 칠한다.

이제 2로 나누어지는 모든 수를 지운다. 왜냐하면 이 수들은 소수가 될 수 없기 때문이다. 이렇게 계속해 나가면 다음과 같은 표를 만들 수 있다(한눈에 식별할 수 있도록 지운 수는 빨간색으로, 소수는 초록색으로 표시했다).

1	2	3	4	5	6	7	8	9	10
11	12	13	14	15	16	17	18	19	20
21	22	23	24	25	26	27	28	29	30
31	32	33	34	35	36	37	38	39	40
41	42	43	44	45	46	47	48	49	50
51	52	53	54	55	56	57	58	59	60
61	62	63	64	65	66	67	68	69	70
71	72	73	74	75	76	77	78	79	80
81	82	83	84	85	86	87	88	89	90
91	92	93	94	95	96	97	98	99	100

2 다음으로 지워지지 않은 수는 3이다. 이 3도 초록색으로 표시해야 한다. 이제 3으로 나누어지는 수를 모두 지우면 다음과 같은 표를 만들 수 있다.

1	2	3	4	5	6	7	8	9	10
11	12	13	14	15	16	17	18	19	20
21	22	23	24	25	26	27	28	29	30
31	32	33	34	35	36	37	38	39	40
41	42	43	44	45	46	47	48	49	50
51	52	53	54	55	56	57	58	59	60
61	62	63	64	65	66	67	68	69	70
71	72	73	74	75	76	77	78	79	80
81	82	83	84	85	86	87	88	89	90
91	92	93	94	95	96	97	98	99	100

3 다음으로 지워지지 않은 수는 5이다. 2와 3으로 했던 것과 똑같이 5로 나누어지는 수를 지워나간다. 이런 방법을 계속해 나갈 때 끝까지 지워지지 않고 남는 수들이 바로 소수의 집합이 된다. 소수를 찾는 원칙을 충분히 알았으리라 짐작되어 더는 생략한다.

자연과 생활에 나타나는 소수

소수는 그리스의 수학자들이 심심풀이로 찾아낸 것이지만, 놀랍게도 자연에서도 나타난다.

북아메리카에 사는 매미^{Magicicada}는 종에 따라 13년 또는 17년의 수명을 갖는 것으로 알려져 있다. 산란에서부터 성충이 되기까지 13년이 걸리는 종과 17년이 걸리는 종으로 나뉘고, 그 형태나 울음소리에도 차이가 있다. 13년과 17년이라는

주기에 맞춰 생활하는 매미

주기는 사람으로 보자면 차이가 많이 나봐야 대략 1주일 정도이다(이러한 차이는

우리 인간이 일상생활에서 얼마나 시간을 지키지 않는지를 감안한다면 무시해도 좋지 않을까). 알에서 부화한 매미의 유충은 땅속에서 나무뿌리의 수액을 빨아 먹으며 지내다가 13년 또는 17년이 지나서야 비로소 매미가 되어 세상 밖으로 나온다. 일생 대부분을 땅속에서 지내다가 겨우 수주일 이내에 짝짓기를 하여 알을 낳고는 금방 죽는 것이다.

13년 또는 17년이라는 간격으로 번식하는 이유를 학자들은 천적 관계로 설명한다. 예를 들어 수명 주기가 12년이라면 1년, 2년, 3년, 4년, 6년, 12년 주기로 살아가는 천적들에게 먹힐 수 있다. 그러나 수명 주기가 13년이라면, 1년 또는 13년 주기로 살아가는 종만 천적이 될 수 있어 생존 가능성이 커진다. 결국 매미는 진화를 거듭하다가 천적의 수명이 몇 년이건 간에 이들과 수명 주기를 달리하는 최선의 방법이 소수에 해당하는 수명을 사는 것임을 알게 되었다는 것이다.

소수는 과학기술에서도 점점 더 중요해지고 있다. 자료를 안전하게 인터넷으로 전송하기 위해 고안된 암호화 방식은 엄청나게 큰 소수를 이용한다. 이 암호화 방식 중 하나가 RSA 방식[3]이다. 이 방식은 수학자 레온하르트 오일러가 발견한 복잡한 계산 과정을 이용한다(대단히 복잡하고 어려워서 여기서는 설명할 수 없다. 관심 있는 사람은 인터넷 홈페이지 www.primenumber.com을 참고하기 바란다).

소인수분해

소수의 성질을 조금 더 깊이 파헤쳐보자. 자연수는 기본적으로 두 가지 수, 다시 말해 더 이상 나눌 수 없는 '소수'와 소수의 곱으로 생기는 '합성수'로 구분

---

3) 1977년 미국의 매사추세츠 공과대학교(MIT)의 수학자 로널드 리베스트(Ronald Rivest)와 애디 샤미어(Adi Shamir) 그리고 레너드 에들먼(Leonard adleman)은 암호화하기는 쉽지만 풀기는 매우 어려운 것이 소수임을 알게 되었다. 이러한 성질을 이용해 암호를 만드는 과정을 이 세 사람의 이름 첫 글자를 따 RSA 방식이라 한다. - 옮긴이 주

할 수 있다.

여기서 '소수'라는 개념을 '소립자'로 바꾸면 물리학과 연결이 가능하다. 여러분 중에는 2008년 스위스의 제네바에 있는 유럽 원자핵 공동연구소^{CERN}의 거대한 입자가속기가 가동되었다는 소식을 들은 사람이 있을 것이다. 이 입자가속기는 물질을 소립자로,

스위스 제네바에 있는 유럽 원자핵 공동연구소

다시 말해 더 이상 나눌 수 없는 부분으로 분해한다. 수학의 경우에도 이와 똑같은 일을 한다. 우리는 모든 합성수를 더 이상 나눌 수 없는 부분으로 분해할 수 있다. 이 과정을 소인수분해라고 한다.

소인수분해는 다음과 같은 예로 설명할 수 있다.

예-36의 소인수를 찾아보자

36은 다음과 같이 두 수의 곱으로 나타낼 수 있다.

$$36 = 1 \times 36$$
$$36 = 2 \times 18$$
$$36 = 3 \times 12$$
$$36 = 4 \times 9$$
$$36 = 6 \times 6$$

따라서 36의 약수는 1, 2, 3, 4, 6, 9, 12, 18, 36이다. 이 수들 중 2와 3은 소수이지만 1, 4, 6, 9, 12, 18, 36은 소수가 아니다. 이때 소수인 약수를 소인수라 한다. 즉 36의 소인수는 2와 3이다.

한편 36을 다음과 같이 소인수 2와 3으로 분해하여, 소인수들만의 곱으로 나타낼 수 있다.

$$36 = 2 \times 2 \times 3 \times 3 = 2^2 \times 3^2$$

이와 같이 주어진 합성수를 소인수들의 곱으로 나타내는 것을 소인수분해라고 한다. 큰 수의 경우에는 다음과 같은 몇 가지 나눗셈 규칙을 알아두면 편리하다.

자연수는

- 짝수이면 2로 나눌 수 있다.
- 각 자릿수의 합이 3으로 나누어지면, 3으로 나눌 수 있다.
- 끝의 두 자리 수가 4로 나누어지면, 4로 나눌 수 있다.
- 끝자리 수가 0 또는 5이면, 5로 나눌 수 있다.
- 끝의 세 자리 수가 8로 나누어지면, 8로 나눌 수 있다.
- 각 자릿수의 합이 9로 나누어지면, 9로 나눌 수 있다.
- 끝자리 수가 0이면, 10으로 나눌 수 있다.
- 끝의 두 자리 수가 25로 나누어지면, 25로 나눌 수 있다.
- 끝의 두 자리 수가 00이면 100으로 나눌 수 있다.

이 규칙은 소인수분해뿐만 아니라 일반적인 나눗셈에 대해서도 적용된다.

최대공약수

수학의 개념 중에는 말 자체에서 그 뜻이 드러나는 경우가 많다.

두 수 a와 b의 최대공약수는 a와 b를 나눌 수 있는 최대의 수이다.

어떤 수들의 최대공약수를 구하기 위해서는 우선 이 수들을 소인수로 분해해야 한다. 이때, 이 수들이 공통으로 가진 소수를 곱한 값이 최대공약수이다. 예

를 들어 설명해보겠다.

53667과 459486의 최대공약수를 찾아보자. 우선 소인수분해를 한다.

$$53667 = 3 \times 3 \times 67 \times 89$$
$$459486 = 2 \times 3 \times 3 \times 3 \times 67 \times 127$$

두 소인수분해에서 공통된 소수의 곱은 $3 \times 3 \times 67 = 603$이다. 따라서 603이 두 수의 최대공약수이다.

한편 두 수의 소인수분해에서 공통된 수가 1밖에 없을 때는 최대공약수가 존재하지 않는다.

최대공약수를 찾아야 하는 경우는 예를 들어 분수를 약분할 때이다. 분수 $\frac{105}{217}$는 약분할 수 있다. 우선 105와 217의 최대공약수를 찾으면 7이 나온다. 이제 분수를 약분하면 $\frac{15}{31}$가 된다.

최소공배수

여러분은 분수 계산에서 이미 여러 수의 최소공배수를 찾은 경험이 있다. 분수의 공통분모를 구할 때를 생각해보라.

> 두 수 a와 b의 최소공배수는 a뿐만 아니라 b로도 나누어지는 가장 작은 수이다.

간단한 수들의 최소공배수는 암산으로 구할 수 있다. 예를 들어 3, 4, 6의 최소공배수 12를 구하는 것은 어렵지 않다. 그런데 수가 커지면 계산이 복잡하다. 이 경우는 다시 소인수분해를 이용한다. 두 수 a와 b의 최소공배수는 a와 b로 동시에 나누어져야 하므로 a와 b를 소인수분해할 때 나타나는 모든 소수를 곱하면 된다. 두 수를 분해했을 때, 같은 소수가 나오면 이 소수 중에서 지수가 가장 큰 수를 택해 곱한다. 예를 들어 설명해보자.

24, 160, 180의 최소공배수를 구하려면, 우선 이 세 수를 각각 소인수분해한다.

$$24 = 2^3 \times 3$$
$$160 = 2^5 \times 5$$
$$180 = 2^2 \times 3^2 \times 5$$

여기서 나타나는 소수는 2, 3, 5이다. 이제 지수가 가장 큰 수를 택해 서로 곱하면 된다. 따라서 최소공배수는 $2^5 \times 3^2 \times 5 = 1440$이다.

이 예에서 알 수 있는 사실은 최소공배수는 각각의 수를 곱한 값보다 훨씬 작다는 것이다. 세 수를 곱한 값 $24 \times 160 \times 180 = 691200$과 최소공배수 1440을 비교해보라!

두 수가 주어졌을 때, 최대공약수 또는 최소공배수 중 어느 하나를 알면 다른 값도 알 수 있다. 왜냐하면 다음의 관계가 성립하기 때문이다.

> (두 수 a와 b의 최대공약수)×(두 수 a와 b의 최소공배수)=$a \times b$

거듭제곱

수학에서는 매우 복잡한 수식이 나올 때도 있다. 이는 어쩔 수 없다. 그러나 복잡한 수식을 어느 정도 줄여 전체를 간단하게 만드는 방법은 항상 있기 마련이다. 이 중의 하나가 거듭제곱을 이용하는 것이다. 왜냐하면 거듭제곱은 특정한 곱셈을 줄여서 표현하는 방법이기 때문이다.

위에서 '특정한' 곱셈이라고 한 이유는 곱셈을 모두 이렇게 줄일 수 있는 것은 아니기 때문이다. 줄일 수 있는 경우는 같은 수가 여러 번 곱해질 때뿐이다.

예를 들어 $4 \times 4 \times 4 \times 4 \times 4$는 줄여서 4^5으로 나타낸다. 거듭제곱은 다음과 같은 특징이 있다.

거듭제곱은 a^n으로 표시하며 a를 밑, n을 지수라 한다.

위에서 예로 든 4^5의 경우, 거듭제곱의 값은 $4 \times 4 \times 4 \times 4 \times 4 = 1024$이다.

거듭제곱의 계산

수학에서는 항을 가능한 한 간단하게 표시하려고 한다. 따라서 거듭제곱의 계산은 특히 중요하다. 왜냐하면 거듭제곱을 이용하면 혼란스럽게 보이는 항도 간단하게 정리되는 경우가 많기 때문이다. 밑 a, b가 실수이고, 지수 m, n이 자연수일 때 거듭제곱을 계산하는 규칙을 요약하면 다음과 같다.

두 수의 곱을 거듭제곱할 때는 각각의 인수에 지수를 붙인 다음, 거듭제곱을 곱하면 된다.

$$(a \times b)^n = a^n \times b^n$$

이 식에서는 수학의 강점이 아주 구체적으로 나타난다. 짧은 식이 긴 서술형 문장보다 뜻을 명확하게 전달하기 때문이다.

거듭제곱의 곱셈에 대해 조금 더 깊이 들어가 보자.

지수는 같지만 거듭제곱하는 수가 많을 경우는 다음과 같이 계산한다.

$$a^n \times b^n \times c^n = (a \times b \times c)^n$$

이는 앞의 첫 번째 규칙을 알면 어렵지 않다. 그러나 거듭제곱에서 밑은 같지만 지수가 다를 때는 어떻게 할까? 이 경우는 밑은 달라지지 않고 지수만 더하면 된다.

$$a^m \times a^n = a^{m+n}$$

이 규칙은 잘 기억해야 한다. 여기서는 곱셈이 갑자기 사라지는 탓으로 실수할 가능성이 높기 때문이다.

이제 곱셈에서 나눗셈으로 넘어가 보자. 거듭제곱 수를 지수가 같은 수로 나눌 때는 일단 두 인수의 밑을 나누고, 이렇게 구한 몫에 지수를 붙인다. 이 규칙을 식으로 표시하면 다음과 같다.

$$a^n \div b^n = (a \div b)^n$$

이 계산은 분수의 경우에도 적용된다.

$$\frac{a^n}{b^n} = \left(\frac{a}{b} \right)^n$$

여기까지 했으니, 다음에는 어떤 계산을 하게 될지 짐작하는 사람이 있을 것이다. 바로 밑이 같지만 지수가 다른 거듭제곱의 나눗셈이다.

$$a^m \div a^n = a^{m-n}$$

또 다른 경우도 생각할 수 있다. 예를 들어 지수가 음인 거듭제곱은 어떻게 계산하는가? 원칙적으로는 이미 살펴본 계산 규칙을 적용하면 된다. 그러나 음의 지수가 나오면 다음과 같은 규칙에 따라 음의 지수를 없애는 것이 좋다.

$$a^{-n} = \frac{1}{a^n}$$

마지막으로 거듭제곱을 또 거듭제곱하는 경우를 살펴보자. 이 경우는 다음과 같이 식을 간단하게 줄일 수 있다.

$$(a^m)^n = a^{m \times n}$$

여기서는 주의가 필요하다. 이 식을 밑이 같지만 지수가 다른 거듭제곱의 곱셈과 혼동하면 안 된다. 방정식을 많이 다루어보지 못한 초보자들이 이런 실수를 자주 한다.

일차함수

일차방정식에 대해서는 앞에서 살펴보았다. 이제 일차함수의 차례이다. 이 두 개념은 비슷한 점이 많다. 이 장을 배우다 보면 일차방정식과 일차함수가 서로 연관되어 있다는 사실을 알게 될 것이다. 또한 함수 자체를 어려워할 이유가 없다는 것도 드러난다. 과학자들과 기술자들은 특정한 연관관계를 함수의 형태로 나타낼 수 있다는 사실에 크게 만족하고 있다.

먼저 함수가 무엇인지에 대한 기본적인 설명부터 살펴보자.

> 함수는 두 집합 A와 B의 관계를 말한다. 여기서 집합 A의 모든 원소에 대해 집합 B의 원소가 하나씩 짝지어진다. 집합 A는 흔히 정의역, 집합 B는 공역이라고 부른다.

따라서 정의역과 공역이라는 두 개의 집합에서 정의역의 각 원소가 공역의 원소와 하나씩 대응할 때 함수관계가 성립한다. 이 관계가 어떤 형태를 띠는지는 함수 규칙이 정한다. 함수 규칙은 대개 순수하게 수학적인 관계를 이루기 때문에 계산 규칙의 성격을 띤다.

예를 들면 다음과 같다. '기준값을 정해 이 값에 2를 곱한 다음 5를 더하라.' 기준값을 x라고 하면, 이 계산은 다음과 같이 나타낼 수 있다.

$$f(x) = 2x + 5$$

함수는 반드시 철자 f로 표시해야 하는 것은 아니며 g나 h를 써도 된다. 변수를 나타내는 x도 규정에 따른 것이 아니고 수학에서 오랫동안 사용해서 굳어진 것일 뿐이다.

위에서 든 예를 오른쪽과 같이 좌표평면 위에 나타낼 수 있다. 그림에서 보듯이 x의 값은 x축에 표시되고, 함숫값 $f(x)$는 y축에서 읽을 수 있다. 예를 들어 x에 1을 대입하면, 다음과 같은 함숫값이 나온다.

$$f(x) = 2 \times 1 + 5 = 7$$

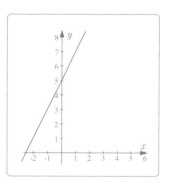

이 값은 좌표평면에 표시할 수 있다. 그림에서 빨간 직선은 함수의 그래프라고 부른다. 함숫값은 y축에 표시하므로, 함수를 그래프와 관련해 $y = 2x + 5$로 쓸 때도 있다. 함수를 그래프로 나타내는 방법은 뒤에 가서 다시 다룰 것이다.

세 가지 집합

일차방정식에서와 마찬가지로 일차함수에서도 중요한 역할을 하는 집합들이 있다.

정의역

> 함수 $y=f(x)$에서 변수 x에 대입할 수 있는 모든 값의 집합을 정의역이라 한다.

정의역은 흔히 유리수의 집합 Q 또는 실수의 집합 R을 기본으로 이용한다. 정의역의 크기는 어느 정도 제한되기도 한다. 이는 특정한 문제를 풀 때, 처음에 정하는 값의 범위가 설정되는 경우가 있기 때문이다.

> 함수 $y=f(x)$에서 변수 y의 값이 될 수 있는 모든 값의 집합을 공역이라 한다. 또 x의 값이 정해짐에 따라 계산된 모든 함숫값의 집합을 치역이라 한다.

일반적으로 치역은 공역의 부분집합이 된다.

함수의 기능

지금까지 일차함수의 기초를 매우 상세하게 설명했다. 이제 본격적인 질문을 던질 차례가 되었다.

"함수는 도대체 왜 필요한가?" 이 질문에 대한 답을 해보기로 하자!

원칙적으로 우리는 일차함수에서 변수(입력변수 또는 독립변수)의 값은 결과로 나오는 함숫값(출력변수 또는 종속변수)과 직접 연결된다는 사실을 이미 살펴보았다. 이 관계를 이루게 하는 상수도 찾을 수 있다. 달리 말하면, 이 두 값은 비례관계를 이룬다.

예를 들어 충격을 완화하는 용수철 장치를 보자. 이 장치는 용수철의 수축과 팽창을 이용한다. 수축과 팽창에서 나타나는 상수를 안다면, 일차함수를 만들 수 있

충격 완화 장치는 산악자전거에서 필수적이다.

다. 이 함수를 통해 용수철을 일종의 저울로 활용할 수 있는 것이다. 용수철의 팽창을 측정하면 함수식 또는 함수 그래프를 통해 작용하는 힘이 얼마인지를 알아낼 수 있다.

이는 함수의 기본적인 기능을 보여주는 한 가지 예에 불과하다. 다른 과학기술 분야에서도 함수는 다양하게 활용된다. 고층 빌딩이나 다리를 건설할 때, 구조물에 미치는 힘을 고려해 안전율을 계산한다. 이 경우 함수를 이용해 건축자재가 하중을 견디기 위해서는 어떤 강도를 지녀야 하는지를 계산하는 것이다. 여기서는 함수가 생명의 안전에 직결되는 역할을 하는 셈이다.

현대식 다리 건축은 일차함수를 이용한다.

함수식의 일반적인 형태

지금까지 우리는 $f(x)=2x+5$와 같은 구체적인 함수식만을 다루었다. 이제 한 단계 더 나아가 일차함수의 식을 살펴보기로 하자. 이를 식으로 나타내면 다음과 같다.

$$f(x)=mx+t$$

일차함수에는 다음과 같은 규칙이 적용되며 모든 일차함수는 이러한 규칙들을 지켜야 한다.

1. 일차함수는 단 하나의 변수를 지닌다. 위의 식에서 변수는 x이다. 그러나 x 대신 다른 문자를 사용할 수도 있다. 특히 물리학에서는 물리적 크기를 나타낼 때, 다른 문자를 쓰는 경우가 많다.

2. 일차함수의 변수는 차수가 1이다. 변수의 차수가 더 높은(예를 들어 x^2) 함수는 일차함수가 아니다.

3. 일차함수의 변수는 계수 m을 갖는다.

4. 일차함수는 상수 t를 가질 수 있지만, 이 상수가 반드시 있어야 하는 것은 아니다.

함수의 그래프

앞에서 함수의 그래프에 대해 잠깐 말한 적이 있지만, 여기서는 조금 더 자세하게 살펴보기로 한다.

함수를 그래프로 나타내면 어떤 장점이 있을까? 우선 이 문제부터 살펴보자.

함수의 그래프에서는 함수의 모습이 매우 구체적으로 드러난다. 그래프를 보면 직선(일차함수의 그래프는 직선을 이룬다)이 얼마나 강하게 상승하는지(또는 하강하는지)가 나타나며, x축과 만나는 점과 같은 중요한 값이 한눈에 들어온다. 이렇게 함수의 그래프는 두 값 사이의 관계를 시각적으로 나타냄으로써 빠르고 쉽게 이해하는 데 도움을 준다.

일차함수에서는 항상 변수의 값과 이 값에 따라 결정되는 함숫값이 있다. 따라서 우리는 일차함수에서 이 두 값으로 이루어지는 순서쌍을 접하게 된다.

여러분은 $(x, f(x))$의 형태로 표시되는 순서쌍을 좌표평면 위의 점으로 나타낼 수 있다. 이때, 두 좌표는 x와 $f(x)$이다. 그러나 대개 $f(x)$라고 쓰지 않고 y

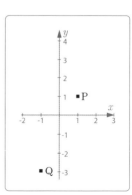

라고 쓴다. 오른쪽 그림에는 두 점 P와 Q가 좌표평면 위에 표시되어 있다. 점 P
는 좌표가 $(1, 1)$이고, Q는 $(-1, -3)$이다.

이제 두 점을 연결하는 직선을 그어보자. 이 직선이
바로 함수의 그래프를 나타낸다. 그림에서 보듯이, 일
차함수의 그래프는 항상 직선이다. 그림에서는 소문
자 g로 표시되어 있다.

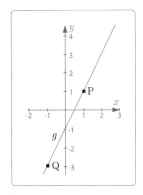

좌표평면 위의 함수의 그래프를 자세히 살펴보면,
몇 가지 값을 알 수 있다. 이 값은 우선 두 축과 만나
는 점과 직선의 기울기에서 나타난다(두 점 P와 Q는 임
의로 정했기 때문에 우리가 살펴보려는 값과는 아무런 관계가 없다).

이제 이 값에 대해 자세히 살펴보기로 하자.

x절편

> 함수의 그래프가 x축과 만나는 점의 x좌표를 x절편이라고 한다. 이 점의 함숫값
> 은 0이다($y=0$). 원래 절편이라는 말은 잘린 조각을 뜻하는데, 수학에서는 그래
> 프가 좌표축을 지나면 그 점에서 좌표축이 두 조각으로 잘리는 현상을 보고 이름을
> 지었다.

일차함수의 절편은 계산하기 쉽다. 위의 그림을 예로 들어보자. 함수식
은 $f(x)=2x-1$이므로 x절편은 다음과 같이 계산한다.

$$2x-1=0 \qquad |+1$$
$$\Leftrightarrow 2x=1 \qquad |\div 2$$
$$\Leftrightarrow x=\frac{1}{2}$$

따라서 함수의 그래프는 $\frac{1}{2}$인 점에서 x축과 만난다. 일반적인 함수식에서 x절편은 다음과 같이 계산한다.

$$mx+t=0$$
$$\Leftrightarrow mx=-t$$
$$\Leftrightarrow x=-\frac{t}{m}$$

따라서 임의의 일차함수의 그래프는 $-\frac{t}{m}$인 점에서 x축과 만난다.

일차방정식의 계산은 단순하여 어려운 점이 많지 않지만, 이 식을 알아두면 계산할 때 시간을 아낄 수 있다.

y절편

x축과 만나는 점의 x좌표를 x절편이라고 하듯이, y축과 만나는 점의 y좌표를 y절편이라고 한다. y절편은 구하기가 쉽다. x의 값이 0일 때의 y값이기 때문에 일반 함수식에서 x에 0을 대입하여 다음과 같이 구할 수 있다.

$$f(0)=m\times 0+t=t$$

기울기

두 점이 주어졌을 때, 일차함수의 그래프를 그리는 일은 매우 간단하다. 아니, 간단한 정도가 아니라 거의 저절로 해결된다. 그러나 수학이나 우리 주변에서 일어나는 일들이 필요한 모든 자료를 주고 우리가 일을 잘하도록 온갖 지원을 아끼지 않는 경우는 흔치 않다. 때로는 점 하나와 '기울기만 알려주기도 한다. 그렇다고 낙심하거나 겁먹을 필요는 없다. 여기서는 삼각형의 기울기를 이용하면 된다.

삼각형의 기울기

오른쪽 그림에는 직각삼각형의 기울기가 이미 표시되어 있다. 이 그래프의 함수식은 앞에서 예로 든 $f(x)=2x-1$이다.

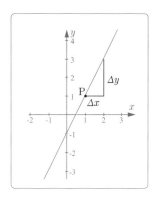

여기서 결정적인 것은 두 선분의 길이 Δx와 Δy이다. 이 두 양의 비의 값을 일차함수의 그래프의 기울기로 나타낸다. 여기서 Δ(델타)는 차이 또는 변화량을 의미한다.

삼각형의 꼭짓점 중에서 직선 위에 있지 않은 꼭짓점의 x좌표는 2이고 점 P의 x좌표는 1이므로 이 두 점을 잇는 선분의 길이 Δx는 바로 두 좌표의 차이인 1이다. 이와 같은 방식으로 Δy도 구할 수 있다.

이때 일차함수 그래프의 기울기는 이 두 선분의 길이를 이용하여 다음과 같이 정의한다.

$\dfrac{\Delta y}{\Delta x}$ 를 일차함수 그래프(직선)의 기울기라 하고, $\dfrac{\Delta y}{\Delta x}=m$으로 표시한다.

여기서 m은 앞에서 배운 일반적인 일차함수의 식 $f(x)=mx+t$의 m과 동일하다.

이제 또 다른 삼각형의 기울기를 살펴보겠다. 이 경우 함수식에는 신경 쓰지 않아도 된다. 물론 연습용으로 공부하는 것은 괜찮다.

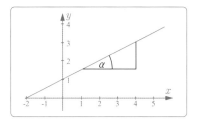

그림에는 각 α를 표시했다. 다음의 공식을 보면 머리에 떠오르는 것이 없는가? 아마 앞에서 배운 삼각법 공식을 기억하고 있는 사람이라면 탄성을 지르며 환영할 것이다.

$$m=\tan(\alpha)=\frac{\Delta y}{\Delta x}$$

일상생활에서 나타나는 기울기

일상생활에서 이용하는 개념은 수학에서와
는 다른 뜻을 지니는 경우가 있지만 항상 그런
것은 아니다. 함수의 그래프의 기울기는 경사
진 도로의 기울기와 매우 유사하다.

도로의 기울기 값은 교통표지판에 22%로 표
시된다. 이는 100미터를 직진할 때 22미터를
수직으로 올라가는 것을 의미한다.

경사진 도로의 기울기는 삼각형의 기울
기를 이용해 계산할 수 있다.

수직으로 올라가는 거리와 직진하는 거리의
비는 22 대 100, 0.22 또는 22%이다. 삼각형
의 기울기로 생각하면 $\Delta x = 100$미터, $\Delta y = 22$
미터가 된다. 이때, m은 0.22의 값을 갖는다.

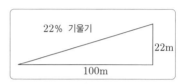

기울기와 단조로움

이제 우리는 일차함수 그래프의 기울기와 관련하여 그래프가 나타내는 모습
에 대해 판단할 수 있다. 기울기에 따라 일차함수의 그래프는 단조로운 모습을
띤다. 일차함수의 그래프는 보통 상승하거나 하강하거나 x축과 평행한 모습으
로 그려진다.

수학적으로 표현하면 다음과 같다.

$m > 0 \Leftrightarrow f(x)$의 그래프는 x의 값이 클수록 단조롭게 상승한다.

$m < 0 \Leftrightarrow f(x)$의 그래프는 x의 값이 클수록 단조롭게 하강한다.

$m = 0 \Leftrightarrow f(x)$의 그래프는 x축과 평행하다. 이 경우는 함숫값이 상수이기 때문에
　　　　　상수함수라고도 한다.

삼각형의 기울기를 이용한 그래프 그리기

두 점을 이용해 일차함수의 그래프를 그리는 것은 누구나 할 수 있다. 두 점만 이으면 되기 때문이다. 또 한 점과 기울기를 알고 있어도 그래프를 쉽게 그릴 수 있다. 이는 다음과 같은 세 가지 단계를 거친다.

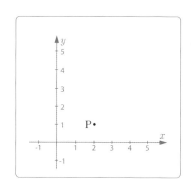

1단계

알고 있는 한 점을 좌표평면 위에 그려 넣는다. 여기서는 P로 표시한다.

2단계

다음은 삼각형의 기울기 값을 구해야 한다. 기울기 m은 알고 있다고 했으므로, 여기서는 m을 3이라고 하자. $m = \dfrac{\Delta y}{\Delta x}$ 를 이용하면 알맞은 비를 구할 수 있다. $\Delta x = 1$, $\Delta y = 3$을 대입하면 비와 기울기 값이 일치한다. 이때 Δx의 값을 가능한 한 양수로 나타낸다.

이제 삼각형의 기울기에 맞게 선분을 표시할 차례이다. 먼저 점 P에서 시작해 선분 Δx를 x축과 평행하게 긋는다. 그다음에는 이 선분의 끝점에서 Δy만큼 y축과 평행하게 긋는다.

이로써 삼각형의 선분 2개가 그어졌다. 물론 여기서 삼각형을 좌표평면의 올바른 자리에 위치시키기 위해서는 다음과 같은 몇 가지 사항을 고려해야 한다. 특히 음과 양에 대해서는 주의를 기울여야 한다.

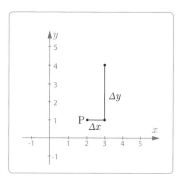

> Δy가 양이면, 선분을 위로 그려야 한다.
> Δy가 음이면, 선분을 아래로 그려야 한다.

이제 두 점을 잇는 직선을 그으면 된다.

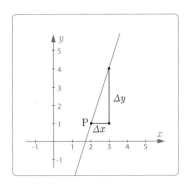

일차함수식 만들기

이제 일차함수 그래프와 관련된 몇 가지 지침만 알고 있을 때, 일차함수식을 만드는 방법을 알아보기로 하자. 일반적으로 다음과 같은 규칙이 적용된다.

> 일차함수식을 만들기 위해서는 직선의 경우, 적어도 두 개의 점 또는 한 개의 점과 기울기를 알아야 한다.

여기서는 일차함수식의 일반적인 형태 $f(x) = mx + t$를 사용한다.

두 점을 이용하는 방법

적어도 직선의 두 점을 알고 있을 때는 이 두 점을 이용해 일차함수식을 만들 수 있다. 이 경우는 드물지 않게 일어난다. 과학자인 여러분이 복잡한 실험 장치에서 몇 가지 측정을 해야 한다고 하자. 그런데 이 장치는 매우 복잡하고 실험 비용도 만만치 않아 몇 차례밖에 측정할 수 없다. 그러나 여러분은 그 결과가 일차함수이어야 한다는 것은 알고 있다. 이제 여러분은 주어진 몇 개의 점들을 이용해 함수식을 만들면 된다 (이때 식은 여러분이 원래 여러 번의 실험을 통해 밝히고자 했던 물리 법칙을 나타낸다).

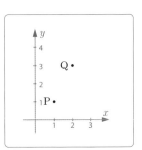

두 점 $P(p_x, p_y)$와 $Q(q_x, q_y)$가 주어져 있다. 여기서

괄호 안의 값은 두 점의 좌표를 뜻한다. 예를 들어 P의 좌표를 $(1, 1)$, Q의 좌표를 $(2, 3)$이라고 해보자.

우선 기울기 m을 구해야 한다. 이를 위해 필요한 공식은 이미 배운 대로 $m = \dfrac{\Delta y}{\Delta x}$이다. 따라서 먼저 선분 Δy와 Δx의 길이를 알아야 한다. 오른쪽 그림에는 이 선분들이 이미 그려져 있다.

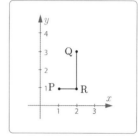

그림에서 보듯이, 점 R의 좌표는 쉽게 구할 수 있다. 점 R은 점 Q와 같은 x좌표를, 점 P와 같은 y좌표를 가지고 있다. 따라서 점 R의 좌표는 $(2, 1)$이다. 이제 Δx는 $2 - 1 = 1$이고, Δy는 $3 - 1 = 2$임을 알 수 있다. 따라서 기울기는 $m = \dfrac{2}{1} = 2$이다.

이제 임의의 함수에 대해서도 적용할 수 있도록 계산 과정을 일반화하자. Δx를 $q_x - p_x$로, Δy를 $q_x - p_x$로 표시하면 m을 구하는 식은 다음과 같다.

$$m = \frac{\Delta y}{\Delta x} = \frac{q_y - p_y}{q_x - p_x}$$

이제 t의 값을 구해야 한다. 이 값을 구하는 것도 어렵지 않다. 두 점에서 한 점의 함숫값과 기울기 값을 일반적인 함수식에 대입하면 된다.

$$f(x) = mx + t \qquad | - mx$$
$$\Leftrightarrow f(x) - mx = t$$

점 P의 좌표를 이용해 t의 값을 구하면 다음과 같다.

$$t = 1 - 2 \times 1 = -1$$

따라서 함수식은 다음과 같다.

$$f(x) = 2x - 1$$

여기서도 다시 t를 구하는 일반적인 식을 만들 수 있다.

$$t = p_y - mp_x$$

이렇게 해서 m과 t를 구하는 일반적인 식이 만들어졌다. 이 m과 t를 대입하여 다음과 같이 일차함수식을 만들 수 있다.

$$f(x) = \frac{q_y - p_y}{q_x - p_x}(x - p_x) + p_y$$

한 점과 기울기를 이용하는 방법

이 방법은 이제 여러분에게 새롭지 않다. 앞에서 이미 이용한 적이 있기 때문이다. 두 점을 이용하는 방법에서 우선 기울기를 구한 다음, 한 점과 기울기를 통해 함수식을 만들었다. 따라서 알고 있는 한 점의 좌표와 기울기를 일반적인 함수식에 대입하면 t의 값이 나온다. 이 t의 값을 넣고 식을 만들면 되는 것이다.

일상생활의 두 가지 예

수학에서 자주 하는 질문 중의 하나가 "이것을 일상생활에서도 적용할 수 있을까?"이다. 이번 경우에도 "그렇다. 적용할 수 있다"라는 답을 할 수 있다.

에너지 비용 아끼기

우선 우리가 매일 사용하는 전기에너지를 예로 들어보자. 에너지 사용 문제는 점점 더 사람들의 관심을 끌고 있다. 전기에너지 공급자가 여러분에게 월 기본요금을 8 유로로 하고 킬로와트시(kWh)당 0.14유로의 요금을 제

안한다고 가정하자. 이 제안을 일차함수로 요약하고 그래프로 나타내보자.

우선 함수식을 만들어야 한다(이해를 돕기 위해 단위는 생략한다).

킬로와트시당 전기요금: $0.14 \times 1 + 8$

2킬로와트시를 사용했을 때의 전기요금: $0.14 \times 2 + 8$

이제 x킬로와트시를 사용했을 때의 전기요금을 계산하는 것도 어렵지 않다. 이때의 전기요금은 $0.14 \times x + 8$이다. 이 식을 보면 함수식이 저절로 생각나지 않는가! 바로 그렇다. 함수식을 만들면 다음과 같다.

$$f(x) = 0.14x + 8$$

이 함수식을 그래프로 나타내면 다음과 같다.

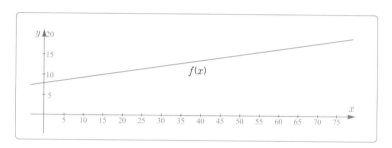

이제 두 번째 전기 공급자가 새로운 제안을 한다고 가정하자. 이 전기 공급자는 월 기본요금을 10유로로 하고 킬로와트시당 0.10유로의 요금을 제안한다. 언제부터 새로운 전기 공급자로 옮기는 것이 유리할까?

우선 함수식을 세워보자. 이는 첫 번째 경우와 똑같이 하면 된다. 따라서 결과만 소개한다.

$$g(x) = 0.1x + 10$$

이 함수도 다음과 같이 그래프로 나타낼 수 있다.

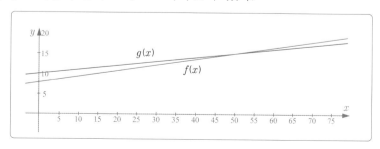

두 그래프가 서로 만나는 점에서는 두 공급자의 전기요금이 똑같고, 그 오른쪽부터 새로운 공급자로 옮기는 것이 유리하다.

물론 이렇게 그래프로 해결하는 것이 항상 정확하지는 않다는 점을 인정해야 한다. 기울기가 아주 비슷한 그래프의 경우, 교점을 확인하기가 쉽지 않기 때문이다. 정확한 계산을 위해 방정식을 활용하기로 하자. 이때는 $f(x)=g(x)$의 등식을 만들면 된다.

$$0.14x+8=0.1x+10 \qquad |-0.1x$$
$$\Leftrightarrow 0.04x+8=10 \qquad |-8$$
$$\Leftrightarrow 0.04x=2 \qquad |\div 0.04$$
$$\Leftrightarrow x=50$$

따라서 50킬로와트시를 사용했을 때 요금이 같아진다. 여러분이 한 달에 50 킬로와트시보다 많은 전기를 사용할 때는 두 번째 공급자를 택하는 것이 더 유리하다.

클럽 방문

클라우스와 프랑크는 무지개 클럽의 단골손님이다. 무료입장을 할 수 있는 클럽 데이는 이미 지나갔기 때문에 당신은 오늘 클럽을 방문할 경우, 가격이 얼마인지를 알고 싶다. 당신이 클라우스에게 가격을 묻자, 그는 음료수 3병을 마시면 13.50유로를 내야 한

다고 대답한다. 한편 프랑크는 음료수 5병을 주문하면 18.50유로를 내야 한다고 대답한다. 자, 그렇다면 음료수의 가격은 얼마이며(클라우스와 프랑크는 항상 똑같은 음료수를 마신다고 가정한다), 입장료는 얼마인가?

이 문제는 여러 가지 방법으로 풀 수 있다. 여기서는 일차함수식을 이용하여 푸는 방법을 택한다. 일반적인 함수식은 $f(x)=mx+t$이다. 여기서 mx는 음료수의 비용이고, t는 입장료이다.

그리고 우리는 두 점을 알고 있다. 즉, 클라우스의 경우는 $(3, 13.50)$이고, 프랑크의 경우는 $(5, 18.50)$이다.

우선 m을 구해보자.

$$m=\frac{q_y-p_y}{q_x-p_x}=\frac{18.50-13.50}{5-3}=\frac{5}{2}=2.50$$

따라서 음료수 한 병의 가격은 2.50유로이다.

이제 입장료인 t의 값을 알아야 한다. 클라우스가 대답한 값을 함수식에 대입하면, 다음과 같다.

$$2.50\times 3+t=13.50$$
$$\Leftrightarrow 7.50+t=13.50$$
$$\Leftrightarrow t=6$$

따라서 입장료는 6유로이다.

역함수

"함수는 두 집합 a와 B의 관계를 말한다. 여기서 집합 a의 모든 원소에 대해 집합 B의 한 원소가 짝지어진다."

앞에서 우리는 함수를 이렇게 정의했다. 이 경우는 집합 B가 a의 함수이다. 이제 대응하는 방향을 역으로 하면, 집합 a가 B의 함수가 되게 만들 수 있다. 다시 말해 집합 B의 모든 원소에 대해 집합 a의 한 원소를 짝짓는 것이다. 물론 이때는 함수식을 이항해야 한다.

함수에서는 입력값을 넣으면 결과값이 나오는 반면, 역함수에서는 결과값을 넣으면 원래 입력값이 나온다고 말할 수 있다.

예를 들어 함수 $f(x)=2x-1$을 다시 살펴보자. 우선 $f(x)$ 대신에 y를 쓰면 다음과 같다.

$$y=2x-1$$
$$\Leftrightarrow y+1=2x$$
$$\Leftrightarrow \frac{y+1}{2}=x$$

여기서 좌변을 풀어 쓰면 다음과 같이 된다.

$$x=\frac{1}{2}y+\frac{1}{2}$$

이로써 함수를 바꾸는 첫 단계가 완성되었다. 이제 한 단계만 더 나아가면 된다. x와 y를 바꾸어 '역'함수를 만드는 것이다.

$$y=\frac{1}{2}x+\frac{1}{2}$$

이제 이 식을 원래의 함수식으로 만들 수 있다. 이렇게 만들어진 함수는 역함수이기 때문에, 좌변은 $f(x)$가 아니라 $f^{-1}(x)$로 표시한다.

$$f^{-1}(x)=\frac{1}{2}x+\frac{1}{2}$$

오른쪽 그림의 좌표평면 위에 표시된 두 그래프를 살펴보자. 파란색 그래프는 원래의 함수를, 빨간색 그래프는 역함수를 나타낸다. 점선은 좌표평면 위의 제1사분면과 제3사분면을 반으로 나누는 선인 동시에 두 함수의 대칭축이다. 따라서 함수를 이 선을 축으로 하여 대칭하면 역함수를 만들 수 있다.

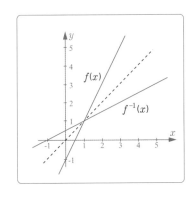

역함수의 식은 일반적으로 다음과 같이 표시할 수 있다.

$$f^{-1}(x) = \frac{1}{m}x - \frac{t}{m}$$

이 식에서 상수함수는 역함수를 만들 수 없다는 사실도 알 수 있다. 왜냐하면 상수함수의 기울기는 $m = 0$이기 때문이다.

섭씨와 화씨의 역연산

미국에서는 온도를 섭씨로 재는 것이 아니라 화씨로 잰다. 다음의 식을 이용하면 섭씨를 화씨로 바꿀 수 있다.

$$f(x) = \frac{9}{5}x + 32$$

이제 미국 여행을 해도 낯선 화씨온도를 보고 당황할 필요가 없다. 화씨온도를 섭씨온도로 바꾸면 되는 것이다. 바로 역함수만 있으면 된다.

단계별로 역함수를 만들어보자.

$$f(x) = \frac{9}{5}x + 32$$

이제 $f(x)$의 자리에 y를 대입한다.

$$y = \frac{9}{5}x + 32 \qquad | -32$$

$$\Leftrightarrow y - 32 = \frac{9}{5}x \qquad | \times \frac{5}{9}$$

$$\Leftrightarrow \frac{5}{9}y - 32 \times \frac{5}{9} = x$$

$$\Leftrightarrow \frac{5}{9}y - \frac{160}{9} = x$$

x와 y를 바꾸면 다음과 같다.

$$y = \frac{5}{9}x - \frac{160}{9}$$

따라서 역함수는 다음과 같다.

$$f^{-1}(x)=\frac{5}{9}x-\frac{160}{9}$$

이제 섭씨를 화씨로, 화씨를 섭씨로 언제든 바꿀 수 있다.

연립일차방정식

수학은 논리적인 학문이다. 수학의 여러 부문들은 서로 긴밀하게 연결되어 있다. 지금까지 이 책을 주의 깊게 읽어온 사람이라면 이러한 사실을 이미 깨달았을 것이다. 수학이 이렇게 논리적인 체계를 이루고 있다 보니, 기초를 잘 이해하면 이를 바탕으로 한 단계씩 깊게 파고들 수 있고 새로운 단계도 충분히 뛰어넘을 수 있다. 이제 우리도 한 단계 깊게 들어가 미지수가 두 개 이상인 방정식을 살펴보기로 하자.

미지수가 두 개 이상인 방정식을 세우고 푸는 일은 자주 일어난다. 예를 들면 다음과 같다. '우체국에서 8유로 40센트를 주고, 1유로짜리 우표와 60센트짜리 우표를 샀다고 하자. 이때 1유로짜리 우표와 60센트짜리 우표는 각각 몇 장인가?'

독일에서 표준규격의 편지를 보낼 때는 55센트짜리 우표를 붙이면 된다.

먼저 신문의 수수께끼란에 자주 나오는 문제부터 시작해보자.

나이 문제

당신이 구독하는 신문의 수수께끼란에 다음과 같은 문제가 실렸다. 그리고 이 문제를 풀면 평소 탐내던 경품을 받을 수 있어 문제를 풀려고 하는 사람이 많다.

레지나는 동생 한나보다 5살이 많다. 20년 후에 레지나의 나이는 지금 한나의 나이의 2배가 된다. 이 두 사람의 나이는 각각 얼마인가?

이 문제에서 미지수는 2개이다. 즉, 레지나의 나이(x라고 하자)와 한나의 나이(y라고 하자)이다. 이제 이 미지수를 사용하여 방정식을 세워보자.

우선 레지나의 나이가 동생 한나의 나이보다 5살이 많다고 했으므로, $x = y + 5$이다. 또 20년 후에($x + 20$이라고 쓴다) 레지나의 나이가 현재 한나의 나이의 2배이므로 $x + 20 = 2y$이다.

두 방정식은 한 개의 미지수를 지닌 일차방정식과 기본적으로 다르지 않다. 방정식을 올바르게 세워 연립방정식을 제대로 풀기만 하면 해를 구하는 데는 큰 어려움이 없다. 연립방정식을 푸는 방법은 여러 가지가 있다. 지금부터 살펴보기로 하자.

어떤 방법을 적용할 것인지는 각 방정식의 형태에 따라 결정한다. 그리고 여러 방법을 결합해야 해를 구할 수 있는 경우도 있다. 방정식을 많이 풀다 보면 적절한 방법을 선택하는 요령이 생길 것이다.

대입법

대입법은 우선 방정식 중의 하나를 택해 임의의 미지수에 관해 풀고, 그 결과를 다시 다른 방정식에 대입하여 해를 구하는 방법을 말한다. 임의의 미지수에 관해 풀 때는 미지수가 한 변에 오도록 한다. 앞의 예에서는 두 방정식 중 하나가 고맙게도(!) 이미 이 조건을 만족하고 있다($x = y + 5$).

이제 두 번째 방정식의 미지수 x에 $y + 5$를 대입하면 된다(바로 이 때문에 대입법이라 불린다). 이렇게 하면, 두 번째 방정식은 미지수가 단 하나만 있는 방정식이 된다.

$$y + 5 + 20 = 2y$$

이 방정식을 풀면 다음과 같다.

$$y + 25 = 2y$$
$$\Leftrightarrow y = 25$$

이제 이 값을 첫 번째 방정식인 $x = y + 5$에 대입하여 x의 값을 구한다.

레지나와 한나는 카푸치노를 맛있게 마신다. 수학 문제를 푸는 고생은 다른 사람들이 하는데!

$$x = 25 + 5 = 30$$

따라서 레지나는 30살, 한나는 25살인 것을 알 수 있다.

연립방정식에서도 해집합을 표시할 수 있다. 앞의 예에서 해집합은 원소 30과 25로 이루어진다. 이를 기호로 나타내면 $L = \{(30, 25)\}$이다.

가감법

가감법의 기본은 연립일차방정식에서 변끼리 더하거나 뺄 수 있다는 것이다. 가감법을 이용하면, 두 방정식의 덧셈과 뺄셈에 의해 한 미지수를 소거할 수 있다. 즉 가감법은 두 일차방정식을 변끼리 더하거나 빼서 한 미지수를 소거하여 연립일차방정식의 해를 구하는 방법이다(소거한다는 말은 미지수가 2개인 연립일차방정식에서 한 미지수를 없애는 것을 뜻한다).

앞에서 예로 든 레지나와 한나의 경우를 다시 생각해보자. 먼저 두 방정식 모두 미지수 x만 좌변에 오도록 식을 정리하여 다음과 같은 연립방정식을 만들어보자.

$$\begin{cases} x = 2y - 20 \\ x = y + 5 \end{cases}$$

연립방정식을 표시할 때는 위와 같이 식의 왼쪽에 기호 { 를 그어 나타낸다.

이제 첫 번째 방정식에서 두 번째 방정식을 빼면, 미지수 x가 소거된다.

$$0 = y - 25$$
$$\Leftrightarrow -y = -25$$
$$\Leftrightarrow y = 25$$

이제 y의 값을 두 번째 방정식에 대입하면 x의 값을 구할 수 있다.

저수지의 물 공급

레지나와 한나의 예는 매우 비교적 간단하고 파악하기가 쉬웠다. 이번에는 조금 더 복잡한 예를 들어보자. 여기서는 문제를 손쉽게 해결할 수 있는 트릭도 소개할 것이다. 우선 문제부터 살펴보기로 하자.

여러분은 현재 저수지에 물을 채우는 일을 맡은 기술자이다. 저수지는 두 개의 지류를 따라 흘러 들어오는 물로 8일이면 채울 수 있다고 한다. 두 번째 지류로 흘러들어오는 물을 4일 후에 차단한 다면, 첫 번째 지류로 흘러들어오는 물만으로 저수지를 채우는 데 12일이 더 걸린다. 만약 하나의 지류로 흘러들어오는 물만으로 저수지를 채운다면, 각각 며칠씩 걸리겠는가?

알프스의 칠러탈 계곡에 있는 저수지

우선 각 지류를 통해 흘러들어오는 물로만 저수지를 채울 경우, 첫 번째 지류를 통해 흘러들어오는 물로만 저수지를 채울 수 있는 날수를 x라 하고, 두 번째 지류를 통해 흘러들어오는 물로만 저수지를 채울 수 있는 날수를 y라고 하자.

이 문제는 방정식을 세우기가 쉽지 않다. 이러한 경우에 수학자는 "만만치 않은데⋯⋯"라는 말을 즐겨 한다. 여러분도 수학자가 되어 어려운 문제를 앞에 두고 써 보자

우선 저수지를 가득 채울 때 물의 양을 1이라 할 때, 하루에 각 지류로 흘러들어오는 물의 양을 생각해보자. 첫 번째 지류를 통해 흘러들어오는 물로 저수지를 가득 채우는 데 x일이 걸리므로, 하루 동안 흘러들어오는 물의 양은 $\frac{1}{x}$이다. 따라서 하루 동안 두 번째 지류를 통해 흘러들어오는 물의 양은 $\frac{1}{y}$이다.

이것은 문제를 푸는 데 중요한 실마리가 된다. 이제 방정식을 세워보자.

이 문제에 주어진 조건은 두 가지이다. 첫째, 두 개의 지류로 흘러들어오는 물로 8일이면 저수지를 채울 수 있다고 했으므로, 다음과 같이 방정식을 세울 수 있다.

$$8 \times \left(\frac{1}{x} + \frac{1}{y} \right) = 1$$

두 지류에서 흘러들어오는 물로 4일 동안 함께 저수지를 채우고, 그다음 12일 동안에는 첫 번째 지류로 흘러들어오는 물만으로 저수지를 가득 채우므로 다음과 같이 방정식을 세울 수 있다.

$$4 \times \left(\frac{1}{x} + \frac{1}{y} \right) + 12 \times \frac{1}{x} = 1$$

이로써 우리는 두 개의 방정식을 세웠다. 그런데 $\frac{1}{x}$과 $\frac{1}{y}$은 다루기 쉽지 않다. 그래서 간편한 계산을 위해 $\frac{1}{x}$을 미지수 a로, $\frac{1}{y}$을 미지수 b로 치환한다.

물론 계산이 끝나면, 원래대로 되돌려야 한다. 수학에서는 복잡한 항을 단순화할 때, 이런 트릭을 쓰는 경우가 많다.

이제 다음과 같은 연립방정식이 나온다.

$$\begin{cases} 8 \times (a+b) \qquad = 1 \\ 4 \times (a+b) + 12a = 1 \end{cases}$$

트릭을 쓰고 나니 방정식이 훨씬 더 간단해 보이지 않는가! 이제 괄호를 풀고 계산하면 다음과 같다.

$$\begin{cases} 8a + 8b & = 1 \\ 4a + 4b + 12a & = 1 \end{cases}$$

$$\Leftrightarrow \begin{cases} 8a + 8b & = 1 \\ 16a + 4b & = 1 \end{cases}$$

$$\Leftrightarrow \begin{cases} 8a = 1 & - & 8b \\ 16a = 1 & - & 4b \end{cases}$$
여기서 첫 번째 방정식에 2를 곱한다.

$$\Leftrightarrow \begin{cases} 16a = 2 & - & 16b \\ 16a = 1 & - & 4b \end{cases}$$

이제 첫 번째 방정식에서 두 번째 방정식을 빼면 된다.

$$0 = 1 - 12b$$

$$\Leftrightarrow b = \frac{1}{12}$$

이렇게 구한 b의 값을 방정식 $16a + 4b = 1$에 대입하면, a의 값은 $\frac{1}{24}$이 된다. 앞서 우리는 방정식을 단순화하기 위해 $\frac{1}{x}$을 미지수 a로, $\frac{1}{y}$을 미지수 b로 치환했다. 이제 다시 원래대로 되돌리면 $x = 24$, $y = 12$가 되고, 연립방정식의 해집합은 $L = \{(24, 12)\}$이다.

따라서 첫 번째 지류를 통해 들어오는 물로만 저수지를 채우는 데는 24일이 걸리고, 두 번째 지류를 통해 들어오는 물로만 저수지를 채우는 데는 12일이 걸린다.

세 가지 집합

연립방정식의 미지수의 값 역시 실수의 집합 R의 범위 내에서 구한다. 따라서 미지수 x, y, z를 다음과 같이 표시한다.

$$D: x, y, z \in R$$

미지수의 값을 구할 때 각 미지수가 속한 집합이 다를 경우에는 곱집합을 사용하여 미지수가 속하는 집합을 나타낸다. 예를 들어 x는 집합 N의 원소이고, y는 집합 R의 원소라면, x와 y에 대해서는 집합 N의 원소와 집합 R의 원소로 이루어진 순서쌍으로 집합을 만들 수 있다. 이 집합은 다음과 같이 표시한다.

$$D : (x, y) \in N \times R$$

해집합

연립일차방정식의 해집합은 모든 미지수의 값을 포함하고, $L = \{(x, y, z)\}$와 같이 괄호로 표시한다.

미지수가 세 개 이상인 연립일차방정식

이미 여러 차례에 걸쳐 말했듯이, 연립방정식은 반드시 두 개의 미지수를 가진 두 개의 방정식으로 이루어져야 하는 것은 아니다. 연립방정식은 세 개 이상의 미지수를 가질 수도 있고 방정식도 세 개 이상일 수 있다. 이러한 방정식의 해는 원칙적으로 두 방정식의 해를 구하는 것과 똑같은 방법으로 구한다. 이 경우에는 대개 대입법과 가감법을 모두 이용한다. 예를 들어 다음과 같은 방정식이 있다고 하자.

$$\begin{cases} x & & + \; 2z & = & 4 \\ 2x & + \; y & + \; z & = & 3 \\ x & + \; 2y & - \; 2z & = & -4 \end{cases}$$

여기서도 가능한 한 많은 미지수를 소거하는 것이 중요하다. 첫 번째 방정식은 미지수가 x와 z, 두 개뿐이어서 계산이 간편하다. 따라서 다른 두 방정식에서 미지수 y를 없애는 방법을 찾는 것이 좋다. 두 번째 방정식에 2를 곱하면 세 번째 방정식과 y항이 같아져서 계산이 편하다. 이렇게 하면 다음과 같은 연립방정식이 나온다.

$$\begin{cases} x & + 2z & = & 4 \\ 4x + 2y & + 2z & = & 6 \\ x + 2y & - 2z & = & -4 \end{cases}$$

이제 두 번째 방정식에서 세 번째 방정식을 뺀다. 여기서 주의할 것은 연립방정식에서 세 번째 방정식은 변화 없이 그대로 유지되어야 한다!

$$\begin{cases} x & + 2z & = & 4 \\ 3x & + 4z & = & 10 \\ x + 2y & - 2z & = & -4 \end{cases}$$

이제 대입법을 이용할 차례가 되었다. 우선 첫 번째 방정식에서 미지수 x만 좌변에 오도록 식을 정리한다.

$$x = 4 - 2z$$

이 식을 두 번째 방정식의 x에 대입한다.

$$3 \times (4 - 2z) + 4z = 10$$
$$\Leftrightarrow 12 - 6z + 4z = 10$$
$$\Leftrightarrow 12 - 2z = 10$$
$$\Leftrightarrow -2z = -2$$
$$\Leftrightarrow z = 1$$

이제 다른 미지수의 값도 구할 수 있다. $z = 1$을 첫 번째 방정식에 대입하면 x의 값은 2가 되고, 마찬가지로 $z = 1$과 $x = 2$를 두 번째 방정식에 대입하면 y의 값은 -2가 된다. 따라서 이 연립방정식의 해집합은 $L = \{(2, -2, 1)\}$이다.

미지수의 개수와 방정식의 개수에 관한 문제

우리는 지금까지 일정한 개수의 미지수를 가진 연립방정식을 다루었고, 이 연립방정식의 해도 구할 수 있었다.

> 연립방정식의 모든 미지수에 대해 정확한 값을 구할 수 있을 때, 연립방정식은 한 쌍의 해를 갖는다.

한 쌍의 해를 갖는 연립방정식에 반해, 해가 없거나 해가 수없이 많은 연립방정식이 있을지 모른다고 생각하는 사람도 있을 것이다. 그렇다. 이런 방정식도 있다.

> 방정식의 개수보다 미지수의 개수가 많은 연립방정식은 정확하게 한 쌍의 해를 정할 수 없다. 이때 해가 무수히 많아 하나로 정할 수 없다는 의미에서 '부정'이라고 한다.

예를 들면 다음과 같다.

$$\begin{cases} x \qquad\;\; + 2z = 4 \\ 2x + y + \;\; z = 3 \end{cases}$$

이런 방정식은 미지수에 따라 푼 다음, 다른 방정식에 대입하는 방법을 택하긴 하지만 구체적인 해가 나오는 것은 아니다. 다음 계산에서 드러나듯이, 이런 방정식은 해를 딱히 하나로 정할 수 없다.

$$\begin{cases} x = \quad 4 - 2z \\ y = -5 + 3z \end{cases}$$ 이 해는 구체적인 해라고 말할 수 없다!

이와는 반대의 경우도 생각할 수 있다.

> 미지수의 개수보다 방정식의 개수가 많은 연립방정식은 '불능'이라고 한다. 이는 초과 조건이 있어서 방정식을 풀 수 없는 경우이다.

제곱근과 거듭제곱근

동전에도 양면이 있듯이, 수학의 많은 주제들은 서로 반대되는 짝을 지닌다. 함수와 역함수가 바로 이런 예이다. 이제 또 다른 짝인 제곱근과 거듭제곱 계산에 대해 알아보기로 하자.

기억을 되살려보자. 거듭제곱은 특정한 곱셈을 줄여서 표현하는 약어로 이해할 수 있다. $3 \times 3 \times 3 \times 3$은 간단히 3^4으로 나타내고, '3의 네제곱'이라 읽는다. 이와 같이 같은 수 또는 문자를 여러 번 곱한 것을 간단히 나타내는 것을 거듭제곱이라 한다. 3^4을 계산한 결과인 81은 거듭제곱 값이라고 한다.

이번에는 반대로, 거듭제곱 값을 이용하여 거듭제곱의 밑을 구하는 방법을 생각해보자. 이것이 바로 거듭제곱근 구하기이다. 일반적으로 다음과 같이 말할 수 있다.

> a가 양의 실수이고 n이 자연수일 때, $\sqrt[n]{a}$ 는 양수이고 이 수를 n제곱하면 a가 된다.

$\sqrt[n]{a} = b$에서 a는 근호 속의 수(피제곱근 수), n은 근지수, b는 근의 값, $\sqrt{}$ 는 제곱근을 가리키는 수학 기호로 근호 또는 루트라고 한다.

제곱근

이해를 돕기 위해 우선 간단하면서도 가장 흔하게 쓰이는, 근지수가 2인 제곱근을 살펴보기로 하자. 이 제곱근은 $\sqrt[2]{a}$ 라고 쓰지 않고, 간단히 $\sqrt{a}$ 라고 쓴다. 그런데 이 $\sqrt{a}$ 는 무엇을 뜻하는가?

> 양수 a의 제곱근 b는 자신을 제곱하여 a가 나오는 양수이다.

따라서 $b^2=a$이면 $b=\sqrt{a}$ 가 된다. 구체적인 수를 예로 들면, $5^2=25$일 때 $5=\sqrt{25}$ 이다.

시중에서 구할 수 있는 계산기를 사용하여 제곱근을 구할 수도 있다. 이제 계산기를 이용하지 않고 제곱근을 구하는 방법에 대해 알아보기로 하자.

연필과 종이로 제곱근 구하기

계산기의 도움 없이 어떤 수의 제곱근을 구하는 방법은 다양하다. 여러 가지 방법 중의 하나를 소개하겠다. 이 방법을 터득하면 계산기가 없어도 되며 친구들을 놀라게 할 수도 있다. 왜냐하면 이 비법을 터득한 사람이 아직은 거의 없기 때문이다.

너무 간단한 예를 들었다는 비난을 피하기 위해 54321의 제곱근을 구해보겠다(우리는 수학자들에게 정말로 놀라움을 안겨주고 싶고, 암산을 했다는 의심을 받고 싶지 않다. 따라서 계산하기 다소 어려운 수를 택한다).

여러분은 이 수를 보고 처음에는 작은 수부터 시작하는 것이 좋지 않겠느냐고

물을지도 모르겠다. 그러나 걱정할 필요는 없다. 여러분이 암산을 조금이라도 할 수 있다면 – 이 정도는 초등학교에서 이미 배웠으리라 믿는다 – 비교적 큰 수일지라도 제곱근을 충분히 구할 수 있다.

1단계

우선 이 수를 오른쪽부터 시작해 두 자리씩 그룹을 지어 나누어놓는다.

$$5 \,|\, 43 \,|\, 21$$

2단계

이제 가장 왼쪽에 있는 그룹의 수에서 1부터 시작해 홀수만 빼나간다. 계산 결과가 음수가 되지 않을 때까지 이것을 계속한다. 이 계산은 복잡하게 보이지만, 실제로 해보면 간단하다.

홀수 2개를 빼면 1이 남는다.

$$\begin{array}{r} 5 \,|\, 43 \,|\, 21 \\ -1 \\ -3 \\ \hline 1 \end{array}$$

3단계

뺄셈을 한 홀수의 개수 2를 첫 번째 계산의 결과로 적는다.

$$\begin{array}{r} 5 \,|\, 43 \,|\, 21 = 2 \\ -1 \\ -3 \\ \hline 1 \end{array}$$

4단계

다음 그룹의 수로 옮겨간다.

$$\begin{array}{r} 5 \,|\, 43 \,|\, 21 = 2 \\ -1 \\ -3 \\ \hline 1 \, 43 \end{array}$$

5단계

앞의 계산에서 뺄셈을 한 홀수의 개수(우리의 경우는 2)에 2를 곱하고, 그 결과를 4단계에서 나온 수(우리의 경우는 43) 아래에 한 자리 왼쪽으로 옮겨 적는다.

```
5 | 43 | 21 = 2
   −1
   −3
  ───────
   1 43
     4
```

6단계

5단계에서 나온 수의 일의 자리에 1을 적는다 (이렇게 하면 41이 된다).

```
5 | 43 | 21 = 2
   −1
   −3
  ───────
   1 43
    41
```

이 홀수로 다시 – 2단계에서와 같이 – 뺄셈을 시작한다. 다시 말해, 우선 143에서 41을 빼고, 다음에는 43을 뺀다. 이렇게 계산 결과가 음수가 되지 않을 때까지 계속한다.

```
5 | 43 | 21 = 2
   −1
   −3
  ───────
   1 43
  − 41
  − 43
  − 45
  ───────
    14
```

7단계

뺄셈을 한 홀수는 3개이다. 따라서 – 3단계와 같이 – 두 번째 계산의 결과로 3을 적는다.

```
5 | 43 | 21 = 2
   −1
   −3
  ───────
   1 43
  − 41
  − 43
  − 45
  ───────
    14
```

이제 다음 그룹의 수에 각 단계를 똑같이 반복한다. 먼저 4단계와 5단계의 차례이다. 다음 그룹의 수를 아래로 끌어온다. 이렇게 하면 1421이 된다. 앞의 계산에서 뺄셈을 한 홀수의 개수에 2를 곱하고(이렇게 하면 46이 된다), 그 결과를 1421의 아래에 한 자리 왼쪽으로 옮겨 적는다. 이것을 수로 정리하면 다음과 같다.

```
5 | 43 | 21 = 233
−1
−3
─────
  1 43
− 41
− 43
− 45   ─────
      14 21
       4 6
```

이제 6단계와 7단계의 차례이다. 46 다음 일의 자리에 1을 첨가한다(이렇게 하면 461이 된다). 다시 앞과 똑같이 뺄셈을 시작한다. 뺄셈을 한 홀수는 이번에도 3개이다. 따라서 세 번째 계산 결과로 3을 표시한다.

```
5 | 43 | 21 = 233.0
−1
−3
─────
  1 43
− 41
− 43
− 45   ─────
      14 21
    − 4 61
    − 4 63
    − 4 65   ─────
          32
```

이제 남은 수 그룹이 없기 때문에 00을 아래에 적는다. 이제부터 구하는 값은 당연히 소수점 이하의 수가 된다.

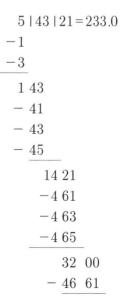

```
5 | 43 | 21 = 233.0
−1
−3
─────
  1 43
− 41
− 43
− 45   ─────
      14 21
    − 4 61
    − 4 63
    − 4 65   ─────
          32  00
        − 46  61
```

이렇게 계산하면, 그 결과가 음이 된다. 따라서 뺄셈을 한 홀수의 개수는 0이다. 이제 3200이 나머지로 남고, 남은 수 그룹이 없기 때문에 00을 아래에 적는다. 같은 방법으로 계산을 계속한다.

$$5 \mid 43 \mid 21 = 233.06$$
$$-1$$
$$-3$$
$$\overline{1\ 43}$$
$$-41$$
$$-43$$
$$-45$$
$$\overline{14\ 21}$$
$$-4\ 61$$
$$-4\ 63$$
$$-4\ 65$$
$$\overline{32\ \ 00}$$
$$-46\ \ 61$$
$$\overline{32\ \ 00\ \ 00}$$
$$-\ \ 4\ 66\ 01$$
$$-\ \ 4\ 66\ 03$$
$$-\ \ 4\ 66\ 05$$
$$-\ \ 4\ 66\ 07$$
$$-\ \ 4\ 66\ 09$$
$$-\ \ 4\ 66\ 11$$
$$\overline{4\ \ 03\ 64}$$

이것으로 충분하지 않은가! 더 계속하지는 않겠다. 원하는 사람은 계산 결과가 0이 되거나 결과가 충분하다고 생각될 때까지, 각 단계를 반복해나가면 된다.

높은 차수의 근지수

제곱근이 거듭제곱근 중에서는 매우 널리 쓰이지만, 그렇다고 거듭제곱근을 대표하는 것은 아니다. 앞에서 제곱근의 정의를 말할 때 밝혔지만, 거듭제곱근은 여러 근지수를 가지고 있기 때문이다.

　그중에서 세제곱근은 특별하게 입방근이라 부르기도 한다. 입방근의 원칙은 제곱근과 다르지 않다. 예를 들어 $\sqrt[3]{27} = 3$이다. 왜냐하면 $3^3 = 3 \times 3 \times 3 = 27$이기 때문이다. 다른 근지수도 이와 똑같은 원칙에 따른다.

거듭제곱근 계산

　거듭제곱근도 계산이 가능하다. 거듭제곱근의 계산 규칙은 거듭제곱의 계산 규칙에서 나온다. a, b가 양수이고, m, n이 2 이상의 정수일 때 거듭제곱근은 오른쪽과 같은 성질이 성립한다.

$$\sqrt[n]{a} = a^{\frac{1}{n}}$$
$$\sqrt[n]{a^m} = a^{\frac{m}{n}}$$

　이제 거듭제곱근의 계산 규칙으로 넘어가자. 앞에서 배운 거듭제곱의 계산 규칙과 다음 규칙을 비교하면, 이 둘이 얼마나 비슷한지를 알 수 있을 것이다.

$$\sqrt[n]{a} \times \sqrt[n]{b} = \sqrt[n]{a \times b} \qquad \frac{\sqrt[n]{a}}{\sqrt[n]{b}} = \sqrt[n]{\frac{a}{b}} \qquad \frac{1}{\sqrt[n]{a}} = \sqrt[n]{\frac{1}{a}}$$

이차방정식

　모든 방정식이 일차방정식과 같이 단순한 형태를 띠는 것은 아니다. x^2, a^3과 같이 미지수가 지수를 가지고 있는 방정식도 있다. 미지수의 가장 높은 차수가 2인 방정식을 이차방정식이라고 한다.

갈릴레오 갈릴레이와 피사의 사탑

　이탈리아의 유명한 과학자 갈릴레오 갈릴레이[Galileo Galilei, 1564~1642]는 가톨릭 교회와 충돌해 재판을 받기도 한 인물이다. 과학 분야에서 많은 업적을 남긴 그는 낙하법칙을 세우기도 했는데, 이 법칙에 따르면 깃털이든 쇠구슬이든 상관없이 모든 물체는 진공에서 떨어지는 속도가 똑같다.

갈릴레오 갈릴레이

그는 1590년 피사에서 낙하 실험을 하면서 이런 법칙을 생각해냈다. 그의 전기를 쓴 제자 빈센초 비비아니[Vincenzo Viviani, 1622~1703]에 따르면, 갈릴레

피사의 사탑

이는 피사의 사탑에 올라가 물체를 떨어뜨렸다고 한다. 그러나 그가 실제로 피사의 사탑에서 이런 실험을 했는지, 아니면 경사면을 이용했는지는 확실치 않다.

이제 물체가 피사의 사탑에서 땅에 떨어지는 데 걸리는 시간을 계산해보자. 이 계산에 필요한 식은 다음과 같다.

$$s = \frac{1}{2} \times a \times t^2$$

여기서 s는 낙하 높이, a는 낙하가속도, t는 낙하시간을 가리킨다. 낙하 높이와 낙하가속도는 알고 있을 때 낙하시간을 구해보자. 위의 식을 t^2에 대하여 정리하면 다음과 같다.

$$t^2 = \frac{2 \times s}{a}$$

이 식에 우리가 알고 있는 값을 대입한다. 피사의 사탑은 높이가 54미터이고, 낙하가속도는 $9.81 \mathrm{m/s^2}$이다. 계산을 간편하게 하기 위해 단위는 없앴다.

$$t^2 = \frac{108}{9.81}$$

$$\Leftrightarrow t_{1,2} = \pm \sqrt{\frac{108}{9.81}}$$

따라서 해는 아래와 같이 두 가지이다.

$$t_1 = \sqrt{11.01}$$
$$t_2 = -\sqrt{11.01}$$

그런데 이 문제의 해집합은 양수의 값 하나뿐이다. 왜냐하면 물체가 땅에 떨어질 때까지 걸리는 시간은 0보다 큰 양수일 수밖에 없기 때문이다. 따라서 해집합은 $L = \{\sqrt{11.01}\}$이다.

상상하기 어렵지만, 진공상태에서 이 두 물체는 동시에 떨어진다.

이차방정식의 일반형

낙하 실험의 예는 매우 간단한 이차방정식을 포함한다. 이 방정식은 이차방정식을 잘 몰라도 쉽게 풀 수 있다. 그러나 이러한 유형의 방정식이 모두 간단한 형태를 띠는 것은 아니다. 이제 이차방정식의 일반형을 살펴보고, 이차방정식을 푸는 두 가지 방법에 대해 알아보자.

> 이차방정식의 일반형은 다음과 같다.
> $$ax^2 + bx + c = 0 \ (단, \ a \neq 0)$$

계수 중의 하나가 0, 다시 말해 b 또는 c가 0인 이차방정식은 복잡하지 않고 큰 문제없이 풀 수 있다. 여기서는 이보다 더 복잡한 이차방정식을 푸는 방법에 대해 살펴보자.

판별식

여러분은 앞의 예에서 이차방정식의 해가 1개 이상 나올 수 있음을 보았다(해가 적절한지의 여부는 이 해를 검토할 때야 비로소 드러난다). 이차방정식은 원칙적으로 해가 없거나 1개 또는 2개의 해를 가질 수 있다.

그런데 해를 구하기 전에 해가 몇 개 나올 것인지를 미리 알 수 있다. 이는 판별식을 이용하면 된다. 이제 a, b, c가 실수인 이차방정식의 일반형 $ax^2+bx+c=0$을 가지고 판별식에 대해 알아보기로 하자.

> 판별식 D는 이차방정식의 계수 a, b, c로 계산한다.
> $$D=b^2-4ac$$

판별식의 규칙은 다음과 같다.

> 판별식의 값이 0보다 작으면, 이차방정식은 해가 없다.
> 판별식의 값이 0이면, 이차방정식은 해를 1개 가진다.
> 판별식의 값이 0보다 크면, 이차방정식은 해를 2개 가진다.

항상 판별식을 이용해 해의 개수를 알아야 하는 것은 아니다. 그러나 이차방정식이 해가 있는지의 여부를 미리 알려고 할 때, 판별식은 도움이 된다. 즉 해가 있는지 없는지를 미리 알면, 계산해야 하는 수고를 더는 경우가 있기 때문이다.

이차방정식의 해법: 근의 공식

우리는 이제 이차방정식이 어떤 형태를 띠는지 알게 되었고, 이차방정식의 해가 있는지, 또 해가 있다면 몇 개인지를 찾아내는 방법도 알게 되었다. 이제 이차방정식을 푸는 방법을 알아볼 차례가 되었다. 다음과 같은 근의 공식은 쉽게 따라 할 수 있는 좋은 해법을 제시한다.

다시 이차방정식의 일반형에서부터 출발한다.

$$ax^2 + bx + c = 0$$

x^2 앞에 계수가 없으면, 방정식을 풀기가 쉽다. 따라서 이를 위해 식 전체를 a로 나눈다.

$$x^2 + \frac{b}{a}x + \frac{c}{a} = 0$$

이제 x^2 앞에 있는 a는 없어졌다. 하지만 아직도 식이 간단하지 않다. 다시 이전에 한 번 이용했던 트릭을 써보자. 바로 $\frac{b}{a}$를 p로 대체하고, $\frac{c}{a}$를 q로 대체하여 이차방정식을 간단히 나타내는 것이다.

$$x^2 + px + q = 0$$

드디어 계수 p와 q가 당당하게 자리 잡았다. 이 방정식이 해 x_1과 x_2를 가진다면, 여러분이 기억해야 할 해('근'이라고 해도 된다)의 공식은 다음과 같다.

$$x_1 = \frac{-p + \sqrt{p^2 - 4q}}{2} \qquad x_2 = \frac{-p - \sqrt{p^2 - 4q}}{2}$$

이 두 해는 매우 복잡하게 보이지만, p와 q의 값을 대입하면 근호 속은 간단하게 정리된다.

이차방정식 $5x^2-5x=30$을 예로 들어보자. 여기서 곧바로 근의 공식을 이용할 수는 없다. 먼저 우변에 0이 오도록 이항한다.

$$5x^2-5x-30=0$$

이제 방정식을 5로 나누어 x^2의 계수 5를 없앤다.

$$x^2-x-6=0$$

이렇게 정리하고 보니, 방정식이 갑자기 쉽게 보인다. 대단한 일을 한 것도 아니고 매우 간단한 이항과 나눗셈만으로 이렇게 된 것이다.

이제 근의 공식을 이용할 차례이다. $p=-1$과 $q=-6$을 근의 공식에 넣고 계산해보자.

$$x_1=\frac{1+\sqrt{1+24}}{2}=\frac{1+5}{2}=3$$

$$x_2=\frac{1-\sqrt{1+24}}{2}=\frac{1-5}{2}=-2$$

$$L=\{-2,3\}$$

이렇게 해서 우리는 어렵게 보이는 이차방정식도 간단하게 풀게 되었다.

근의 공식을 이용할 때의 세 단계 해법

1. 우변을 0으로 만든다.
2. x^2 앞의 계수를 없앤다.
3. p와 q의 값을 근의 공식에 대입한다.

이차방정식의 해법: 완전제곱식의 이용

이차방정식을 푸는 또 다른 해법으로 완전제곱식을 이용하는 방법이 있다. 이 해법은 기본적으로 이항식을 이용한다. 주어진 방정식을 $(x+s)^2-k=0$의 꼴로 만드는 것이 출발점이다.

앞에서 배운 이항식을 다시 떠올려보자.

$$(a+b)^2 = a^2 + 2ab + b^2$$
$$(a-b)^2 = a^2 - 2ab + b^2$$
$$(a+b) \times (a-b) = a^2 - b^2$$

완전제곱식을 이용한 풀이법을 설명하기 위해 아주 간단한 방정식을 예로 들어보자.

$$x^2 + 13x + 22 = 0$$

이 이차방정식은 완전제곱식을 하고 있는 첫 번째 이항식과 비슷한 모습을 하고 있지 않은가? 방정식을 풀기 위해서는 바로 이 점에서 실마리를 찾아야 한다.

x^2은 a^2과 형태가 같다. 이제 중간 항으로 넘어가자. 이항식의 두 번째 항은 $2ab$이다. 우리가 든 예는 이항식과 비교하면 a가 아니라 x라는 점 이외에는 다른 점이 없다. 따라서 완전제곱식으로 만들기 위해서는 적합한 b를 찾아야 한다. b는 당연히 6.5이다. 왜냐하면 $2 \times 6.5x = 13x$이기 때문이다.

이제 b^2만 남았다. b는 6.5이므로 b^2은 $6.5^2 = 42.25$이다. 자, 우리가 예로 든 방정식의 b^2은 22이고, 조금 전에 계산한 값은 42.25가 아닌가! 그렇다면 지금까지의 설명이 모두 엉터리란 말인가? 그렇지 않다! 이제 트릭을 이용하면 된다. 아주 간단하지만 멋진 트릭 말이다.

다시 정리해보자. 우리가 예로 든 방정식의 b^2은 42.25가 아니라 22이다. 이제 20.25를 더했다가 곧바로 다시 빼보자. 이렇게 하면 방정식은 다음과 같이 된다.

$$x^2 + 13x + 22 + 20.25 - 20.25 = 0$$
$$\Leftrightarrow x^2 + 13x + 42.25 - 20.25 = 0$$

20.25를 더하고 빼도 방정식의 값에는 아무런 변화가 없다. 이제 -20.25를 우변으로 옮기면 다음과 같다.

$$x^2 + 13x + 42.25 = 20.25$$

좌변의 식을 다음과 같이 완전제곱식으로 바꿀 수 있다.

$$x^2 + 13x + 42.25 = (x + 6.5)^2$$

앞의 방정식에 대입하면 다음과 같다.

$$(x + 6.5)^2 = 20.25$$

이제야말로 확실한 모습이 드러났다. 이 식을 제곱근을 이용해 풀면 두 개의 근이 나온다.

$$x_1 + 6.5 = 4.5$$
$$\Leftrightarrow x_2 = -2$$
$$x_2 + 6.5 = -4.5$$
$$\Leftrightarrow x_2 = -11$$
$$L = \{-2, -11\}$$

다시 정리하면, 완전제곱식을 이용하는 해법은 이항식의 b^2에 해당하는 항을 만드는 일이 관건이다. 방정식의 값이 달라지면 안 되기 때문에, b^2의 형태를 만들기 위해 추가로 더한 값은 곧바로 빼야 한다는 것을 명심하자.

비에타의 정리

프랑스의 수학자 프랑수아 비에타[François Viéta, 1540~1603]는 이차방정식을 연구해 $x^2+px+q=0$과 같은 형태의 이차방 정식에서 두 근인 x_1과 x_2 그리고 계수 p와 q 사이의 관계를 알아냈다. 이를 비에타의 정리라 부른다.

프랑수아 비에타

$$x_1+x_2=-p$$
$$x_1 \times x_2 = q$$

이 두 식도 이차방정식을 풀 때 큰 도움이 된다. 물론 이러한 식이 성립하려 면, 이차방정식이 위에서 말한 $x^2+px+q=0$의 형태를 띠어야 한다. 이차방정 식을 이러한 형태로 만드는 방법은 이미 앞에서 설명했다. 기억을 되살려보기 바란다.

$x^2+px+q=0$의 형태를 띠는 이차방정식을 예로 들어보자.

$$x^2-5x+6=0$$

여기서 $p=-5$이고, $q=6$이다.

비에타의 정리 중에서 두 번째 식을 이용하자. $x_1 \times x_2 = q$를 만족하는 두 값을 찾아야 한다. 우선 1과 6을 생각해볼 수 있다. 그런데 첫 번째 식도 만족하는지 를 검토해야 한다. 1과 6을 첫 번째 식에 대입하면 방정식이 성립하지 않는다. 따라서 다른 수를 찾아야 한다. 이번에는 2와 3을 생각해보자. 이 수들은 첫 번 째 식도 만족한다. 2와 3을 더하면 확실하게 5가 된다. 이렇게 하면, 근의 공식 을 사용하지도 않고 정말 빠르게 근을 구할 수 있다.

비에타의 정리를 이용해 이차방정식을 푸는 것은 쉬운 방법이긴 하지만, 한계 가 있다. 이 방법은 비에타의 정리를 만족하는 두 수를 쉽게 찾을 수 있을 때에만 통하기 때문이다. $x^2 + \dfrac{2}{7}x + \dfrac{3}{19} = 0$과 같은 방정식에서 비에타의 정리를 만족하는 두 수를 찾기란 보통 일이 아니다. 이런 경우는 다른 방법을 찾아야 한다. 이미 앞에서 설명한 여러 가지 방법들이 여러분에게 도움을 줄 것이라 믿는다.

이차함수

방정식에 이차방정식이 있듯이, 함수에도 마찬가지로 이차함수가 있다. 이차함수의 일반형은 $f(x) = ax^2 + bx + c$이다. 여기서 a, b, c, $x \in R$이고 $a \neq 0$이다. 이차함수의 그래프는 포물선 모양이다. 지금부터는 이러한 포물선에 대해 살펴보기로 하자.

함수 $f(x) = ax^2$의 그래프는 좌표평면의 원점을 지난다.

오른쪽 그림에는 몇 개의 포물선이 그려져 있다.

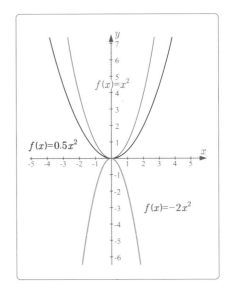

a가 양수일 때, 포물선은 아래로 볼록하고, a가 음수일 때는 위로 볼록하다. 또한 계수 a는 포물선의 폭의 크기를 결정한다. 계수 a의 절댓값이 클수록 포물선의 폭이 좁아진다.

그러나 포물선이 모두 좌표평면의 원점을 지나는 것은 아니다.

이번에는 그래프를 아래위로 이동시켜보자. y축을 기준으로 포물선을 아래위로 이

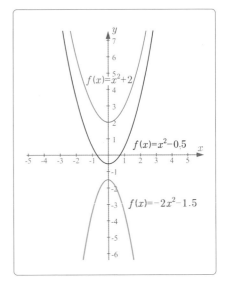

동시키는 것은 상수항 c이다. 그림에서 볼 수 있듯이, c의 값에 따라 포물선이 위로 혹은 아래로 이동한다.

이것뿐만이 아니다. 포물선이 y축을 따라서 이동하는 것을 알았으니, x축을 따라서 이동할 수 있으리라고 예상하는 사람도 있을 것이다. 물론 x축에서의 이동도 가능하다. x축에서 포물선을 좌우로 이동시키는 것은 계수 b이다. 그림에 나타난 함수식은 이차함수의 일반형과는 조금 다르긴 하지만, 이 일반형에서 유도할 수 있다.

$$f(x) = a(x+b)^2 + c$$

여기서 b가 양수이면, 포물선은 x축의 음의 방향으로 이동하고, 음수이면 x축의 양의 방향으로 이동한다.

일상생활에서 볼 수 있는 포물선

포물선은 일상생활에서 흔히 볼 수 있다. 아마도 여러분은 우리 주변에 포물선이 이렇게 많다는 사실에 놀라 눈이 번쩍 뜨일 것이다.

먼저 다리 중에는 포물선 모양을 하고 있는 것이 많다.

시드니의 하버브리지

아치를 그리고 있는 다리를 생각해보라. 아치는 위로 또는 아래로 볼록한 모양을 할 수 있지만, 포물선의 모양과 매우 비슷하다. 고딕 교회의 천장도 포물선 형태를 띠는 경우가 많다.

포물선 중에서 우리가 가장 쉽게 접할 수 있는 것은 물체를 던졌을 때, 이 물체가 날아가며 그리는 비행궤도이다. 여러분이 물 호스로 물을 뿌리면 물줄기도

아래턱의 이. 반사된 모습도 함께 나타나 있다.

포물선을 그린다. 호스에서 나오는 물의 세기에 따라 포물선의 모양도 달라진다.

우리의 몸도 포물선을 그리는 부분이 있다. 아래턱의 이도 포물선을 그린다.

무중력 상태도 포물선과 밀접한 관련이 있다. 예를 들어 우주비행사는 인공적으로 진공 상태를 체험하는 무중력 훈련을 받는다. 이 훈련을 위해 특수 제작된 비행기는 포물선 비행을 한다. 즉, 무중력 훈련용 비행기는 높이 상승했다가 큰 원 모양을 그리며 하강하는 제트 비행을 하는데,

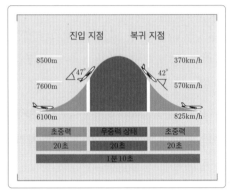

포물선 비행의 단계-www.dlr.de

이때에 지구의 중력과 반대 방향으로 원심력이 생겨나 '중력 제로' 상태가 만들어진다. 이 비행 동안에 비행기는 공중에서 위로 볼록한 포물선을 그리는데 포물선의 정점을 지나면서 무중력이 대략 25초 동안 만들어진다. 비행기는 공기 흐름의 영향을 잘 받는 날개를 여럿 지니고 있어, 추락하더라도 자유낙하를 하지 않고 포물선 비행을 하게 된다.

무리방정식

우리는 이미 여러 가지 방정식을 배웠다. 하지만 이것이 전부가 아니다. 수학은 언제든 새로운 유형의 방정식을 만들어낼 수 있다. 수학이 흥미진진한 이유는 바로 이러한 놀라움을 우리에게 제공하기 때문이다. 그런데 이제부터 다룰 방정식은 사실 원래부터 충분히 나올 수 있는 유형이다. 이차방정식이나 미지수

가 이보다 더 높은 차수를 나타내는 방정식이 있다면, 미지수가 제곱근의 일부를 이루는 방정식도 당연히 있을 수 있다. 이러한 방정식을 바로 무리방정식이라 부른다.

무리방정식을 푸는 것 역시 많이 어렵지 않다. 예를 들어보자.

$$\sqrt{3x-4}+5=8$$

이 문제를 풀기 위해서는 먼저 해가 속하는 수의 범위를 정하도록 한다. 무리식에서는 근호 안의 값이 음수가 되면 안 되므로 다음과 같은 부등식을 만들 수 있다.

$$3x-4 \geq 0$$

이 부등식의 해를 구하면 $x \geq \dfrac{4}{3}$ 이다. 바로 이것이 위의 무리방정식의 해가 속하는 범위인 것이다.

$$D=\left\{ x \mid x \geq \frac{4}{3} \right\}$$

이제 무리방정식을 풀 차례이다. 계산하기 위해서는 먼저 근호를 없애야 한다. 방법은 양변을 제곱하는 것이다. 하지만 골치 아픈 이항식이 생기면 안 되기 때문에, 5를 우변으로 옮겨 계산하기로 한다.

$$\sqrt{3x-4}=3$$

이제 방정식의 양변을 제곱한다.

$$3x-4=9$$
$$\Leftrightarrow 3x=13$$
$$\Leftrightarrow x=\frac{13}{3}$$

특히 무리방정식에서는 구한 해를 검토하는 것이 중요하다. 왜냐하면 근호를 없애기 위해 방정식의 양변을 제곱하면, 양변이 모두 양수가 되어 양수와 음수의 구별이 사라지기 때문이다. 이제 $\frac{13}{3}$ 을 처음 방정식의 x에 대입하여 해가 맞는지를 검토한다.

$$\sqrt{3 \times \frac{13}{3} - 4} + 5 = \sqrt{13 - 4} + 5 = 3 + 5 = 8$$

검토한 결과, 우리가 구한 해가 옳음이 드러났다. 즉 해집합은 $L = \left\{ \frac{13}{3} \right\}$ 과 같다.

해를 검토하는 것이 얼마나 중요한지는 다음의 예를 보면 알 수 있다.

$$\sqrt{-x^2 + 6x + 16} = x - 4$$

이 방정식은 앞의 방정식과는 달리 어려워 보인다. 그렇다고 미리 겁먹을 필요는 없다. 앞의 예와 똑같은 순서로 풀어보자.

먼저 방정식의 해가 속하는 수의 범위를 구하도록 한다. 그 과정을 생략하고 결과만 적으면 다음과 같다.

$$-2 \leq x \leq 8$$

이제 방정식의 양변을 제곱한다.

$$-x^2 + 6x + 16 = (x - 4)^2$$
$$\Leftrightarrow -x^2 + 6x + 16 = x^2 - 8x + 16$$
$$\Leftrightarrow 2x^2 - 14x = 0$$
$$\Leftrightarrow 2x(x - 7) = 0$$

이로써 두 개의 해가 나왔다.

$$x_1 = 0, \, x_2 = 7$$

해가 맞는지를 검토해보자. 우선 0을 대입한다.

$$\sqrt{0 + 0 + 16} = 0 - 4$$

방정식이 성립하지 않는다. 따라서 0은 이 방정식의 해가 될 수 없다. 이제 7을 대입해보자.

$$\sqrt{-49+42+16}=7-4$$
$$\Leftrightarrow \sqrt{9}=3$$

식이 성립한다. 따라서 이 방정식의 해집합은 다음과 같다.

$$L=\{\,7\,\}$$

무리방정식은 제곱근을 지닌 유형만 있는 것이 아니다. 각종 거듭제곱근이 등장할 수 있다. 하지만 푸는 원칙은 큰 차이가 없다. 여기서는 이해를 돕기 위해 제곱근만 예로 들었을 뿐이다.

무리함수

이차함수가 있듯이, 무리함수도 있다. 이 두 함수의 관계는 아주 밀접하다. 왜냐하면 무리함수는 이차함수의 역함수이기 때문이다. 무리함수의 그래프는 포물선이 옆으로 누운 형태를 띤다.

제곱근은 음수가 될 수 없으므로, 무리함수의 그래프는 '반쪽' 포물선을 나타낼 뿐이다. 제곱근 앞에 음의 부호($-$)가 있으면, 그래프는 축의 반대편으로 뒤집어진 형태를 띤다. 근호 속의 수(피제곱근)에 더하는 수가 있으면, 이 수는 그래프를 x축을 따라 평행이동시키는 역할을 한다. 반대로 그래프를 y축을 따라 평행이동시킬 때는 제곱근 뒤에 상수를 첨가한다.

로그

우리는 지금까지 거듭제곱을 자주 다루었고, 그럴 때마다 여러 측면에서 접근했다. 거듭제곱의 계산에서는 거듭제곱 값을 정하는 것이 주된 관심사였다. $x=3^3$의 값을 구하는 것이 전형적인 계산의 예이다.

그다음으로 거듭제곱근을 다룰 때는 거듭제곱 값이 아니라 밑을 구했다. $x^2=121$과 같은 유형이 대표적인 예이다.

이 장에서는 이제 지수가 미지수일 때 어떻게 되는지를 다룰 것이다. 이를 테면 $2^x=8$일 때, 계산을 어떻게 하는가가 문제이다.

여기서 미지수인 지수를 로그라고 부른다. $2^x=8$을 예로 들어 말하면, x는 2를 밑으로 하는 8의 로그이다. 이렇게 말로 표현하면 다소 길어지기 때문에 줄여서 $x=\log_2 8$과 같이 쓴다.

> a가 1이 아닌 양수이고 $c>0$일 때, 방정식 $a^x=c$의 해 x를 a를 밑으로 하는 c의 로그라 하고, $\log_a c$로 나타낸다. 이때, c를 $\log_a c$의 진수라고 한다.

여기서 눈에 띄는 것은 어떤 수식의 로그든 0이 될 수는 없다는 점이다. 왜냐하면 방정식 $a^x=0$을 만족하는 수는 없기 때문이다.

이제 로그를 계산해보자. 이때는 x의 값의 범위가 중요하다. 우리는 로그가 어떤 경우에 성립할 수 없는지를 밝혀야 한다. 로그에서 진수는 항상 0보다 커야 하므로, 이것을 부등식으로 나타낼 수 있다.

예를 들어 $\log(x-4)$가 성립하기 위해서는 $x-4>0$이어야 한다. 바로 이 부등식의 해 $x>4$가 x의 값의 범위가 되는 것이다.

특수 로그

이제 두 개의 특수 로그에 주목해보자. 하나는 10을 밑으로 하는 로그이고, 또 다른 하나는 자연로그이다.

10을 밑으로 하는 로그를 상용로그라고 하며 다음과 같이 표시한다.

$$\log_{10} a = \lg a$$

한편 자연로그는 e를 밑으로 한다. 여기서 e는 무리수로서, 레온하르트 오일러의 이름을 따 오일러 수로 불린다. 오일러 수 e의 값은 2.71828⋯이다. 이 로그는 줄여서 $\ln a$로 표시한다.

e를 밑으로 하는 이 특이한 로그가 생긴 이유는 무엇일까? 답은 간단하다. 바로 이 로그를 이용할 일이 아주 많기 때문이다. 특히 자연에서 흔히 나타나는 성장 과정과 쇠퇴 과정에서 오일러 수가 중요한 역할을 한다(자세한 사항은 뒤의 '일상생활에서의 로그'에서 다룰 것이다). 다시 말해 여러분은 이러한 과정과 관련한 계산에서는 자연로그를 이용할 수밖에 없는 상황에 처하게 된다.

주변에서 볼 수 있는 계산기 중에서 자연로그 $\ln a$를 계산할 수 있는 것도 많다. 지금부터는 자연로그를 살펴볼 것이다. 하지만 여기서 설명하는 계산 방법과 규칙은 모든 로그에 적용할 수 있다.

로그의 밑의 변환

로그의 밑을 다른 수로 바꾸어야 할 경우가 있다. 이러한 일은 특히 자신이 가지고 있는 계산기가 상용로그나 자연로그만 계산할 수 있을 때 발생한다. 이때는 다음과 같이 로그의 밑을 변환하는 식이 필요하다.

$$\log_a b = \frac{\lg b}{\lg a} = \frac{\ln b}{\ln a}$$

로그 계산

이제 로그의 신비를 파헤칠 때가 되었다. 먼저 로그 계산의 규칙을 알아보자. 이 규칙은 본질적으로 거듭제곱 계산의 규칙과 다르지 않다. 이러한 점에서 로그는 거듭제곱 계산이라는 동전의 제3의 면이라고 불러도 좋을 것이다.

로그 계산의 가장 중요한 법칙부터 시작한다. 이 법칙은 지수를 인수로 바꾸는 것으로, 지수방정식을 풀 때 중요한 역할을 한다.

$$\ln a^b = b \times \ln a$$

이 법칙은 지수가 분수일 때도 적용되며, 식으로 표시하면 다음과 같다.

$$\ln a^{\frac{m}{n}} = \frac{m}{n} \times \ln a$$

곱과 분수의 로그도 다음과 같은 성질이 성립한다.

$$\ln(a \times b) = \ln a + \ln b$$
$$\ln \frac{a}{b} = \ln a - \ln b$$

일상생활에서의 로그

여러분은 로그의 경우에도 수학적 현상이 일상생활과 얼마나 밀접한 관련을 맺고 있는지 알게 되면 놀랄 것이다.

예를 들어 달팽이 껍질을 보자. 이 껍질은 의심의 여지 없이 나선을 이루지만 모양이 독특하다. 바로 이것이 로그 나선이다. 이 나선은 회전을 계속할 때마다 나선의 중심으로부터의 거리가 똑같은 비율로 증가하는 성질을 가지고 있다. 해

바라기 씨의 배열도 이
도식을 따른다.

　자연에서 흔히 나타나
는 성장 과정과 쇠퇴 과
정에서 자연로그가 중요
한 역할을 한다는 것은
앞에서 이야기했다. 예를

달팽이 껍질의 로그 나선

해바라기 씨도 로그 수열을 따른다.

들면, 박테리아의 성장과 방사능 물질의 붕괴에서 지수함수뿐만 아니라 자연로
그도 나타난다.

　일상생활에서 쉽게 찾아볼 수 있는 또 다른 예는 맥주잔이다. 맥주 거품이 사
라지는 것도 엄격한 수학 규칙을 따른다. 이 현상은 과학적으로 연구되어 확인
되었다(이를 보고도 수학이 현실과 동떨어진 학문이라고 말하는 사람이 있겠는가!) 맥
주 거품이 사라지는 법칙은 다음과 같다.

$$\ln V = \ln V_0 - k \times t$$

　여기서 V는 맥주 거품의 현재 부피, V_0는 처음의 부피, k
는 속도상수, t는 시간을 나타내는 변수이다. 여기서는 이
계산과 맥주의 질에 대한 연구를 세세하게 말할 수는 없다.

　세부 사항은 생략하고 곧바로 가장 중요한 결과를 말하
겠다. 연구 결과, 최상급 맥주는 거품이 반으로 줄어드는 데
110초 이상이 걸린다(이렇게 어떤 양이 초기 값의 절반이 되는
데 걸리는 시간을 반감기라고 한다). 반으로 줄어드는 시간이
91초에서 110초 걸리면 상급 맥주, 71초에서 90초 걸리면
보통 맥주라고 한다.

가득 찬 맥주잔. 이제
부터 거품이 사라지는
과정이 시작된다.

　이러한 현상들을 연구하고 계산하다 보면, 결국 지수방정식과 연결될 수밖에
없다. 이제 지수방정식에 대해 알아보기로 한다.

지수방정식

제곱근이 이차방정식을 풀 때 없어서는 안 되는 도구인 것과 마찬가지로, 로그는 지수방정식을 푸는 열쇠와도 같은 역할을 한다. 이미 배운 다른 유형의 방정식 해법과 로그에 관한 내용을 잘 기억하고 있다면, 지수방정식도 어렵지 않게 풀 수 있을 것이다.

> 지수에 미지수가 들어 있는 방정식을 지수방정식이라고 한다.

지수방정식의 간단한 예는 이미 앞에서 배운 적이 있다. 즉, $2^x = 8$의 형태를 가지는 것이 지수방정식이다. 여기서는 x에 여러 수를 대입해보면 해가 $x=3$인 것을 금방 알 수 있다. 하지만 방정식이 더 복잡해지면, 이런 간단한 방법이 통하지 않는다. 복잡한 지수방정식은 로그 계산 법칙 없이는 풀 수 없다.

지수방정식의 해법

예를 들어 방정식 $3^{x^2-x-6} = 1$을 보자. 여기서는 어떤 수를 대입해보는 방법이 통하지 않는다! 따라서 이용할 수 있는 수학 법칙을 모두 동원해야 한다. 우선 머리에 떠올려야 하는 것은 로그 계산법이다(여기서는 자연로그를 이용한다). 이제 방정식은 다음과 같이 쓸 수 있다.

$$\ln 3^{x^2-x-6} = \ln 1$$

다음은 가장 중요한 단계로, $\ln a^b = b \times \ln a$의 법칙에 따라 지수를 없앤다.

$$(x^2 - x - 6) \times \ln 3 = \ln 1$$

이 등식을 $\ln 3$으로 나누어 식을 간단히 하면 다음과 같다. 그런데 $\ln 1 = 0$이므로 다음과 같은 이차방정식이 나온다.

$$x^2 - x - 6 = 0$$

여기서 이차방정식의 해법을 이용하여(앞에서 풀이과정을 설명했기 때문에 여기서는 생략한다) 구한 해는 다음과 같다.

$$x_1 = -2$$
$$x_2 = 3$$

해가 맞는지를 검토한 결과, 두 해는 방정식을 만족한다는 것을 알 수 있다. 따라서 해집합은 다음과 같다.

$$L = \{-2, 3\}$$

지금까지 살펴본 대로, 로그 계산에 조금만 익숙해지면 지수방정식을 푸는 것이 어렵지 않다는 것을 알 수 있다. 그래도 이 말을 믿지 못하는 사람을 위해, 다음과 같은 또 다른 지수방정식을 풀어보기로 하자.

$$2^x \times 3^{2-x} = 5^x$$

얼핏 보면 매우 어려운 지수방정식 같다. 하지만 도전 정신은 언제든 필요하다. 한번 대담하게 덤벼보자. 우선 지수방정식을 로그방정식으로 만든다.

$$\ln(2^x \times 3^{2-x}) = \ln 5^x$$

로그 계산 법칙인 $\ln(a \times b) = \ln a + \ln b$를 적용하면 다음과 같다.

$$\ln 2^x + \ln 3^{2-x} = \ln 5^x$$

이제 지수에서 x를 없앤다.

$$x \times \ln 2 + (2-x) \times \ln 3 = x \times \ln 5$$

괄호를 풀어 좌변에 x를 모두 모으면 다음과 같다.

$$x \times \ln 2 + 2 \times \ln 3 - x \times \ln 3 - x \times \ln 5 = 0 \qquad | -2 \times \ln 3$$

$$\Leftrightarrow x \times \ln 2 - x \times \ln 3 - x \times \ln 5 = -2 \times \ln 3$$

이제 공통인수인 x를 괄호 밖으로 빼내고 나머지를 괄호로 묶어 식을 정리한다.

$$x \times (\ln 2 - \ln 3 - \ln 5) = -2 \times \ln 3$$

여기서 x만 좌변에 있게 만드는 것은 어렵지 않다.

$$x = -2 \times \frac{\ln 3}{\ln 2 - \ln 3 - \ln 5}$$

이제 우변을 로그 계산 법칙에 따라 더 간단하게 정리할 수도 있지만, 여기서는 계산기를 이용해 바로 답을 구한다.

$$x \fallingdotseq 1.1$$

검토해보면 이 답이 맞다는 것을 알 수 있다. 따라서 해집합은 다음과 같다.

$$L = \{\, 1.1 \,\}$$

풀 수 없는 지수방정식

지금까지는 로그 계산 법칙을 이용해 지수방정식을 푸는 데 아무런 문제가 없었다. 지수에서 x를 없애면 방정식이 술술 풀렸다.

이번에는 약간 다른 지수방정식을 살펴보기로 하자.

$$3^x + 7 = 5$$

우선 이 방정식을 로그방정식으로 만든다.

$$\ln(3^x+7)=\ln 5$$

이렇게 만들면 앞의 예에서는 다음 단계로 들어갈 수 있었지만, 여기서는 더 이상 방법을 찾을 수 없다. $\ln(3^x+7)$을 분리할 방법이 없고, x도 어떻게 할 도리가 없기 때문이다. 이런 방정식은 풀 수 없는 방정식이다.

다음과 같은 예도 비록 계산은 몇 단계 더 할 수 있지만, 결과는 비슷하다.

$$x\times 2^x=5$$

양변을 로그방정식으로 만들어 계산하면 다음과 같다.

$$\ln(x\times 2^x)=\ln 5$$
$$\Leftrightarrow \ln x+\ln 2^x=\ln 5$$
$$\Leftrightarrow \ln x+x\times\ln 2=\ln 5$$

여기까지다. "게임 아웃"이라고 말할 수밖에 없다. 더 이상 안 된다! 여기서는 x가 로그의 미지수이자 인수로 나타난다. 이런 식은 더 이상 줄일 수 없다. 계산은 여기서 끝인 것이다.

이 두 경우는 그래도 봐줄 만하다. 더 화가 나는 경우는 매우 복잡한 지수방정식을 풀려고 씨름하다가 결국은 풀 수 없는 방정식이라는 것이 드러날 때다. 이런 때에는 처음부터 불가능한 일을 하느라 소중한 시간만 빼앗기고 만 셈이다. 이 시간을 다른 데에 활용했다면 노벨상을 받을 발견을 했을지 누가 알겠는가! 따라서 지수방정식을 풀 수 있는지 미리 아는 것은 도움이 된다. 지수방정식을 풀 수 있는 경우를 요약하면 다음과 같다.

> 지수방정식을 풀 수 있는 경우는 다음과 같다.
> – 지수에만 미지수가 있을 때
> – 지수에 미지수가 있는 거듭제곱의 밑이 모두 같을 때

두 번째 경우의 예를 들면, $4^x - 2^x = 6$과 같은 지수방정식이다. 이 방정식에서 2와 4는 같은 수 2의 거듭제곱이다. 이와는 달리 $4^x - 3^x = 7$과 같은 방정식은 풀 수 없다.

지수함수

어떤 방정식의 유형이 있을 때, 이 방정식에 뒤이어 같은 유형의 함수를 다루는 것은 여러 가지 면에서 바람직하다.

> 함수식 $f(x) = a^x (a > 0, a \neq 1)$으로 표현되는 함수를 a를 밑으로 하는 지수함수라고 한다.

지수함수는 흔히 $\exp_a x$로 표현하기도 한다. 지수함수의 몇 가지 유형을 그래프로 나타내면 오른쪽과 같다.

이 그래프들은 좌표평면의 양 축을 따라 이동시킬 수 있다. y축에서의 평행이동은 $f(x) = a^x + c$와 같이 함수식에 더해진 수에 따라 결정된다. c의 값이 양수이면 그래프는 y축을 따라 위로 이동하고, 음수이면 아래로 이동한다.

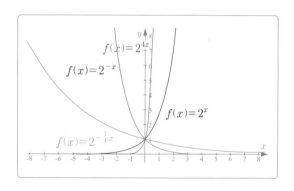

x축에서의 이동은 $f(x) = a^{x+c}$와 같이 지수에 더해진 수에 따라 결정된다. c의 값이 양수이면 그래프는 음의 방향으로 이동하고, 음수이면 양의 방향으로 이동한다.

로그방정식

로그와 지수방정식은 앞에서 살펴보았듯이 서로 밀접한 관계를 맺고 있다. 지수방정식과 로그방정식도 이와 비슷한 자매관계를 이룬다고 말할 수 있다. 지수방정식을 풀기 위해서 우선 지수방정식을 로그방정식으로 바꾼 것을 기억할 것이다. 로그방정식은 정반대의 방법을 이용한다. 즉 거듭제곱을 통해 로그를 해체하는 것이다. 간단한 예를 들어보자.

$$\log_2 x = 3$$

여기서 로그를 없애기 위해 방정식의 양변을 밑 2의 거듭제곱 꼴로 바꾼다.

$$2^{\log_2 x} = 2^3$$

이때 좌변의 로그와 거듭제곱은 상쇄된다. 따라서 $x = 2^3 = 8$이 되고, 해집합으로 표시하면 다음과 같다.

$$L = \{ 8 \}$$

물론 로그방정식을 항상 이 예처럼 쉽게 풀 수 있는 것은 아니다. 하지만 푸는 원칙은 동일하다. 어떤 경우든 로그의 밑에 주목해야 한다. 왜냐하면 양변을 밑의 거듭제곱 꼴로 바꾸어야 하기 때문이다.

이제 로그방정식의 또 다른 두 유형을 살펴보자. 우선 밑이 다른 로그가 있는 방정식이다.

$$\log_3 x + \log_5 x = 4$$

여기서는 거듭제곱 꼴로 바꿀 수 없다. 왜냐하면 로그의 밑이 서로 다르기 때문이다. 따라서 우선 로그의 밑을 같게 만들어야 한다. 겁먹을 필요는 없다. 간단한 해결 방법이 있다. 계산기를 이용해 자연로그를 계산하면 된다.

이 상황에서는 로그끼리의 호환 공식을 알면 아무 문제가 없다. 앞에서 배운 호환 공식을 다시 기억해보자.

$$\log_a b = \frac{\lg b}{\lg a} = \frac{\ln b}{\ln a}$$

이 공식에 따라 방정식을 바꾸면 다음과 같다.

$$\frac{\ln x}{\ln 3} + \frac{\ln x}{\ln 5} = 4$$

다음 단계로 $\ln x$를 괄호 밖으로 보낸다.

$$\ln x \times \left(\frac{1}{\ln 3} + \frac{1}{\ln 5} \right) = 4$$

이제 계산기로 $\ln 3$과 $\ln 5$의 값을 구해 계산하면 다음과 같다.

$$1.53 \times \ln x = 4$$
$$\Leftrightarrow \ln x \fallingdotseq 2.61$$

이제 이 방정식을 거듭제곱할 수 있다. 그런데 자연로그는 밑이 e인 로그이다 (앞에서 배운 내용을 기억하고 있으리라 믿는다). 따라서 다음과 같이 쓸 수 있다.

$$e^{\ln x} = e^{2.61}$$

밑이 같은 거듭제곱과 로그는 상쇄되므로 다음과 같다.

$$x = e^{2.61} = 13.60$$
$$L = \{ 13.60 \}$$

이번에는 로그의 밑은 같지만 진수가 다른 로그방정식의 예이다.

$$\ln(4x-3) - \ln x = \ln 2$$

여기서는 우선 로그 계산 법칙 중 하나인 $\ln \frac{a}{b} = \ln a - \ln b$에 따라 좌변의 로그를 줄인다.

$$\ln\left(\frac{4x-3}{x}\right)=\ln 2$$

이제부터 계산은 본격적으로 진행된다. 밑 e에 대한 거듭제곱 꼴로 바꾸면, 앞의 예와 똑같은 방법으로 거듭제곱과 로그는 상쇄된다. 이 과정을 식으로 표시하면 다음과 같다.

$$e^{\ln\left(\frac{4x-3}{x}\right)}=e^{\ln 2}$$

$$\Leftrightarrow \frac{4x-3}{x}=2$$

$$\Leftrightarrow 4x-3=2x$$

$$\Leftrightarrow 2x=3$$

$$\Leftrightarrow x=\frac{3}{2}$$

$$L=\left\{\frac{3}{2}\right\}$$

앞에서 우리는 지수방정식을 대수적으로 풀 수 있는 경우와 풀 수 없는 경우로 구별했다. 이는 로그방정식에도 똑같이 적용된다.

> 로그방정식을 대수적으로 풀 수 있는 경우는 다음과 같은 조건이 충족되어야 한다.
> – 미지수는 로그의 진수에만 있어야 한다.
> – 로그방정식에 밑이 다른 로그가 있으면, 진수는 같아야 한다.
> – 로그방정식에 진수가 다른 로그가 있으면, 밑이 같아야 한다.

로그함수

로그도 자신의 함수를 지닌다. 로그함수는 지수함수의 역함수이다. 이는 지금까지 배운 방정식들을 다시 살펴보면 충분히 예상할 수 있다.

> 함수방정식 $f(x)=\log_a x$로 표현되는 함수를 로그함수라고 한다.

로그함수의 모습을 그래프로 나타내면 다음과 같다.

로그함수의 그래프는 좌표평면의 양 축을 따라 이동시킬 수 있다. y축에서의 이동은 $f(x)=\log_a x+c$와 같이 함수식에 더해진 수에 따라 결정된다. c의 값이 양수이면 그래프는 위로 이동하고, 음수이면 아래로 이동한다.

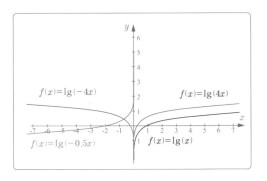

x축에서의 이동은 $f(x)=\log_a(x+c)$와 같이 진수에 더해진 수에 따라 결정된다. c의 값이 양수이면 그래프는 음의 방향으로 이동하고, 음수이면 양의 방향으로 이동한다.

복소수

지금까지 우리는 수를 다루면서 상당히 안정된 기반 위에서 움직였다. 원주율 π나 오일러 수 e와 같은 무한소수를 제외한다면, 우리가 다룬 수들은 어느 정도 상상이 가능한 수들이었다. 지금부터는 이런 안정된 토대를 벗어나 복소수라는 불안정한 살얼음판을 걷게 될 것이다.

복소수를 충분히 다루기 위해서는 적어도 이 책에서 대수학 장이 차지하고 있는 분량만큼은 채워야 하지만, 여기서는 간략하게 소개만 하도록 하겠다.

> 복소수 z는 $z = a + bi$의 형태를 띠며 두 부분, 즉 실수부분 a와 허수단위 i가 곱해진 허수부분 b로 이루어진다. 복소수의 집합은 C로 표시한다.

여기까지 걸어오면서 살얼음판이라는 느낌을 받지는 않았을 것이다. 그러나 이제 허수부분 b와 특히 허수단위 i를 자세히 살펴보자.

i는 $\sqrt{-1}$을 가리킨다. 이 말을 듣고는 여기저기서 웅성거리는 소리가 들려온다. "뭐라고요? 음수의 제곱근은 있을 수 없는데요!" 이에 대한 대답으로 할 수 있는 말은 "지금까지 알려진 수의 범위에서는 음수의 제곱근이 있을 수 없지만, C에서는 가능하다"이다. 바로 이 말 때문에 복소수에 대해 섬뜩한 느낌을 받는 사람들이 많다.

곧바로 이어지는 질문은 "$\sqrt{-1}$이 있다면, 이 수는 어떤 수이며 크기는 얼마인가요?"이다. 이 질문에 대해서도 다음과 같은 생소한 대답만을 할 수 있을 뿐이다. "-1의 제곱근은 i이며, 따라서 $i \times i = -1$이 성립한다."

복소수의 개념은 정말 이해하기 힘든 것임에 틀림없다. 인정한다! 하지만 찬찬히 접근해보자. 우선 복소수와 같은 특이한 수가 어디에 쓰이는지에 대해 잠깐 알아보기로 하겠다.

복소수의 활용

복소수는 특히 진동 또는 파동을 다루는 과학에서 이용된다. 이러한 분야에서 복소수는 매우 복잡한 계산 과정을 단순화하는 역할을 한다.

예를 들어 빛은 여러 물질에서 다양하게 굴절된다. 아마 여러분 중에서는 물리 수업에서 이러한 굴절 실험을 직접 해본 사람도 있을 것이다. 굴절 과정을 정확하게 설명하고 계산하려면 매우 복잡한 수식이 필요하다. 하지만 복소수를 이용하면 이 수식을 간단하게 나타낼 수 있다.

전기공학에서 교류를 계산할 때도 이와 비슷하다. 그런데 이 분야에서는 복소수가

무지개는 빛의 굴절 현상을 보여주는 좋은 예이다.

없으면 거의 아무것도 진행되지 않을 정도이다. 물리학자와 전기공학자들은 복소수를 이용해 복잡한 전기회로도 비교적 간단하게 계산할 수 있다.

이처럼 복소수는 복잡한 물리 현상을 설명하는 토대가 되고 있다. 복소수를 이용함으로써 과학기술을 발전시켜 일상생활에서 다양한 혜택을 누릴 수 있게 된 것이다.

복소수의 표현 방법

복소수와 같은 진기한 수를 표현할 때는 지금까지 해왔던 것과는 다른 방식을 쓰는 것이 좋다. 예를 들어 전기공학에서는 여러분이 알고 있는 $z=a+bi$의 형태가 항상 쓰이지는 않는다. 지금부터는 복소수를 어떻게 나타낼 수 있는지 알아보자.

우선 실수를 잠깐 살펴보자. 실수는 오른쪽과 같이 수직선 위에 나타낼 수 있다.

하지만 복소수는 이렇게 간단하게 나타낼 수 없다. 복소수 자체가 두 가지 요소로 이루어져

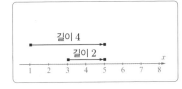

있는데, 수직선에서는 두 요소를 모두 표현할 방법이 없기 때문이다. 그런데 두 요소로 이루어진 수를 나타내는 방식은 우리도 알고 있다. 바로 좌표평면이 그것이다. 복소수를 나타내기 위해 이용하는 좌표평면은 x축에 실수부분을, y축

에 허수부분을 표시한다.

물론 복소수를 나타내는 평면은 좌표 평면이라고 하지 않고, 수학자 가우스 Carl Friedrich Gauss, 1777~1855의 이름을 따 가우스 평면 또는 복소평면이라고 한다. 이러한 평면에서는 오른쪽 그림과 같이 모든 복소수를 정확하게 점으로 표시할 수 있다.

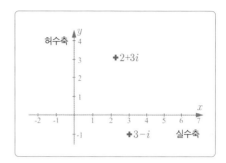

이제 한 단계 더 나아가 가우스 평면 의 원점에서 복소수를 가리키는 점까지 벡터를 그릴 수 있다. 아직 벡터 계산법 은 알 필요가 없다. 지금 단계에서는 벡 터를 화살표로 생각하면 충분하다.

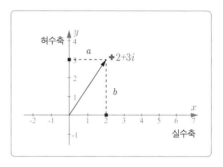

여기서 몇 가지 흥미로운 사실이 드러난다. 예를 들어 여러분은 벡터의 길이 를 계산할 수 있다. 이 길이는 동시에 복소수의 절댓값을 나타낸다. 이 길이는 피타고라스의 정리를 이용해 계산하면 다음과 같다.

$$|z| = |a+bi| = \sqrt{a^2+b^2}$$

하지만 이것이 전부가 아니다. 벡터와 x축 사이의 각을 생각한다면 어떻게 될 것인가? 결과는 다음 그림에서 나타난다.

앞에서 배운 삼각비를 이용하면(여기 서도 알 수 있듯이, 수학에서는 거의 모든 내 용이 서로 긴밀하게 연결된다) 복소수의 좌 표는 다음과 같이 나타낼 수 있다.

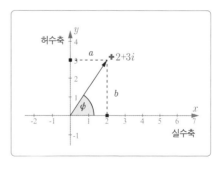

$$a = |z| \times \cos \phi$$
$$b = |z| \times \sin \phi$$

$|z|$와 ϕ 복소수 z의 극좌표라고 한다. 복소수의 극좌표는 다음과 같이 표시한다.

$$z=|z| \times (\cos\phi + i\sin\phi)$$

복소수의 계산

아무리 멋진 수라도 계산할 줄 모른다면 무용지물이 되고 만다. 복소수도 예외가 아니다. 이제 마지막으로 복소수의 계산 법칙을 알아보기로 하자.

두 복소수 z_1과 z_2의 덧셈은 다음과 같은 법칙을 따른다. 단, $z_1=a+bi$, $z_2=c+di$이고 a, b, c, d는 실수이다.

$$z_1+z_2=(a+bi)+(c+di)=(a+c)+i(b+d)$$

두 복소수 z_1과 z_2의 뺄셈은 다음과 같은 법칙을 따른다.

$$z_1-z_2=(a+bi)-(c+di)=(a-c)+i(b-d)$$

두 복소수 z_1과 z_2의 곱셈은 다음과 같은 법칙을 따른다.

$$z_1 \times z_2=(a+bi) \times (c+di)=(ac-bd)+i(ad+bc)$$

끝으로 두 복소수 z_1과 z_2의 나눗셈은 다음과 같은 법칙을 따른다.

$$\frac{z_1}{z_2}=\frac{a+bi}{c+di}=\frac{ac+bd}{c^2+d^2}+i\frac{bc-ad}{c^2+d^2}$$

Ⅲ

선형대수학

벡터

　선형대수학에서는 특히 일차변환과 벡터가 중요한 역할을 한다. 일차변환은 이 장의 후반부에서 다룰 예정이다. 우선 벡터부터 살펴보기로 하자.

　우리는 합동변환을 공부한 Ⅰ장에서 평행이동과 관련해 벡터를 처음으로 배웠다. 하지만 그때는 간단한 소개 수준에 그쳤기 때문에, 이제부터 본격적으로 벡터를 알아보기로 한다.

물리학에서의 벡터

　물리학에서만 벡터를 다루는 것은 아니다. 하지만, 물리학에 등장하는 간단한 예를 들면 매우 쉽게 설명할 수 있는 장점이 있다.

　속도와 온도의 차이는 무엇인가? 속도는 물리학에서 크기와 방향, 이 두 가지에 의해 명확하게 정해진다. 이와 달리 온도는 오직 크기, 즉 따뜻함과 차가움을 나타내는 정도에 의해서만 정해진다. 따라서 물리학자들은 온도가 다시 내려간다든지, 여름치고는 온도가 너무 낮다는 사실에 대해서 학문적으로 관심을 가지지 않는다.

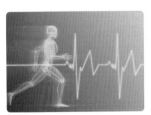

속도는 방향을 필요로 한다.

속도는 화살표로 표시할 수 있다. 여기서 화살표의 길이는 크기, 곧 단위 시간에 지나간 거리를 나타내고 화살표의 끝은 물체가 움직이는 방향을 가리킨다. 우리는 이렇게 크기와 방향으로 정해지는 양을 벡터라고 한다.

벡터는 크기와 방향을 동시에 가지고 있는 양으로, 대개 이 두 가지를 모두 표현할 수 있는 화살표로 나타낸다. 화살표의 길이는 벡터의 크기를 의미하고, 화살표의 끝은 물체가 움직이는 방향을 가리킨다.

물리학에서는 속도뿐만 아니라 힘과 자기장도 벡터로 표시한다. 그리고 온도와 같이 방향 없이 크기만을 가지고 있는 양을 스칼라라고 한다.

온도는 방향 없이 나타낼 수 있다.

벡터의 기초

벡터는 시점과 종점에 의해 정해진다. 따라서 벡터를 표시할 때는 이 두 점을 이용할 수 있다.

점 P에서 점 Q로 향하는 벡터를 $\overrightarrow{PQ}$로 표시한다.

다른 표기법도 있다. $\vec{a}$로 표시하거나 글자를 진하게 하여 $\boldsymbol{a}$라고 쓰기도 한다. 이 책에서 우리는 작은 화살표로 표시하는 $\vec{a}$를 주로 쓸 것이다.

벡터 $\vec{a}$의 크기는 $|\vec{a}|$로 나타낸다. 한편 크기가 1인 벡터를 단위벡터, 크기가 0인 벡터를 영벡터라고 한다. 그리고 크기는 같지만 방향이 반대인 벡터를 역벡터라고 한다.

벡터의 성분 표시

벡터의 시점과 종점은 아무렇게나 정하는 것이 아니라, 좌표평면이나 좌표공간에서 점의 좌표로 정확하게 그 위치를 표시해야 한다.

그렇다면 좌표를 사용하여 벡터를 어떻게 나타낼까? 각각의 좌표를 가지고 있는 두 점, 즉 시점과 종점을 가지고 벡터를 어떻게 표시할 수 있을까? 지금부터 벡터의 비밀을 파헤쳐보자.

시점 $P = (x_p, y_p)$, 종점 $Q = (x_q, y_q)$에 대하여 벡터 $\overrightarrow{PQ}$는 시점과 종점의 x좌표와 y좌표 각각의 차를 이용하여 다음과 같이 나타낸다.

$$\overrightarrow{PQ} = (x_q - x_p, \ y_q - y_p)$$

이것을 벡터 $\overrightarrow{PQ}$는 성분 표시라 하며, $x_q - x_p$를 $\overrightarrow{PQ}$의 x성분, $y_q - y_p$를 $\overrightarrow{PQ}$의 y성분이라 한다.

---

x성분과 y성분으로만 나타낸 벡터는 평면에 위치하지만, 모든 벡터가 그런 것은 아니다. 벡터는 공간에 있을 수도 있다. 이때는 또 다른 성분인 z성분이 추가된다. 삼차원 좌표공간을 그림으로 나타내면 오른쪽과 같다.

좌표공간에서 벡터 $\overrightarrow{PQ}$의 성분은 다음과 같이 표시한다.

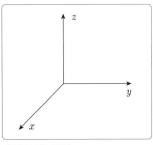

삼차원 좌표공간

두 점 $P = (x_p, y_p, z_p)$, $Q = (x_q, y_q, z_q)$에 대하여

$$\overrightarrow{PQ} = (x_q - x_p, y_q - y_p, z_q - z_p)$$

이론적으로는 공간에서 더 많은 차원을 가지는 벡터가 있을 수도 있다. 수학은 이러한 벡터도 즐겨 다루지만, 이 책에서는 주로 이차원벡터(평면벡터)와 삼차원벡터(공간벡터)로 한정할 것이다. 벡터를 다루는 원칙은 차원에 관계없이 동일하다.

벡터의 크기

이제 그림에서 벡터를 살펴보기로 하자. 다음 그림에 나타난 벡터를 성분으로 나타내면 $\vec{a} = (3, 2)$이다.

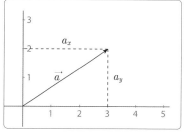

성분 표시법도 눈여겨봐야 하지만, 여기서는 먼저 벡터의 크기에 주목하자. 예를 들어 속도의 경우는 방향뿐만 아니라 무엇보다도 크기가 중요하다. 벡터의 크기를 정하지 못하면, 벡터 계산 전체를 포기할 수밖에 없다.

자, 이제 크기를 구해보자. 그런데 이는 생각보다 쉽게 구할 수 있다. 다음 공식을 보면 단번에 피타고라스의 정리가 떠오를 것이다.

평면벡터 $\vec{a} = (a_x, a_y)$에 대하여

$$|\vec{a}| = \sqrt{a_x{}^2 + a_y{}^2}$$

삼차원 좌표공간에서도 벡터의 크기를 구할 수 있다. 계산 방식은 평면벡터의 경우와 같다.

공간벡터 $\vec{a} = (a_x, a_y, a_z)$에 대하여

$$|\vec{a}| = \sqrt{a_x{}^2 + a_y{}^2 + a_z{}^2}$$

벡터의 계산

"제비 한 마리가 온다고 봄이 왔다고는 할 수 없다." 이런 속담처럼, 수학자들은 "벡터 하나를 안다고 선형대수학을 모두 아는 것은 아니다"라고 말한다. 이제 우리는 여러 벡터를 다루고, 이 벡터들의 계산법을 설명할 것이다.

벡터의 덧셈

벡터의 덧셈이 왜 필요한지를 예를 들어 설명하겠다.

당신이 강을 헤엄쳐 건넌다고 생각해보자. 한쪽 강둑에서 출발해 계속 직진해 건너편 강둑에 도착했더니, 도착한 지점이 한참 아래쪽이다. 이렇게 된 것은 바로 강물의 흐름 때문이다. 한쪽 강둑에서 건너편 강둑까지의 운동은 직진하려고 애쓰며 헤엄쳐 가는 운동과 강물의 흐름, 이 두 가지 요소로 이루어진다. 이 둘은 서로 다른 방향으로 작용한다. 당신이 실제로 건넌 경로는 그림에서 빨간색 화살표로 표시되어 있다.

조금 추상적으로 말한다면, 빨간색 화살표로 표시된 벡터는 두 개의 검은색 화살표로 표시된 벡터를 더한 결과이다.

> 벡터 $\vec{a}$와 벡터 $\vec{b}$의 덧셈은 벡터 $\vec{a}$의 종점과 벡터 $\vec{b}$의 시점이 일치하도록 그린 그림에서 벡터 $\vec{a}$의 시점부터 벡터 $\vec{b}$의 종점까지를 연결한 화살표로 나타낸다.

두 벡터의 덧셈은 그림으로 나타낼 수도 있지만, 성분을 표시하여 계산할 수도 있다. 앞에서 설명한 덧셈을 좌표평면에서 구체적인 예를 통해 살펴보자.

우선 오른쪽 좌표평면에 표시된 벡터 $\vec{a}$와 벡터 $\vec{b}$를 성분 표시법에 따라 쓰면, 다음과 같다.

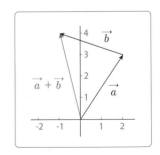

$$\vec{a} = (2, 3)$$
$$\vec{b} = (-1-2, 4-3) = (-3, 1)$$

여기서 두 벡터의 덧셈은 벡터의 각 성분끼리 더하면 된다.

$$\vec{a} + \vec{b} = (2-3, 3+1) = (-1, 4)$$

그림을 보면 이 계산이 맞음을 알 수 있다.

두 벡터의 덧셈에 대해서는 다음과 같은 일반식을 세울 수 있다.

$\vec{a} = (a_x, a_y)$, $\vec{b} = (b_x, b_y)$에 대하여

$$\vec{a} + \vec{b} = (a_x + b_x, a_y + b_y)$$

이것은 삼차원 좌표공간에서도 적용된다. 여기서는 z성분만 추가될 뿐이다.

$\vec{a} = (a_x, a_y, a_z)$, $\vec{b} = (b_x, b_y, b_z)$에 대하여

$$\vec{a} + \vec{b} = (a_x + b_x, a_y + b_y, a_z + b_z)$$

덧셈은 이렇게 두 벡터뿐만 아니라, 벡터의 수가 늘어나도 얼마든지 가능함을 알 수 있다. 그리고 수나 식의 계산에서 순서를 바꾸어 계산하는 법칙인 교환법칙과 결합법칙이 벡터의 덧셈에서도 적용된다.

벡터의 덧셈에 대한 교환법칙	벡터의 덧셈에 대한 결합법칙
$\vec{a} + \vec{b} = \vec{b} + \vec{a}$	$(\vec{a} + \vec{b}) + \vec{c} = \vec{a} + (\vec{b} + \vec{c})$

벡터의 뺄셈

덧셈을 할 수 있으면 뺄셈도 가능하다. 오른쪽 그림을 살펴보자. 이 그림에는 앞서 살펴본 벡터 $\vec{a}$ 와 $\vec{b}$ 가 있다. 벡터 $\vec{a}$ 와 벡터 $\vec{b}$ 를 어떻게 뺄 수 있을까?가

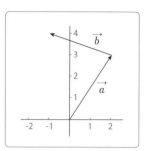

여기서는 간단한 트릭을 이용하면 된다. 즉, $\vec{b}$ 의 역벡터인 $-\vec{b}$ 를 만든다. 이 역벡터는 $\vec{b}$ 와 방향이 반대이다. 이제 $\vec{a}$ 에 $-\vec{b}$ 를 더하면 된다.

그림으로 설명한 벡터의 뺄셈을 성분으로 표시해보자. 먼저 $\vec{a}$ 는 변화가 없기 때문에 그대로 두면 된다.

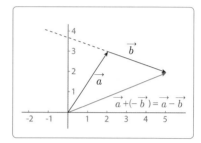

$$\vec{a} = (2, 3)$$

벡터 $\vec{b}$ 의 역벡터는 다음과 같다.

$$\vec{b} = (-3, 1)$$
$$\Leftrightarrow -\vec{b} = (3, -1)$$

이제 두 벡터를 더하면, 다음과 같다.

$$\vec{a} + (-\vec{b}) = (2, 3) + (3, -1) = (2+3, 3-1) = (5, 2)$$

벡터 $\vec{a}$ 에서 벡터 $\vec{b}$ 를 뺄 때는 $\vec{a}$ 에 $\vec{b}$ 의 역벡터 $-\vec{b}$ 를 더하여 계산한다.

벡터의 스칼라 곱

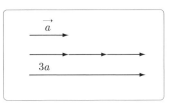

벡터와 스칼라의 차이점에 대해서는 앞에서 이미 배웠다. 벡터와 스칼라가 서로 아무런 관계가 없다고 생각하는 것은 잘못이다. 이 둘은 수학적으로 연결될 수 있다. 이 둘을 연결하는 것이 바로 벡터의 스칼라 곱이다. 이는 벡터와 스칼라의 곱셈을 의미한다.

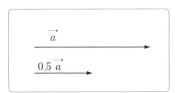

이 곱셈의 결과로 벡터는 같은 방향으로 늘어나거나 줄어든다. 스칼라가 1보다 큰 값을 가지면 벡터는 늘어나는데, 그림으로 표시하면 오른쪽과 같다.

스칼라는 1보다 작은 값을 가질 수도 있다. 이렇게 되면, 벡터는 그림에서처럼 그 크기가 줄어든다.

물론 벡터의 스칼라 곱은 성분으로 표현할 수도 있다. 이것은 별도의 설명이 필요 없을 정도로 매우 간단하다.

벡터 $\vec{a} = (a_x, b_y)$와 스칼라 k에 대하여 $k \times \vec{a}$ 는 다음과 같이 계산한다.

$$k \times \vec{a} = (k \times a_x, k \times a_y)$$

스칼라 곱에 대해서도 다음과 같은 계산 법칙이 적용된다. 이 경우에는 두 개의 분배법칙과 한 개의 결합법칙이 적용된다.

분배법칙	결합법칙
$k \times (\vec{a} + \vec{b}) = k \times \vec{a} + k \times \vec{b}$	$(k_1 \times k_2) \times \vec{a} = k_1 \times (k_2 \times \vec{a})$
$(k_1 + k_2) \times \vec{a} = k_1 \times \vec{a} + k_2 \times \vec{a}$	

위치벡터

우리는 단위벡터, 영벡터, 역벡터 그리고 아주 평범한 벡터에 이르기까지 여러 벡터를 배웠다. 이제 또 다른 유형인 위치벡터에 대해 알아볼 차례이다.

> 평면이나 공간의 원점에서 시작하는 벡터를 위치벡터라고 한다.

위치벡터의 중요한 특징 중 하나는 모든 벡터를 두 위치벡터의 차로 나타낼 수 있다는 것이다. 그림으로 보면 오른쪽과 같다.

위치벡터의 개념은 잘 기억하는 것이 좋다. 이것은 선형대수학에서 가장 중요한 기초 중 하나이므로, 이 개념을 혼동하면 큰 어려움에 빠지게 된다.

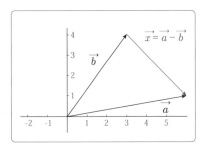

사원수와 벡터

윌리엄 로언 해밀턴 경

벡터를 누가 처음으로 발견했을까? 이쯤 해서 이런 질문을 던지는 것도 의미 있는 일이다. 벡터를 처음으로 연구한 수학자는 아일랜드 수학자 윌리엄 로언 해밀턴$^{\text{Sir William}}$ $^{\text{Rowan Hamilton, 1805~1865}}$이다. 그는 벡터의 원조라고 할 수 있는 사원수를 발견했다(전해 내려오는 자료에 따르면 1843년 10월 16일이다).

그렇다면 사원수는 어떤 수일까? 우선 사원수는 실수와 세 개의 허수단위 $i, j,$ k를 이용하여 수를 확장한 것으로, 복소수의 일종이다. 사원수에서의 허수는 오른쪽과같이 해밀턴 법칙이라는 특별한 법칙에 따라 곱셈을 한다.

$$i^2 = j^2 = k^2 = i \times j \times k = -1$$
$$ij = k,\ ji = -k$$
$$jk = i,\ kj = -i$$
$$ki = j,\ ik = -j$$

사원수는 $a + bi + cj + dk$의 꼴로 나타낸다. 즉 1개의 실수부와 3개의 허수부로 이루어져 있다. 해밀턴은 1개의 실수부를 스칼라 부분, 3개의 허수부인 i, j, k 부분을 벡터 부분이라 했다.

사원수와 같이 특이한 형태의 수를 다루는 것은 간단하지 않다. 실제로 이 수를 다루어보면 까다로운 문제가 생긴다. 그러나 벡터 부분만을 염두에 두면 이 문제들은 의외로 아주 쉽게 해결할 수도 있다. 이 벡터 부분은 우리가 오늘날 삼차원벡터라고 부르는 것과 정확히 일치한다.

그러나 이러한 아이디어를 낸 사람은 해밀턴이 아니라, 조사이어 윌러드 기브스[Josiah Willard Gibbs, 1839~1903]였다. 그는 1881년 출간한 《벡터 해석[Vector Analysis]》에서 처음으로 이 아이디어를 발표했다. 따라서 벡터가 세상에 나온 것이 1843년인지, 1881년인지에 관해서는 논란의 여지가 있다.

조사이어 윌러드 기브스

일차결합

우리는 위치벡터를 배움으로써 벡터 계산의 기초는 터득한 셈이다. 이제 선형대수학의 핵심 중 하나인 일차종속에 대해 알아보기로 하겠다.

하지만 이 개념을 본격적으로 다루기 전에 이와 관련된 몇 가지 참고 사항을 알아두어야 한다. 우선 일차결합이 무엇을 의미하는지를 살펴보자. 그리고 이와 관련해 생길 수 있는 의문점에 답하는 순서로 진행하겠다.

벡터 $\vec{v}$, $\vec{w}$, $\cdots$, $\vec{z}$에 수 α, β, $\cdots$, t를 각각 곱하여 더한 $\alpha \times \vec{v} + \beta \times \vec{w} + \cdots + t \times \vec{z}$의 꼴로 표현되는 벡터를 벡터 $\vec{v}$, $\vec{w}$, $\cdots$, $\vec{z}$의 일차결합 혹은 선형결합이라고 한다.

일차결합은 몇 개의 벡터를 조합하여 새로운 벡터를 만든 것이라고 할 수 있다. 말로는 이렇게 간단하지만 이 정의는 한눈에 파악하기가 쉽지 않다. 보다 정확한 이해를 위해 예를 들어보기로 하자. 왼쪽 그림은 세 개의 벡터 $\vec{v}$, $\vec{w}$, $\vec{x}$를 나타낸 것이다.

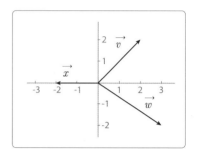

이제 세 벡터 $\vec{v}$, $\vec{w}$, $\vec{x}$의 일차결합을 살펴보자. 그림에 빨간색으로 표시된 벡터 $2 \times \vec{v} + 3 \times \vec{w} + 4 \times \vec{x}$가 바로 벡터 $\vec{v}$, $\vec{w}$, $\vec{x}$의 일차결합이다.

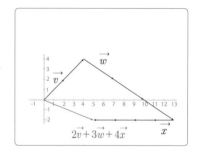

또 다른 예인 오른쪽 그림은 벡터 $2 \times \vec{v} + 0 \times \vec{w} + 2 \times \vec{x}$를 나타낸 것이다.

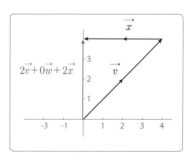

일차결합은 다른 방식으로도 만들 수 있다. 바로 기저벡터를 이용하는 것이다. 기저벡터는 임의의 벡터를 표현할 수 있는 기준이 되는 벡터이다. 삼차원 공간에서는 정확하게 3개의 기저벡터가 있어야 한다. 예를 들면 다음과 같다.

$$\vec{i} = (1, 0, 0), \ \vec{j} = (0, 1, 0), \ \vec{k} = (0, 0, 1)$$

하지만 반드시 이 벡터들만이 기저벡터로 이용되는 것은 아니다.

기저벡터를 일차결합하면 삼차원 공간의 모든 벡터를 만들 수 있다. 예를 들면 벡터 $\vec{x}=(3,\ -1,\ 2)$는 $\vec{x}=3\times\vec{i}-1\times\vec{j}+2\times\vec{k}=3\times(1,\ 0,\ 0)-(0,\ 1,\ 0)+2\times(0,0,1)=(3,\ -1,2)$와 같이 나타낼 수 있다.

방정식 $\alpha\times\vec{v}+\beta\times\vec{w}+\cdots+t\times\vec{z}=\vec{0}$의 해

벡터를 처음 다룰 때 두려움을 느낀 사람도 더 이상 어렵게 생각하지는 않으리라 짐작한다. 지금까지 차곡차곡 잘 이해하며 따라온 사람들에게는 이제 잠깐이긴 하지만 안도의 숨을 쉴 기회를 제공하려고 한다. 이 부분은 복잡한 정의를 다루는 다른 부분에 비해 내용이 쉽기 때문이다.

오른쪽 그림은 네 개의 벡터 $\vec{v}$, $\vec{x}$, $\vec{y}$, $\vec{z}$의 일차결합인 벡터 $2\vec{v}+2\vec{x}+2\vec{y}+2\vec{z}$를 나타낸 것으로, 닫힌 벡터 고리 모양이며 영벡터와 같다.

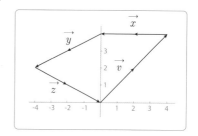

수학에서는 한 분야를 배우기 시작해 어느 정도 터득했다고 생각하는 순간, 예기치 않게 그때까지 배운 것과는 상당히 다른 복잡하고 까다로운 내용이 추가될 때가 있다. 바로 그런 경우가 이제 등장한다. 그렇다고 겁먹을 필요는 없다. 차분하게 단계를 밟아가면 어려움을 극복할 수 있다.

일차결합 $\alpha\vec{v}+\beta\vec{w}+\cdots+t\vec{z}$가 영벡터와 같아지는 경우는 두 가지가 있다. 하나는 위의 그림에서 살펴본 것과 같이 벡터 $\vec{v}$, $\vec{x}$, $\vec{y}$, $\vec{z}$에 곱해진 수들이 0이 아닌 것이 있는 경우이다. 이 경우는 자명하지 않은 해를 가지고 있다고 한다. 여기서 다시 수학자들이 즐겨 쓰는 '자명한[1]'이라는 표현이 등장한다.

---

1) 자명하다는 말은 '당연하다', '명백하다'를 뜻한다. 예를 들어 $x+y=0$에서 $x=0$, $y=0$이라는 해를 이 식에 대입하면 '자명하게' 이 식을 성립시킨다. 이처럼 의미는 없지만, 수학적으로 식을 만족하는 해를 자명한 해라고 한다. - 옮긴이 주

자명하지 않은 해가 있다면, 자명한 해도 있기 마련이다. 이제 여러분에게 보여줄 해는 정말 신기할 정도로 자명하다. 바로 스칼라 α, β, $\cdots$, t가 모두 0인 일차결합일 때 자명한 해를 가진다고 한다.

예를 들어 $\vec{0} = 0 \times \vec{v} + 0 \times \vec{w} + 0 \times \vec{x}$ 가 바로 자명한 해를 가지고 있는 경우이다. 물론 이러한 일차결합은 그림으로 나타낼 수 없다.

일차종속

이제 선형대수학을 본격적으로 다루어보자. 먼저 어떤 조건에서 벡터가 일차종속이라고 말할 수 있는지를 알아보기로 하자.

우선 두 벡터가 일차종속을 이루는 아주 간단한 경우부터 살펴보자.

> 두 벡터 $\vec{v}$와 $\vec{w}$가 실수 α에 대해 $\vec{w} = \alpha \times \vec{v}$ 가 될 때, 일차종속 또는 선형종속이라고 한다.

이 정의가 정확히 무엇을 의미하는지는 다음 예를 통해 설명할 수 있다.

$$\vec{v} = (-3, 6, 11), \quad \vec{w} = (6, -12, -22)$$

이 두 벡터가 일차종속이라면, 다음의 식이 성립해야 한다.

$$\alpha \times (-3, 6, 11) = (6, -12, -22)$$
$$\Leftrightarrow -3 \times \alpha = 6$$
$$6 \times \alpha = -12$$
$$11 \times \alpha = -22$$

이 세 가지 경우를 만족하는 α의 값은 -2이다. 따라서 두 벡터는 일차종속이다. 이번에는 다음과 같은 두 벡터를 생각해보자.

$$\vec{x} = (-4, 6, 8), \quad \vec{y} = (10, 15, 20)$$

이 경우는 α의 값이 -2.5도 되고 2.5도 된다. 따라서 명확한 α의 값을 찾을 수 없다. 이때는 두 벡터가 일차독립이라고 한다.

오른쪽 그림은 일차종속인 두 벡터 $\vec{v}$, $\vec{w}$를 나타낸 것이다. 왜냐하면 $-3 \times \vec{w} = \vec{v}$가 성립하기 때문이다.

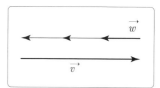

이 그림에서는 또 다른 사실도 알 수 있다. 즉, 일차종속인 두 개의 벡터는 평행을 이룬다. 이렇게 2개 또는 그 이상의 벡터가 동일 직선에 평행일 때 이들 벡터를 공선벡터^{共線벡터, collinear vector}라고 한다.

두 벡터가 공선벡터이면, 그 두 벡터는 일차종속이다.

그런데 일차종속인 벡터는 두 개만 있는 것이 아니라, 수없이 많을 수도 있다.

$\vec{v_1}, \vec{v_2}, \vec{v_3}, \cdots, \vec{v_n}$과 같은 n개의 벡터 중에서 적어도 하나의 벡터를 다른 벡터들의 일차결합으로 나타낼 수 있으면 일차종속이라고 한다.

여기서는 표현 하나하나에 신경을 써야 한다. 즉, 일차결합으로 나타낼 수 있는 '적어도 하나의 벡터'라는 말이 중요하다. 이것의 의미를 제대로 파악하지 않으면 혼란에 빠질 수 있다. 이 정의는 벡터의 집합이라고 해서 각각의 벡터가 모두 나머지 벡터들의 일차결합으로 나타낼 수 있는 것은 아님을 의미한다.

이 정의는 다음과 같이 표현할 수도 있다.

벡터 $\vec{v_1}$, $\vec{v_2}$, $\cdots$, $\vec{v_n}$의 일차결합 $\alpha_1\vec{v_1}+\alpha_2\vec{v_2}+\cdots+\alpha_n\vec{v_n}$이 영벡터와 같아지는 경우가 오직 $\alpha_1=\alpha_2=\cdots=\alpha_n=0$일 때 벡터 $\vec{v_1}$, $\vec{v_2}$, $\cdots$, $\vec{v_n}$은 일차독립이라 하고 그렇지 않을 때, 즉 α_1, α_2, $\cdots$, α_n 중에 0이 아닌 것이 있을 때 일차종속이라고 한다.

벡터들이 일차종속인 집합의 모든 초집합도 마찬가지로 일차종속이다. 이는 적어도 하나의 벡터를 다른 벡터들의 일차결합으로 나타낼 수 있어야 한다는 정의에서 곧바로 추론할 수 있다. 왜냐하면 벡터들이 일차종속인 집합이 있을 때, 적어도 하나의 벡터가 다른 것들의 일차결합으로 나타낼 수 있으면 일차종속이라고 정의되기 때문이다. 물론 이 벡터 역시 초집합의 원소이며, 따라서 초집합 또한 적어도 하나의 벡터를 일차결합으로 나타낼 수 있어야 한다는 조건을 만족한다(초집합에 관해서는 앞에서 다룬 집합에 관한 내용을 참고하라).

동일 평면상의 벡터

오른쪽 그림은 여섯 개의 면을 가진 주사위를 간단히 나타낸 것이다. 각 면은 모두 평면을 이루고 있으며 그중 한 평면 위에 세 개의 벡터 $\vec{a}$, $\vec{b}$, $\vec{c}$가 표시되어 있다.

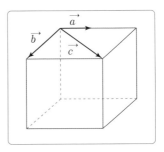

하나의 평면 위에 있는 벡터를 동일 평면상의 벡터라고 한다.

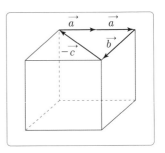

게다가 이 세 개의 벡터는 일차종속이다. 왜냐하면 $2\times\vec{a}+\vec{b}-\vec{c}=0$이기 때문이다. 이는 오른쪽 그림을 보면 쉽게 이해할 수 있을 것이다.

벡터의 내적

벡터에 스칼라를 (물론 실수의 스칼라로!) 곱하는 방법이나 이렇게 곱할 때 벡터가 어떻게 되는지는 이미 앞에서 배웠다. 이제 두 벡터의 곱셈(내적)에 대해 알아보기로 하자. 여러분 중에서는 "곱셈 네가 왜 거기서 나와?"라며 볼멘소리로 투덜거리는 사람이 있을지도 모르겠다.

선형대수학의 많은 부분은 기초 수학으로, 대부분의 내용이 반드시 구체적인 활용으로 이어지지 않는 점은 인정한다. 하지만 내적은 다르다. 이 특수한 곱셈이 얼마나 중요한지는 물리학에서 확실히 드러난다.

오른쪽 그림은 힘센 광부가 이제 막 캐낸 광석이 담긴 무거운 운반차를 밀고 있는 모습이다. 이 광부는 운반차를 앞쪽으로 밀기 위해 온 힘을 다하고 있다. 그런데 광부는 왜 이런 동작을 하고 있을까? 만약 넘어지기라도 하면 코뼈가 부러지는 불상사를 당할 텐데 말이다(광산의 갱 속은 어두워 바닥에 장애물이 있어도 제대로 알아볼 수 없다). 사고의 위험을 피하려면, 가능한 한 바로 서서 운반차를 미는 것이 좋지 않을까?

힘이 어떻게 작용하는지를 알면, 바로 서서 미는 것이 얼마나 비효율적인지를 금방 알 수 있다. 광부가 미는 힘은 특정한 방향을 향하고 있다. 바로 자신의 몸이 이루고 있는 축을 따라 힘이 작용하는 것이다. 이 힘은 그림에서 나타나듯이 두 가지 성분으로 나뉜다.

운반차가 앞으로 이동하는 데에는 진행 방향으로 작용하는 성분이 영향을 미친다. 광부가 몸을 앞으로 굽힐수록, 이 성분이 커지고 광부는 그만큼 효과적으로 힘을 쏟을 수 있다.

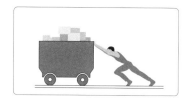

선로와 평행한 성분의 크기를 알려면(이 성분을 x라고 하자), 광부가 쏟는 힘 f를 고려해야 한다. 여기서는 직각삼각형의 형태를 띠고 있

기 때문에(또다시 여러분은 직각삼각형이 수
학의 전 분야에서 얼마나 중요한 역할을 하는
지 새삼 느낄 수 있을 것이다), 다음과 같은
식을 만들 수 있다.

$|x| = F \times \cos \alpha$ (여기서 α는 두 벡터 사이의 각이다).

바로 선 자세에서는
힘을 내기 어렵다.

몸을 굽혀야 힘이 제대로 발휘된다.

이제 광부가 해야 하는 일 W를 계산하려면, 이동하는 거리 s를 고려해야 한
다. 따라서 다음과 같은 식이 나온다.

$$W = s \times F \times \cos \alpha$$

우리는 광부가 해야 하는 일을 계산하면서, 또 다른 놀라운 결과도 얻었다. 두
벡터를 곱하면 스칼라가 됨을 알게 된 것이다. 이것을 바로 두 벡터의 내적이라
고 한다.

두 벡터 $\vec{v}$와 $\vec{w}$의 내적은 특정한 실수값을 나타내며 다음과 같은 공식으로 구한다.

$$\vec{v} \cdot \vec{w} = |\vec{v}||\vec{w}| \cos \alpha$$

이 공식에서 서로 수직을 이루는 두 벡터의 내적은 0임을 알 수 있다. 왜냐하
면 $\cos 90° = 0$이기 때문이다.

두 벡터의 내적은 다음과 같이 같은 성분끼리의 곱을 더한 것으로 나타내기도
한다.

두 벡터 $\vec{a} = (a_x, a_y, a_z)$, $\vec{b} = (b_x, b_y, b_z)$의 내적은 다음과 같다.

$$(a_x, a_y, a_z) \cdot (b_x, b_y, b_z) = a_x b_x + a_y b_y + a_z b_z$$

벡터의 내적에 대해서도 교환법칙과 분배법칙이 성립한다.

$$\vec{a} \cdot \vec{b} = \vec{b} \cdot \vec{a}$$
$$\vec{a} \cdot (\vec{b} + \vec{c}) = \vec{a} \cdot \vec{b} + \vec{a} \cdot \vec{c}$$

벡터공간

지금까지는 벡터를 일정한 길이를 가진 화살표로 생각했다. 이제 이러한 형태의 벡터에서 벗어나 또 다른 벡터를 살펴볼 차례가 되었다. 왜냐하면 수학에는 화살표의 형태를 띠는 벡터만 있는 것이 아니기 때문이다.

벡터공간은 여러 종류의 벡터들을 포괄하는 상위 개념이다. 방향과 길이를 가진 화살표 형태의 벡터는 한 가지 종류에 불과하다. 예를 들어 회전이동이나 방정식의 해 또는 뒤에 가서 배울 행렬도 벡터가 될 수 있다.

또 다른 벡터가 있다는 말을 듣고 놀라움을 표시하는 사람이 있을지도 모르겠다. 하지만 실제로 벡터공간을 살펴보면, 새롭게 등장하는 벡터가 지금까지 알고 있었던 벡터들과 크게 다르지 않다는 것을 깨닫게 될 것이다.

이제 벡터공간의 개념에 대해 설명하겠다.

3차원 벡터공간은 R^3로 표시한다. R^3는 3개의 실수를 순서대로 늘어놓아 괄호로 묶은 순서 3조 (x_1, x_2, x_3)를 원소로 갖는 공간이다. 순서 3조 (x_1, x_2, x_3)로 표시된 벡터는 한 행에 각 성분을 나열한 것이므로 행벡터라고 한다. 또한 소문자 t를 써서 $(x_1, x_2, x_3)^t$로 표시하기도 한다. 이 원소도 벡터이다. [2]

이 벡터는 $\begin{pmatrix} x_1 \\ x_2 \\ x_3 \end{pmatrix}$와 같은 열벡터로 나타낼 수도 있다(이렇게 나타내면 열벡터와

---

[2] 조(組) 혹은 튜플(Tuple)은 어떤 순서에 따라 나열되는 원소들의 집합을 말하며, 일반적으로 n개의 원소를 가진 튜플을 순서 n조 또는 n-튜플이라고 한다. - 옮긴이 주

행벡터의 차이점이 명확히 드러난다).

이제 R^3가 어떤 원소로 이루어지는지 알게 되었다. 하지만 아직도 R^3가 벡터공간인지는 확실히 알 수 없다. 일반적인 집합이 벡터공간이 되기 위해서는 또 다른 조건이 충족되어야 한다.

즉, 벡터의 집합에 대하여 덧셈과 벡터에 수를 곱하는 스칼라 곱셈이 정의되어야 한다. 하지만 이것으로 모든 조건이 충족된 것은 아니다. 벡터 집합이 최종적으로 벡터공간이 되기 위해서는 필요한 조건이 더 있다.

덧셈

벡터공간에서 덧셈은 다섯 가지의 기본 성질이 적용되는데, 그중 몇 가지는 여러분도 이미 배웠다.

닫혀 있다

'닫혀 있다'는 개념에 대해서는 지금까지 설명한 적이 없다. 일반적인 집합에서 임의의 두 원소로 연산을 했을 때, 그 결과가 항상 이 집합의 원소이면 집합은 이 연산에 대해 닫혀 있다고 한다. 이와 마찬가지로 R^3에 속하는 두 벡터를 더한 결과가 이 공간에 속할 때, R^3가 덧셈에 대해 닫혀 있다고 한다.

하지만 이는 다음의 예에서 알 수 있듯이 명확하지 않다. 우선 다음 집합이 덧셈에 대해 닫혀 있는지를 살펴보기로 하자.

$$A = \{(1, 2, 3), (4, 5, 6), (7, 8, 9)\}$$

닫혀 있다는 말은 덧셈의 결과가 다시 이 집합의 원소이어야 한다는 것을 의미한다. 이제 집합 A의 처음 두 원소를 더해보자.

$$(1, 2, 3) + (4, 5, 6) = (5, 7, 9)$$

이 계산에서 알 수 있듯이, 덧셈의 결과는 집합 A의 원소가 아니다. 따라서 집합 A는 덧셈에 대해 닫혀 있지 않고, 이 경우에는 벡터공간이라고 말할 수 없다.

닫혀 있다는 성질을 수학적으로 표현하면 다음과 같다.

$$\vec{v},\ \vec{w} \in V \Rightarrow \vec{v} + \vec{w} \in V$$

여기서 V는 모든 벡터의 집합을 뜻한다.

교환법칙

여러분은 교환법칙에 대해서는 이미 알고 있다. 따라서 간단히 기억을 되살려 보기로 하겠다.

$$\text{임의의 } \vec{v},\ \vec{w} \in V \text{에 대하여 } \vec{v} + \vec{w} = \vec{w} + \vec{v}$$

여기서도 앞의 예를 이용해 교환법칙이 성립하는지를 검토해보자.

$$(1, 2, 3) + (4, 5, 6) = (5, 7, 9) = (4, 5, 6) + (1, 2, 3)$$

따라서 교환법칙이 성립한다는 사실을 알 수 있다.

결합법칙

우리는 결합법칙도 이미 배웠다. 교환법칙과 마찬가지로 기억을 되살려보자.

$$\text{임의의 } \vec{v},\ \vec{w}, \vec{x} \in V \text{ 에 대하여 } (\vec{v} + \vec{w}) + \vec{x} = \vec{v} + (\vec{w} + \vec{x})$$

앞의 예를 가지고 계산해보면 결합법칙도 성립한다.

$$[(1, 2, 3) + (4, 5, 6)] + (7, 8, 9) = (5, 7, 9) + (7, 8, 9) = (12, 15, 18)$$
$$(1, 2, 3) + [(4, 5, 6) + (7, 8, 9)] = (1, 2, 3) + (11, 13, 15) = (12, 15, 18)$$

항등원

덧셈에 대해 중립적인 원소인 항등원도 있다. 이 원소가 충족해야 하는 조건은 아주 간단하다. 항등원을 어떤 벡터에 더해도 그 벡터에 변화가 없어야 한다. 이런 성질을 띠는 원소는 영벡터이고, 다음의 식이 성립한다.

> 특정한 원소 $\vec{0} \in V$ 이 존재하며, 모든 $\vec{v} \in V$ 에 대하여
> $$\vec{v} + \vec{0} = \vec{0} + \vec{v} = \vec{v}$$

영벡터는 삼차원 공간에서 $(0, 0, 0)$과 같이 나타낸다. 각 성분을 보면, 영벡터가 항등원의 조건을 충족한다는 사실을 곧바로 알 수 있다.

역원

지금까지 벡터공간이 되기 위해 충족해야 하는 네 가지 성질을 알아보았다. 이제 한 가지 조건만 남았다. 역원은 덧셈에 대해 다음의 조건을 만족하면 된다.

> 각 원소 $\vec{v} \in V$ 에 대하여 $\vec{v} + (-\vec{v}) = (-\vec{v}) + \vec{v} = \vec{0}$ 원소 $-\vec{v} \in V$ 가 존재한다.

역원은 항등원처럼 단 한 개만 있는 것이 아니라, 집합의 모든 원소가 각기 자신만의 역원을 지닌다.

교환군(가환군^{可換群}, commutative group)

벡터공간이 되기 위한 위의 다섯 가지 조건을 충족하는 집합

닐스 헨리크 아벨

R^3를 교환군 또는 가환군이라고 한다. 또는 노르웨이 수학자 닐스 헨리크 아벨

Niels Henrik Abel, 1802~1829의 이름을 따 아벨군abelian group이라 부르기도 한다.

스칼라 곱

이제 아벨군 $(R^3, +)$에서 벡터공간을 만들어보자. 이렇게 하기 위해서는 또 R^3에 속하는 원소의 스칼라배인 스칼라 곱을 추가해야 한다. 그러나 여기서는 요리할 때 양념을 넣듯이 그냥 추가하는 것은 아니다. 이 또한 벡터공간을 만들기 위해서는 몇 가지 조건을 충족해야 한다.

우선 스칼라 α와 벡터 $\vec{x}$의 곱이 어떻게 정의되는지를 알아보기로 하자. 여기서는 벡터를 열로 표시하기로 한다.

$$\alpha \times \begin{pmatrix} x_1 \\ x_2 \\ x_3 \end{pmatrix} = \begin{pmatrix} \alpha \times x_1 \\ \alpha \times x_2 \\ \alpha \times x_3 \end{pmatrix}$$

닫혀 있다

이 곱셈에 대해서도 닫혀 있다는 조건이 충족되어야 한다. 식으로 표시하면 다음과 같다.

$$\vec{v} \in V, \alpha \in R \Rightarrow \alpha \times \vec{v} \in V$$

항등원

벡터의 스칼라 곱에 대해서도 항등원이 존재한다.

$$\text{모든 } \vec{v} \in V \text{에 대하여 } 1 \times \vec{v} = \vec{v}$$

여기서는 예가 따로 필요 없을 것이다. 항등원 1을 벡터에 곱해도 벡터에 변화가 없다는 것은 수학에 서툰 사람일지라도 쉽게 이해할 수 있기 때문이다.

결합법칙

곱셈에 대해서도 결합법칙이 성립한다. 식으로 표시하면 다음과 같다.

$$\alpha, \beta \in R,\ \vec{v} \in V \text{에 대하여 } \alpha \times (\beta \times \vec{v}) = (\alpha \times \beta) \times \vec{v}$$

이 결합법칙은 다음 예를 보면 쉽게 이해할 수 있을 것이다.

$$2 \times \left(3 \times \begin{pmatrix} 4 \\ 5 \\ 6 \end{pmatrix} \right) = 2 \times \begin{pmatrix} 12 \\ 15 \\ 18 \end{pmatrix} = \begin{pmatrix} 24 \\ 30 \\ 36 \end{pmatrix}$$

$$(2 \times 3) \times \begin{pmatrix} 4 \\ 5 \\ 6 \end{pmatrix} = 6 \times \begin{pmatrix} 4 \\ 5 \\ 6 \end{pmatrix} = \begin{pmatrix} 24 \\ 30 \\ 36 \end{pmatrix}$$

분배법칙

분배법칙은 교환법칙이나 결합법칙과 마찬가지로 연산에서 흔히 이용되는 법칙이다. 벡터의 스칼라 곱에서는 오른쪽과 같은 두 가지 종류가 적용된다.

$$1\ (\alpha + \beta) \times \vec{v} = \alpha \times \vec{v} + \beta \times \vec{v}$$
$$2\ \alpha \times (\vec{v} + \vec{w}) = \alpha \times \vec{v} + \alpha \times \vec{w}$$

이 두 가지 종류의 분배법칙이 실제로 활용될 수 있는지를 다음 예를 통해 살펴보기로 하자.

우선 첫 번째 분배법칙부터 시작한다.

$$(2+3) \times \begin{pmatrix} 2 \\ 3 \\ 4 \end{pmatrix} = 5 \times \begin{pmatrix} 2 \\ 3 \\ 4 \end{pmatrix} = \begin{pmatrix} 10 \\ 15 \\ 20 \end{pmatrix}$$

$$2 \times \begin{pmatrix} 2 \\ 3 \\ 4 \end{pmatrix} + 3 \times \begin{pmatrix} 2 \\ 3 \\ 4 \end{pmatrix} = \begin{pmatrix} 4 \\ 6 \\ 8 \end{pmatrix} + \begin{pmatrix} 6 \\ 9 \\ 12 \end{pmatrix} = \begin{pmatrix} 10 \\ 15 \\ 20 \end{pmatrix}$$

따라서 첫 번째 분배법칙은 아무 문제없이 성립한다는 사실을 알 수 있다. 이제 두 번째 분배법칙으로 넘어가 보자.

$$2 \times \left(\begin{pmatrix} 2 \\ 3 \\ 4 \end{pmatrix} + \begin{pmatrix} 5 \\ 6 \\ 7 \end{pmatrix} \right) = 2 \times \begin{pmatrix} 7 \\ 9 \\ 11 \end{pmatrix} = \begin{pmatrix} 14 \\ 18 \\ 22 \end{pmatrix}$$

$$2 \times \begin{pmatrix} 2 \\ 3 \\ 4 \end{pmatrix} + 2 \times \begin{pmatrix} 5 \\ 6 \\ 7 \end{pmatrix} = \begin{pmatrix} 4 \\ 6 \\ 8 \end{pmatrix} + \begin{pmatrix} 10 \\ 12 \\ 14 \end{pmatrix} = \begin{pmatrix} 14 \\ 18 \\ 22 \end{pmatrix}$$

여기서도 두 결과가 일치한다. 따라서 두 가지 종류의 분배법칙은 스칼라 곱에 대해 적용할 수 있음을 알 수 있다.

벡터공간에 대한 지금까지의 설명을 주의 깊게 읽은 사람은 아벨군에 대해서도 어느 정도 파악한 셈이다. 그런데 한 가지 성질이 더 충족되면, 벡터의 스칼라 곱도 아벨군을 이루게 된다. 바로 역원의 존재 여부가 관건이다. 역원에 대해 생각할수록, 앞 문장에서 가정법으로 말한('한 가지 성질이 더 충족되면') 이유가 점점 분명하게 드러난다. 왜냐하면 역원은 이 결합에서 찾을 수 없기 때문이다.

즉 벡터공간은 덧셈에 대해 아벨군을 이루고, 스칼라 곱에 대해서는 앞에서 말한 성질을 지니는 벡터의 집합이다.

여기서 다시 한 번 벡터에 대해 정리해보자. 앞서 일정한 길이를 가진 화살표 형태의 벡터 이외에도 여러 벡터가 존재한다고 이야기했다. 이제 또 다른 벡터에 대해 소개하겠다.

우리는 벡터공간의 조건을 충족하는 집합의 모든 원소는 벡터라고 말할 수 있다. 이를 이해하는 것은 쉽지 않다. 이 말을 듣기 전에는 벡터라고 상상조차 할 수 없었던 것을 벡터라고 말한 셈이다. 이런 경우야말로 예를 통한 설명이 필요하다.

당신이 전자 제품을 파는 가게의 주인이라고 가정하자. 당신은 재고 현황을 장부로 정리할 것이다. 처음에는 납품받은 상품을 기록할 것이고, 판매하다가 재고로 남은 상품도 매일 기록할 것이다. 이렇게 정리한 장부는 다음과 같다.

$$\begin{pmatrix} \text{TV} \\ \text{DVD플레이어} \\ \text{비디오레코드} \\ \text{스피커} \\ \text{앰프} \\ \text{CD플레이어} \\ \text{턴테이블} \\ \text{위성수신기} \end{pmatrix} \begin{pmatrix} 75 \\ 110 \\ 25 \\ 33 \\ 58 \\ 41 \\ 62 \\ 21 \end{pmatrix} \begin{pmatrix} 70 \\ 108 \\ 22 \\ 30 \\ 57 \\ 41 \\ 61 \\ 19 \end{pmatrix} \begin{pmatrix} 66 \\ 105 \\ 20 \\ 28 \\ 55 \\ 39 \\ 55 \\ 15 \end{pmatrix}$$

이렇게 정리한 순서 8조는 겉으로만 벡터로 보이는 것이 아니라, 실제로 벡터이다. 각 순서 8조는 모두 벡터공간의 조건을 충족한다. 예를 들어 두 벡터를 가지고 뺄셈을 하면 하루 동안 판매된 수를 구할 수 있다. 여러분이 쉽게 검토할 수 있듯이, 다른 조건들도 충족된다.

일차변환

앞 장에서는 벡터공간과 그 성질에 대해 배웠다. 그러나 수학자들은 이 벡터공간의 일차변환(선형변환)인 선형사상을 도입해 벡터공간을 아주 흥미롭게 만들었다. 이 부분에서는 선형사상의 개념에 대해 알아보고, 어떤 성질을 띠는지를 살펴볼 것이다.

기하학의 사상

우리는 기하에 관해 공부한 Ⅰ장에서 선대칭, 점대칭, 평행이동, 회전이동 등과 같은 몇 가지 사상에 대해 이미 배웠다. 하지만 앞에서는 이와 같은 사상을 어떻게 작도할 수 있는지를 살펴보는 데 그쳤다. 이제 이 사상들의 방정식까지 범위를 넓혀 정확하게 설명하고 계산하는 단계로 나아가보자.

사상의 기본 원칙을 삼각형의 이동을 다루는 간단한 예를 통해 설명하겠다.

왼쪽 그림은 좌표평면 위에 삼각형과 이것을 이동시킨 (그림에서 빨강색으로 표시된) 삼각형을 나타낸 것이다. 두 삼각형을 한 평면 위에 나타낸 것은 나름대로 이유가 있다. 왜냐하면 이렇게 해야 이

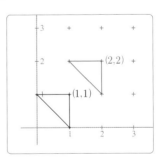

동한 삼각형의 위치를 사상식을 이용해 결정할 수 있기 때문이다.

이제 검은색으로 표시한 원래 삼각형의 세 꼭짓점과 이동한 삼각형의 세 꼭짓점을 자세히 살펴보자. 친절하게도 두 점의 좌표가 이미 표시되어 있다. 원래 삼각형의 직각을 이루는 점의 좌표는 (1, 1)이고, 이동한 삼각형의 동일한 점의 좌표는 (2, 2)이다. 이 두 점만을 살펴보면, 사상식에서 값이 두 배가 될 것이라고

짐작할 수 있다.

그러나 좌표가 (0, 1)인 점을 보자. 이 점을 이동한 점의 좌표는 (1, 2)로, 짐작과는 달리 두 배가 되지 않는다는 사실을 알 수 있다. 오히려 1을 더한 값이 이동한 점의 좌표를 나타낸다.

이제 세 번째 점을 살펴보자(여러분이 알고 있듯이, 삼각형은 세 꼭짓점으로 이루어져 있다. 따라서 이 세 점을 계산하는 것으로 충분하다). 세 번째 점의 좌표는 (1, 0)이다. 그런데 이 점을 이동한 점의 좌표는 (2, 1)로, 여기서도 1을 더한 값이 이동한 점의 좌표를 이루고 있음을 알 수 있다.

따라서 이처럼 간단한 사상식은 다음과 같이 나타낼 수 있다.

$$x' = x + 1$$
$$y' = y + 1$$

여기서 x'와 y'는 이동한 점의 좌표를 가리키며 그림에서 점을 표시할 때 이용된다. x와 y는 이동하기 전의 점의 좌표를 가리킨다.

사상식은 위에서 든 예처럼 항상 간단한 형태를 띠는 것은 아니다. 이제부터 다룰 사상은 회전이동이다. 오른쪽 그림은 직각삼각형이 좌표평면의 원점을 중심으로 230도 회전한 것이다. 점선은 회전이동을 구체적으로 보여주기 위해 개개의 점이 회전

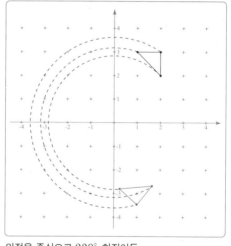

원점을 중심으로 230° 회전이동

이동하는 경로를 나타낸 것이다. 회전이동한 삼각형은 앞의 예와 마찬가지로 빨간색으로 표시되어 있다.

회전이동을 일반적인 식으로 나타내면 다음과 같다.

$$\begin{cases} x' = \cos\alpha \times x - \sin\alpha \times y \\ y' = \sin\alpha \times x + \cos\alpha \times y \end{cases}$$ 여기서 α는 회전각을 뜻한다.

　이러한 종류의 사상식은 얼마든지 복잡해질 수 있다. 위의 예에서는 사상식을 만드는 과정을 생략했다. 실제로 수학 문제에서는 대개 사상식이 주어지고 우리는 해당 사상을 설명하면 되기 때문이다.

사상의 원칙

　지금까지 두 개의 구체적인 사상을 살펴보았다. 이제 사상의 원칙을 알아볼 차례이다. 몇 가지 일반적인 원칙에 대해 알아보자.

　우선 사상의 정의는 다음과 같다.

> 집합 A와 B가 있을 때, 집합 A에서 B로의 사상 f는 각 원소 $a \in A$가 집합 B의 원소 $b = f(a) \in B$에 대응하는 관계를 말한다.

　다시 말하면 두 집합 A와 B가 있을 때, 집합 A에서 집합 B로의 사상은 집합 A의 각 원소가 집합 B의 하나의 원소에 각각 대응하는 관계를 말하며 변환 또는 대응이라고도 한다.

　이 정의를 어렵게 여기는 사람을 위해 구분해서 설명해보겠다. 우선, 사상에서는 어떤 방식으로든 서로 대응되는 원소를 지닌 두 개의 집합이 문제가 된다. 이 대응이 어떤 모습을 띠는지는 결국 사상에 의해 결정된다. 그러므로 사상은 대응을 결정하는 규칙과도 같다. 이를 그림으로 나타내면 다음과 같다.

　먼저 대응 규칙을 살펴보겠다. 예를 들어 규칙은 'B는 A의 제수(나누는 수)'라고 정할 수도 있다. 이때, 집합 B의 한 원소가 2라면 집합 A의 4의 상像이 될 수 있는 것이다. 하지만 $x' = \cos\alpha \times x - \sin\alpha \times y$도 대응 규칙이 될 수 있다. 이 경우는 앞의 예보다 훨씬 더 복잡한 모습을 나타낼 것이다.

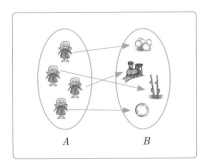

이때, 집합 B의 원소들은 집합 A의 원소들의 상像이라고 한다. 거꾸로 말하면, 집합 A의 원소들은 집합 B의 원소들의 원상原像이다.

사상의 표시법

사상은 다음과 같이 나타낸다.

> 집합 A에서 B로의 사상 f는 $f : A \to B$로 표시한다. 두 집합의 각 원소들의 대응에 대해서는 $a \to b = f(a)$와 같이 표시한다.

사상의 세 가지 종류

사상을 다룰 때는 단사, 전사, 전단사라고 하는 세 가지 개념에 유의해야 한다. 이 세 개념이 무엇을 뜻하는지 알아보자.

> 집합 A에서 B로의 사상 $f : A \to B$가 임의의 원소 $a, a' \in A$에 대하여
> $a \neq a' \Rightarrow f(a) \neq f(a')$을 만족할 때, f를 일대일사상 또는 단사單射, injective라고 한다.

단사에서 B의 모든 원소는 하나의 원상原像만 있어야 한다. 그러나 B의 원소가 모두 원상을 지녀야 하는 것은 아니다. 중요한 것은 B에 도착하는 화살은 단 하나뿐이라는

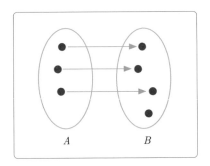

점이다. 즉, 일대일사상이 일어나는 것이다.

> 집합 A에서 B로의 사상 $f : A \rightarrow B$가, 집합 B의 모든 원소 $b \in B$에 대해 $f(a)=b$를 만족하는 집합 A의 원소 $a \in A$가 적어도 하나 있을 때, f를 A에서 B 위로의 사상 또는 전사 ^{全射, surjective}라고 한다.

B의 모든 원소에 적어도 하나의 화살이 도착해야 전사라고 한다. 다시 말하면, 오른쪽 그림과 같이 B의 모든 원소가 집합 A와 연결되어 있어야 한다.

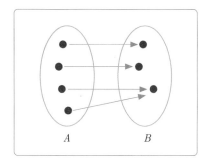

> 집합 A에서 B로의 사상 $f : A \rightarrow B$가 단사이면서 전사일 때, f를 전단사^{全單射,} ^{bijective}라고 한다.

전단사에서는 집합 A의 모든 원소에 정확하게 B의 한 원소가 대응되고 역도 성립한다. 두 집합의 원소 중에서 대응 관계를 이루지 않는 원소는 없다. 즉, 일대일대응이 일어난다.

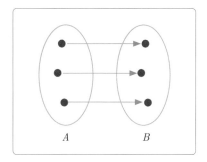

선형사상

이제 수학에서 말하는 사상에 대해서는 어느 정도 파악했고 사상의 세 가지 종류에 대해서도 알게 되었다. 한 단계 더 심화하여 선형사상에 대해 알아보기로 하자.

지금까지 다룬 사상은 항상 두 개의 집합 A와 B를 대상으로 했다. 선형사상에서는 이러한 '정상적인' 집합 대신에 벡터공간을 다룬다. 따라서 사상 $f: V \to W$는 두 개의 벡터를 대응시킨다. 이로써 선형사상의 중요한 기초가 마련된 셈이다. 이제 이 특수한 사상의 정의를 살펴보기로 하자.

V와 W는 벡터공간이고, $f: V \to W$는 사상이다. f가 다음의 조건을 충족할 때 f를 V에서 W로의 선형사상이라고 한다.

1 임의의 벡터 $v_1, v_2 \in V$에 대하여 $f(v_1 + v_2) = f(v_1) + f(v_2)$

2 임의의 실수 $s \in R$, 임의의 벡터 $v \in V$에 대하여 $f(s \times v) = s \times f(v)$

위의 정의에서 **1**의 성질은 가법성, **2**의 성질은 동차성이라고 한다. 선형사상은 수학에서 흔히 준동형사상^{準同型寫像, Homomorphism}으로 불리기도 한다. 이 용어를 사용하면 편리한 점이 있다. 벡터공간 V의 모든 선형사상의 집합을 벡터공간 W에 대응시킬 때, 이 준동형사상을 이용해 $Hom(V, W)$로 표시할 수 있다.

앞에서 세 가지 사상을 구분하여 알아보았는데, 선형사상의 종류도 다음과 같이 세 가지로 나눌 수 있다.

---

1 $Hom(V, W)$에서 나온 단사 사상 f는 단사형 사상^{Monomorphism}이라고 한다.

2 $Hom(V, W)$에서 나온 전사 사상 f는 전사형 사상^{Epimorphism}이라고 한다.

3 $Hom(V, W)$에서 나온 전단사 사상 f는 동형사상^{Isomorphism}이라고 한다.

여기까지는 앞 장에서 다룬 사상과 특별하게 다른 점이 없다. 이제 선형사상에만 있는 두 가지 경우를 살펴볼 차례가 되었다.

벡터 그래픽이란 무엇인가?

여러분 중에서는 컴퓨터 그래픽에서 픽셀 그래픽과 벡터 그래픽이라는 개념을 접하고 그 내용을 몰라 당황했던 사람이 있을 것이다.

우선 픽셀 그래픽을 살펴보자(이 그래픽이 벡터 그래픽보다는 이해하기가 쉽다). 이 그래픽은 픽셀이라는 개개의 화점으로 합성된 그래픽을 의미한다. 그림을 저장하기 위해서는 각 픽셀에 대한 정보(픽셀의 화도와 상태에 관한 정보)도 저장되어야 한다. 이 때문에 자료의 용량이 상당히 커질 수 있다.

벡터 그래픽은 픽셀 그래픽과 전혀 다르다. 벡터 그래픽은 선이나 형상을 배치하는 데 있어 수학적 표현을 통해 디지털 이미지를 만든다. 여기서는 위치, 간격, 방향, 굴절 등에 관한 정보가 수학적인 설명의 형태로 제공된다. 예를 들어 원은 중심의 위치와 반지름을 통해 정의된다. 나아가 벡터 그래픽은 색과 특정한 형태를 결정하는 정보도 지니고 있다. 예를 들어, 벡터 그래픽 파일에는 선을 그리기 위한 각 비트들이 저장되어 있는 대신에, 연결될 일련의 점의 위치가 들어 있다. 이로 인해 파일 크기가 작아진다.

벡터 그래픽의 또 다른 장점은 선명도와 같은 질적인 손상 없이 임의로 확대하거나 축소할 수 있다는 것이다. 물론 벡터 그래픽도 기술적인 한계는 지니고 있다. 픽셀 그래픽은 사진과 같은 사실적인 표현이 가능하지만, 벡터 그래픽은 이런 표현을 할 수 없다. 사물을 단순화해서 나타내거나 색상이 단순한 이미지만을 재생할 따름이다.

벡터 그래픽은 질적인 손상 없이
임의로 확대할 수 있다.

행렬

이제부터는 수나 문자를 독특하게 배열한 행렬을 다룬다. 이 독특한 형식에
익숙해지는 데에는 시간이 걸리지만, 익히고 나면 유용하게 쓰인다. 행렬을 이
용하면 미지수가 여러 개 있는 연립방정식도 쉽게 풀 수 있다.

행렬을 살펴보기 전에, 다음과 같은 특이한 형태의 사상에 대해 살펴보자.

$$f\colon R^3 \to R^3,\ x \to f(x)$$

단, $f(1,0,0)=(1,0,0),\ f(0,1,0)=(2,1,0),\ f(0,0,1)=(0,2,1)$

이 사상은 R의 세 개의 기저벡터에 각각 하나의 상을 대응시킨 것이다. 이로
써 사상은 명확하게 정의되었다. 임의의 벡터 $(x_1,\ x_2,\ x_3)$ 대해서 다음의 식이
성립한다.

$$f\begin{pmatrix} x_1 \\ x_2 \\ x_3 \end{pmatrix} = x_1 \times f\begin{pmatrix} 1 \\ 0 \\ 0 \end{pmatrix} + x_2 \times f\begin{pmatrix} 0 \\ 1 \\ 0 \end{pmatrix} + x_3 \times f\begin{pmatrix} 0 \\ 0 \\ 1 \end{pmatrix}$$

$$= x_1 \times \begin{pmatrix} 1 \\ 0 \\ 0 \end{pmatrix} + x_2 \times \begin{pmatrix} 2 \\ 1 \\ 0 \end{pmatrix} + x_3 \times \begin{pmatrix} 0 \\ 2 \\ 1 \end{pmatrix}$$

$$= \begin{pmatrix} x_1 + 2 \times x_2 \\ x_2 + 2 \times x_3 \\ x_3 \end{pmatrix}$$

행렬을 다룬다고 하면서 왜 이런 복잡한 계산을 하는가? 이유는 간단하다. 바로 이 사상을 다음과 같이 행렬로도 나타낼 수 있기 때문이다.

$$\begin{pmatrix} 1 & 2 & 0 \\ 0 & 1 & 2 \\ 0 & 0 & 1 \end{pmatrix} \begin{pmatrix} x_1 \\ x_2 \\ x_3 \end{pmatrix}$$

여기서 우리는 행렬을 이용하면 복잡한 수식도 간단명료하게 나타낼 수 있다는 사실을 알 수 있다. 이 예는 맛보기 정도로 해두고 행렬에 관한 일반적인 사항을 살펴보기로 하자.

행렬의 기초

이미 여러 번 강조했듯이, 수학에서는 정의를 명확히 이해하는 것이 중요하다. 여기서도 정의부터 알아보자. 수학자들은 행렬을 다음과 같이 정의한다.

> 행렬은 수 또는 문자를 괄호 안에 직사각형 모양으로 배열한 것이다. 행렬에서 수나 문자를 가로로 나열한 줄을 행이라 하고, 세로로 나열한 줄을 열이라 한다.

행렬을 이루는 각 수는 성분이라고 하며, 이 값은 실수이다. 행렬은 성분을 괄호 안에 배열하며, 행렬을 문자로 나타낼 때에는 알파벳 대문자로 표시한다. 행렬의 성분은 소문자로 표시하며, 괄호 안의 배열 위치는 행렬의 각 성분이 몇 번째 행과 열에 있는지를 나타낸다. 예를 들어 행렬 A가 있을 때, 각 성분은 a_{11}, a_{12}, a_{21}, a_{22}, $\cdots$로 표시한다.

행렬은 줄여서 매우 간단하게 나타낼 수도 있다. 앞에서 예로 든 행렬을 $A = (a_{ij})$, 단 $1 < i < 3$, $1 < j < 2$와 같이 표현할 수 있

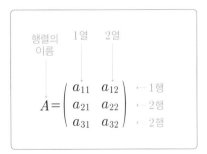

는데, 이것은 행렬에 대한 정보를 간단명료하게 나타내는 장점이 있다. 이보다 더 줄여 $A = (a_{ij})_{3 \times 2}$로 표시하기도 한다.

> 일반적으로 m행과 n열로 이루어진 행렬은 $A = (a_{ij})_{m \times n}$으로 표시한다.

행렬의 행과 열의 수에 따라 행렬의 유형이 결정된다. 이를테면 m행과 n열로 이루어진 행렬은 $m \times n$ 행렬이라고 한다. 따라서 위에서 예로 든 행렬은 3×2 행렬이 되는 것이다.

행렬의 행을 행벡터, 열을 열벡터라고 하기도 한다. 따라서 위의 예에는 세 개의 행벡터와 두 개의 열벡터가 있다고 말할 수 있다.

즉 행벡터는 $(a_{11}, a_{12}), (a_{21}, a_{22}), (a_{31}, a_{32})$이고 열벡터는 $\begin{pmatrix} a_{11} \\ a_{21} \\ a_{31} \end{pmatrix}, \begin{pmatrix} a_{12} \\ a_{22} \\ a_{32} \end{pmatrix}$이다.

특수한 행렬

이제 여러분은 행렬이 어떤 형태를 띠고 어떤 성분을 지니며, 어떻게 불리는지를 잘 알게 되었다. 그럼 여기서 몇 가지 특수한 행렬을 살펴보기로 하자. 이 행렬들은 각기 고유한 이름을 지닌다.

먼저 $A = (a_{11}, a_{12}, a_{13}\ a_{14}, \cdots)$와 같이 단 하나의 행으로 이루어진 행렬은 행행렬이라고 한다.

$$B = \begin{pmatrix} b_{11} \\ b_{21} \\ b_{31} \\ \cdots \end{pmatrix}$$

그러면 열행렬의 형태는 충분히 짐작할 수 있을 것이다. 단 하나의 열로 이루어진 행렬이 바로 열행렬이다. 열행렬은 오른쪽과 같은 형태를 띤다.

영행렬이라고 불리는 특수한 행렬도 있다. 여기서도 이 행렬이 어떤 형태를 띠는지에 대해서는 깊이 생각할 필요가 없다. 바로 성분이 모두 0인 행렬이다. 예를 들어 3×4 영행렬을 나타내면 오른쪽과 같다.

$$\begin{pmatrix} 0\ 0\ 0\ 0 \\ 0\ 0\ 0\ 0 \\ 0\ 0\ 0\ 0 \end{pmatrix}$$

이제 정사각행렬을 소개하겠다. 여기서도 행렬의 이름에서 형태를 짐작할 수 있다. 바로 행과 열의 개수가 같은 행렬을 말한다. 이 행렬은 $m \times m$ 행렬이다. 정사각행렬에는 주대각선과 부대각선이라는 두 개의 중요한

$$A = \begin{pmatrix} a_{11} & a_{12} & a_{13} \\ a_{21} & a_{22} & a_{23} \\ a_{31} & a_{32} & a_{33} \end{pmatrix}$$

(주대각선, 부대각선)

대각선이 있다. 앞에서 볼 수 있듯이, 주대각선은 행렬의 왼쪽 위에서 시작되어 오른쪽 아래에서 끝나고, 부대각선은 오른쪽 위에서 왼쪽 아래로 전개된다. 이 두 개의 대각선은 앞으로 자주 등장하기 때문에 잘 기억하고 있어야 한다.

정사각행렬에는 매우 독특한 형태의 행렬이 있다. 행렬의 대각선이 특이한 모습을 나타내는 것이다. 오른쪽에서 볼 수 있듯이, 주대각선에 있지 않은 모든 성분이 0인 정사각행렬을 대각행렬이라

$$A = \begin{pmatrix} a_{11} & 0 & 0 \\ 0 & a_{22} & 0 \\ 0 & 0 & a_{33} \end{pmatrix}$$

한다. 이때 주대각선에 있는 성분이 모두 1인 행렬을 단위행렬이라고 한다.

정사각행렬에는 상삼각행렬과 하삼각행렬이라는 또 다른 형태도 있다.

상삼각행렬에서는 대각선 아래에 있는 모든 성분이 0으로 배열되어, 두 개의 삼각형 모양으로 각 성분이 나뉜 행렬을 말한다.

$$A = \begin{pmatrix} a_{11} & a_{12} & a_{13} \\ 0 & a_{22} & a_{23} \\ 0 & 0 & a_{33} \end{pmatrix}$$

하삼각행렬은 상삼각행렬의 반대로 생각하면 된다. 즉, 하삼각행렬에서는 주대각선 위에 있는 모든 성분이 0이다.

$$A = \begin{pmatrix} a_{11} & 0 & 0 \\ a_{21} & a_{22} & 0 \\ a_{31} & a_{32} & a_{33} \end{pmatrix}$$

이제 대칭행렬을 살펴볼 차례이다. 대칭행렬은 모든 성분이 주대각선을 중심으로 대칭을 이룬다. 이를 식으로 나타내면 다음과 같다.

$$a_{ij} = a_{ji}$$

구체적인 예를 들면 다음과 같다.

$$\begin{pmatrix} 15 & 23 & 12 \\ 23 & 11 & 14 \\ 12 & 14 & 17 \end{pmatrix}$$

여기서 이 행렬을 약간 변화시켜보자.

$$\begin{pmatrix} 0 & 23 & 12 \\ -23 & 0 & 14 \\ -12 & -14 & 0 \end{pmatrix}$$

어떻게 해서 이런 결과가 나왔을까? 주대각선의 성분들을 모두 0으로 만들었다. 이 행렬은 주대각선을 중심으로 대칭을 이루는 성분들의 절댓값이 같고 부호가 반대이다. 이러한 종류의 행렬을 반대칭행렬이라고 한다. 이 행렬은 다음과 같이 간단한 식으로 표시한다.

$$a_{ij} = -a_{ji}$$

같은 행렬과 전치행렬

이제 행렬의 기초를 거의 배운 셈이다. 지금부터는 두 행렬이 같을 때는 언제이며, 전치행렬은 무엇인가에 대해 잠깐 살펴보겠다.

행렬이 같은 경우는 아주 쉽게 파악할 수 있다. 다음 두 가지 조건만 충족하면, 두 행렬은 일치한다고 말할 수 있다.

두 행렬은 다음 두 조건을 모두 만족할 때 일치한다.

1 행의 개수와 열의 개수가 같을 때

2 같은 행과 열에 위치하는 성분을 대응성분이라고 하는데, 이 대응성분이 모두 같을 때

전치행렬의 경우는 주의가 필요하다.

먼저 전치행렬은 각 성분의 행과 열을 바꾼 행렬을 말한다. 어떤 크기의 행렬이라도 전치행렬을 만들 수 있다. 행렬 A의 전치행렬은 A^T로 표시한다.

이해를 돕기 위해 예를 들어보자. 오른쪽은 3×2 행렬이다.

$$A = \begin{pmatrix} 7 & 4 \\ 1 & 9 \\ 3 & 0 \end{pmatrix}$$

이제 행과 열을 바꾸어 오른쪽과 같이 2×3 행렬 A^T를 만들 수 있다.

$$A^T = \begin{pmatrix} 7 & 1 & 3 \\ 4 & 9 & 0 \end{pmatrix}$$

전치행렬에서는 다음과 같은 세 가지 사실을 확인할 수 있다.

1 행렬 A가 $m \times n$ 행렬이라면, 전치행렬 A^T는 $n \times m$ 행렬이다.
2 행렬 A와 전치행렬 A^T의 성분들은 다음과 같은 대응관계를 이룬다. $a_{ij} = a^T_{ji}$
3 행렬 A를 두 번 전치하면, 행렬은 원래 상태로 돌아간다. 따라서 다음의 식이 성립한다. $(A^T)^T = A$

행렬의 계산

행렬은 사상을 일목요연하게 나타낼 수 있을 뿐만 아니라, 여러 가지 유용한 계산도 할 수 있다. 이제 행렬의 계산에 대해 살펴보기로 하자.

행렬의 덧셈

두 행렬을 더하는 것은 상당히 간단하다. 하지만 반드시 충족되어야 하는 조건이 있다. 즉, 더하고자 하는 두 행렬은 행의 개수와 열의 개수가 같아야 한다는 것이다.

> 같은 꼴인 두 행렬의 덧셈은 두 행렬의 대응하는 성분을 각각 더하여 계산한다.

이 정의에 따르면, 행렬이 동일한 개수의 행과 열을 지니고 있을 때만 성분의 연산이 가능하다. 행과 열의 개수가 적은 행렬에서 부족한 성분을 0으로 채우는 것은 허용되지 않는다.

일반적으로 행렬의 덧셈은 다음과 같이 나타낸다.

$$\begin{pmatrix} a_{11} & a_{12} \\ a_{21} & a_{22} \\ a_{31} & a_{32} \end{pmatrix} + \begin{pmatrix} b_{11} & b_{12} \\ b_{21} & b_{22} \\ b_{31} & b_{32} \end{pmatrix} = \begin{pmatrix} a_{11}+b_{11} & a_{12}+b_{12} \\ a_{21}+b_{21} & a_{22}+b_{22} \\ a_{31}+b_{31} & a_{32}+b_{32} \end{pmatrix}$$

행렬의 덧셈을 나타내는 일반식

이해를 돕기 위해 구체적인 예를 들면 다음과 같다.

$$\begin{pmatrix} 1 & 2 \\ 3 & 4 \\ 5 & 6 \end{pmatrix} + \begin{pmatrix} 7 & 8 \\ 9 & 8 \\ 7 & 6 \end{pmatrix} = \begin{pmatrix} 1+7 & 2+8 \\ 3+9 & 4+8 \\ 5+7 & 6+6 \end{pmatrix} = \begin{pmatrix} 8 & 10 \\ 12 & 12 \\ 12 & 12 \end{pmatrix}$$

벡터를 비롯한 다른 집합에서의 덧셈에 대한 연산법칙은 행렬의 경우에도 적용된다.

교환법칙	결합법칙
$A+B=B+A$	$A+(B+C)=(A+B)+C$

행렬의 뺄셈

행렬의 덧셈을 배운 사람이라면 뺄셈도 별다른 어려움 없이 할 수 있다. 왜냐하면 두 연산은 방법이 비슷하기 때문이다. 기본 조건도 다르지 않다. 즉, 뺄셈에서도 열의 개수와 행의 개수가 같아야 한다.

같은 꼴의 두 행렬의 뺄셈은 서로 대응하는 성분을 각각 뺀다.

여기서도 우선 행렬의 뺄셈의 일반식을 소개하겠다.

$$\begin{pmatrix} a_{11} & a_{12} \\ a_{21} & a_{22} \\ a_{31} & a_{32} \end{pmatrix} - \begin{pmatrix} b_{11} & b_{12} \\ b_{21} & b_{22} \\ b_{31} & b_{32} \end{pmatrix} = \begin{pmatrix} a_{11}-b_{11} & a_{12}-b_{12} \\ a_{21}-b_{21} & a_{22}-b_{22} \\ a_{31}-b_{31} & a_{32}-b_{32} \end{pmatrix}$$

행렬의 뺄셈을 나타내는 일반식

이제 두 행렬의 뺄셈을 구체적인 예를 통해 살펴보자.

$$\begin{pmatrix} 9 & 8 \\ 8 & 7 \\ 7 & 6 \end{pmatrix} - \begin{pmatrix} 5 & 4 \\ 4 & 3 \\ 3 & 2 \end{pmatrix} = \begin{pmatrix} 9-5 & 8-4 \\ 8-4 & 7-3 \\ 7-3 & 6-2 \end{pmatrix} = \begin{pmatrix} 4 & 4 \\ 4 & 4 \\ 4 & 4 \end{pmatrix}$$

덧셈과 달리 행렬의 뺄셈에서는 교환법칙과 결합법칙을 비롯해 어떠한 연산 법칙도 성립하지 않는다.

행렬의 스칼라 곱

이미 알고 있듯이 행렬의 성분은 실수이다. 따라서 행렬을 실수인 스칼라와 곱할 수 있다는 사실은 놀라운 일이 아니다. 두 행렬의 덧셈과 뺄셈에 관한 규칙을 이미 알고 있으므로, 이 규칙을 행렬의 스칼라 곱에 적용하는 것도 어렵지 않을 것이다.

행렬을 스칼라 α와 곱할 때는 행렬의 각 성분을 스칼라 α와 곱한다.

이 정의를 보고 어렵게 여긴 사람은 없을 것이다. 이 계산 규칙을 일반적인 식으로 나타내면 오른쪽과 같다.

$$\alpha \times \begin{pmatrix} a_{11} & a_{12} \\ a_{21} & a_{22} \\ a_{31} & a_{32} \end{pmatrix} = \begin{pmatrix} \alpha a_{11} & \alpha a_{12} \\ \alpha a_{21} & \alpha a_{22} \\ \alpha a_{31} & \alpha a_{32} \end{pmatrix}$$

행렬의 스칼라 곱을 나타내는 일반식

행렬의 스칼라 곱을 구체적인 예를 통해 살펴보자.

$$9 \times \begin{pmatrix} 8 & 7 \\ 6 & 5 \\ 4 & 3 \end{pmatrix} = \begin{pmatrix} 9 \times 8 & 9 \times 7 \\ 9 \times 6 & 9 \times 5 \\ 9 \times 4 & 9 \times 3 \end{pmatrix} = \begin{pmatrix} 72 & 63 \\ 54 & 45 \\ 36 & 27 \end{pmatrix}$$

이 예와 스칼라 곱의 일반식을 오른쪽에서 왼쪽으로 살펴보면, 행렬의 모든 성분에 포함된 인수 α(예에서는 9)를 행렬 앞으로 끌어낼 수 있음을 알게 된다.

행렬의 스칼라 곱에 대해서도 몇 가지 계산 법칙이 적용된다.

결합법칙	분배법칙
$\alpha_1 \times (\alpha_2 \times A) = (\alpha_1 \times \alpha_2) \times A$	$(\alpha_1 \times \alpha_2) \times A = \alpha_1 \times A + \alpha_2 \times A$ $\alpha \times (A+B) = \alpha \times A + \alpha \times B$

두 행렬의 곱셈

지금까지 배운 행렬의 연산에는 큰 어려움이 없었다. 이제 조금 복잡한 연산을 소개하겠다. 먼저 두 행렬의 곱셈 규칙에 관한 정의부터 살펴보자. 이 정의는 보기에 따라서는 복잡한 인상을 줄 수 있지만, 걱정할 필요는 없다. 여러분이 쉽게 이해할 수 있도록 상세한 설명을 할 것이다.

행렬 $A = (a_{ij})$와 행렬 $B = (b_{ij})$를 곱하면 또 다른 행렬 $C = (c_{ij})$가 나온다. 곱셈의 결과로 나온 행렬 $C = (c_{ij})$의 성분 c_{ij}는 행렬 A의 i번째 행벡터와 행렬 B의 j번째 열벡터의 내적이다.

이 정의에 따라 두 행렬의 곱
셈을 성분을 사용하여 나타내면
오른쪽과 같다.

$$\begin{pmatrix} a_{11} & a_{12} \\ a_{21} & a_{22} \\ a_{31} & a_{32} \end{pmatrix} \begin{pmatrix} b_{11} & b_{12} \\ b_{21} & b_{22} \end{pmatrix} = \begin{pmatrix} c_{11} & c_{12} \\ c_{21} & c_{22} \\ c_{31} & c_{32} \end{pmatrix}$$

아마 여러분 중에는 행렬 C가
3×2 행렬이라는 것을 보고 놀란 사람도 있을 것이다. 왜 이렇게 되었는지는 행
렬의 곱셈과 행렬 C의 성분을 구하는 과정을 살펴보면 쉽게 이해할 수 있다. 이
것이 바로 지금부터 우리가 해야 할 일이다.

우선 성분 c_{11}이 어떻게 계산되는지를 살펴보자. 정의에 따르면, 성분 c_{11}은 행
렬 A의 첫 번째 행벡터와 행렬 B의 첫 번째 열벡터의 내적의 결과이다. 따라서
다음과 같은 식으로 표시할 수 있다.

$$c_{11} = (a_{11}, a_{12}) \cdot \begin{pmatrix} b_{11} \\ b_{21} \end{pmatrix} = a_{11}b_{11} + a_{12}b_{21}$$

이런 방식으로 나머지 성분들도 계산할 수 있다. 결과는 다음과 같다.

$$\begin{pmatrix} a_{11} & a_{12} \\ a_{21} & a_{22} \\ a_{31} & a_{32} \end{pmatrix} \begin{pmatrix} b_{11} & b_{12} \\ b_{21} & b_{22} \end{pmatrix} = \begin{pmatrix} a_{11}b_{11}+a_{12}b_{21} & a_{11}b_{12}+a_{12}b_{22} \\ a_{21}b_{11}+a_{22}b_{21} & a_{21}b_{12}+a_{22}b_{22} \\ a_{31}b_{11}+a_{32}b_{21} & a_{31}b_{12}+a_{32}b_{22} \end{pmatrix}$$

행렬 C의 성분은 행렬 A의 각 행벡터와 행렬 B의 각 열벡터를 곱하여 나타낸
다. 그러므로 행렬 C는 행렬 A와 동일한 개수의 행, 행렬 B와 동일한 개수의 열
을 포함할 수밖에 없다. 이는 다음과 같이 표현된다.

A가 $m \times n$ 행렬이고 B가 $n \times r$ 행렬이면 A와 B의 곱인 C는 $m \times r$ 행렬이다.

두 행렬의 곱셈을 하려면 다음과 같은 중요한 조건이 충족되어야 한다.

행렬의 곱 AB는 행렬 A의 열의 개수와 행렬 B의 행의 개수가 일치할 때만 가능하다.

왜 이렇게 되는지를 예를 들어 설명해보자. 다음과 같은 두 행렬의 곱셈을 한다고 가정해보자.

$$\begin{pmatrix} a_{11} & a_{12} \\ a_{21} & a_{22} \\ a_{31} & a_{32} \end{pmatrix} \begin{pmatrix} b_{11} & b_{12} \\ b_{21} & b_{22} \\ b_{31} & b_{32} \end{pmatrix} = \begin{pmatrix} c_{11} & c_{12} \\ c_{21} & c_{22} \\ c_{31} & c_{32} \end{pmatrix}$$

이때 성분 c_{11}을 계산하려면 정의에 따라 다음과 같이 행렬 A의 첫 번째 행벡터와 행렬 B의 첫 번째 열벡터의 내적을 만들어 구하면 된다.

$$(a_{11}, a_{12}) \cdot \begin{pmatrix} b_{11} \\ b_{21} \\ b_{31} \end{pmatrix}$$

하지만 실제로 이런 계산은 가능하지 않다! 그것은 내적이 성분의 개수가 같은 벡터들 사이에서만 가능하기 때문이다.

그럼 여기서 구체적인 수로 이루어진 두 행렬의 곱셈의 예를 들어보자.

$$\begin{pmatrix} 1 & 2 \\ 3 & 4 \end{pmatrix} \begin{pmatrix} 5 & 6 \\ 7 & 8 \end{pmatrix} = \begin{pmatrix} 1\times5+2\times7 & 1\times6+2\times8 \\ 3\times5+4\times7 & 3\times6+4\times8 \end{pmatrix} = \begin{pmatrix} 19 & 22 \\ 43 & 50 \end{pmatrix}$$

이 예에서도 알 수 있듯이, 행렬의 곱셈을 하는 데 큰 어려움은 없다. 하지만 전체 과정을 파악하고 행과 열의 순서를 놓치지 않으려면 주의가 필요하다. 여기서는 두 행렬 모두 비교적 단순한 2×2 행렬이지만, 행렬이 커지면 계산이 복잡해질 수 있다. 이런 경우에 대비해 계산을 순조롭게 하는 요령을 알아보기로 하자.

앞에서 행렬의 곱셈을 정의할 때, 소개한 일반식을 다시 살펴보자.

$$\begin{pmatrix} a_{11} & a_{12} \\ a_{21} & a_{22} \\ a_{31} & a_{32} \end{pmatrix} \begin{pmatrix} b_{11} & b_{12} \\ b_{21} & b_{22} \end{pmatrix} = \begin{pmatrix} c_{11} & c_{12} \\ c_{21} & c_{22} \\ c_{31} & c_{32} \end{pmatrix}$$

이 식을 약간 변화시켜 행렬 C의 왼쪽에 행렬 A가 오고, 위쪽에 행렬 B가 오도록 한다.

행렬 C의 각 성분을 계산하는 데 필요한 벡터는 각 성분의 왼쪽과 위쪽에 있다. 따라서 이렇게 위치를 변화시키면 전체를 일목요연하게 볼 수 있는 장점이 있다.

$$A \quad B \longrightarrow \begin{pmatrix} b_{11} & b_{12} \\ b_{21} & b_{22} \end{pmatrix}$$

$$\begin{pmatrix} a_{11} & a_{12} \\ a_{21} & a_{22} \\ a_{31} & a_{32} \end{pmatrix} \quad \begin{pmatrix} c_{11} & c_{12} \\ c_{21} & c_{22} \\ c_{31} & c_{32} \end{pmatrix}$$

두 행렬의 곱셈에 대해서도 몇 가지 계산 법칙이 적용된다.

결합법칙	분배법칙
$(AB)C = A(BC)$	$A(B+C) = AB + AC$
	$(A+B)C = AC + BC$

그러나 교환법칙은 적용되지 않는다.

행렬의 기원

세 종류의 벼가 있다. 상급벼 3단, 중급벼 2단, 하급벼 1단을 탈곡했더니 벼 39말을 수확했고, 상급벼 2단, 중급벼 3단, 하급벼 1단에서 벼 34말을, 상급벼 1단, 중급벼 2단, 하급벼 3단에서 벼 26말을 수확했다고 한다. 그렇다면 상급벼, 중급벼, 하급벼 각각 1단에서 수확하는 벼의 양은 얼마인가?

세 종류의 벼의 1단에서 수확하는 양을 계산하는 방법은 2천 년 이상의 역사

를 자랑하는 중국의 수학책인 《구장산술》에 나타
나 있다. 답은 오른쪽과 같은 표를 바탕으로 계산
한다(이 표는 위쪽에서 아래쪽으로, 오른쪽에서 왼쪽으
로 읽어야 한다).

1	2	3
2	3	2
3	1	1
26	34	39

위 표는 행렬과 비슷하지 않은가? 《구장산술》에
는 이 표를 하삼각행렬로 바꾸는 규칙도 기록되어 있다.

중국인들은 열의 곱셈과 각 열의 성분들끼리 뺄셈을 하여 답을 구했다. 즉, 상
급벼 3단, 중급벼 2단, 하급벼 1단, 벼 39말을 오른쪽 열에 놓는다. 다른 두 경
우도 마찬가지로 나열한다. 3열의 상급벼에 해당하는 3을 2열의 모든 성분에
곱하고, 그 결과에서 상급벼의 수가 0이 될 때까지 각 성분에서 3열의 성분을
뺀다. 또 1열의 모든 성분에도 마찬가지로 3을 곱한 뒤 각 성분에서 3열의 성분
을 뺀다. 그런 다음 2열의 중급벼에 남은 수가 있으면 그 수(5가 된다)를 1열의
각 성분에 곱하고, 그 결과로부터 2열을 (중급벼가 0이 될 때까지) 뺀다.

1열의 하급벼에 남은 수가 있으면, 그 수(36)로 벼의 양(99)을 나눈다. 이것이
하급벼 1단에서 수확하는 벼의 양, 즉 $2\frac{3}{4}$말이다. 또 1열의 하급벼의 수(36)를
2열의 모든 성분에 곱하고 그 결과에서 1열의 각 성분을 뺀다. 그리고 남은 벼
의 양(765)을 중급벼의 수(180)로 나누면 $4\frac{1}{4}$말이 된다. 이것이 중급벼 1단에서
수확하는 벼의 양이다. 마찬가지 방식으로 계산하면 상급벼 1단에서 수확하는
벼의 양은 $9\frac{1}{4}$말임을 알 수 있다.

이러한 계산 방법은 가우스 소거법과 매우 비슷하다. 따라서 행렬은 중국에서
시작되었다고 말할 수 있다. 가우스 소거법은 뒤에서 다시 다룰 것이다.

행렬식

수학책에서 공통적으로 눈에 띄는 점은 (수학책을 보고 흥미를 느끼기는 어렵지

만, 책 자체가 읽는 재미를 빼앗는 경우가 많다!) 행렬식을 다루는 부분을 복잡하게 설명하는 책들이 많다는 것이다. 행렬식이 복잡하고 어려운 것은 사실이다. 하지만 이 책은 "모든 이를 위한 수학"이라는 모토를 내건 만큼, 행렬식에 있어서도 가능한 한 쉽게 설명할 것이다.

> 행렬식은 정사각행렬에서만 성립한다. 행렬식은 정사각행렬의 수를 사용하여 정확하게 정해진 식에 따라 나타낸다.

행렬식의 계산

우선 행렬식의 정의부터 살펴보기로 하자.

2차 행렬식

행렬식 자체가 단순한 형태를 띠지 않기 때문에, 가장 간단한 경우인 2×2 행렬부터 시작해보자.

$$A = \begin{pmatrix} a_{11} & a_{12} \\ a_{21} & a_{22} \end{pmatrix}$$

> 이 행렬식은 다음과 같이 정의하며, $\det(A)$로 나타낸다.
>
> $$\det(A) = a_{11}\,a_{22} - a_{12}\,a_{21} = \begin{vmatrix} a_{11} & a_{12} \\ a_{21} & a_{22} \end{vmatrix}$$

예를 들어보자.

$$A = \begin{pmatrix} 7 & 5 \\ 4 & 8 \end{pmatrix}$$

이때 행렬식은 다음과 같다.

$$\det(A)=7\times8-5\times4=56-20=36$$

3차 행렬식

2차 행렬식을 보고는 다소 의외라고 생각하는 사람이 있을지도 모르겠다. 앞에서 행렬식이 복잡하고 어렵다고 예고했는데, 비교적 간단한 계산이 나왔기 때문이다. 하지만 이제야말로 본격적으로 복잡한 행렬식이 등장한다. 다음 3×3 행렬의 행렬식에 대해 알아보자.

$$A=\begin{pmatrix} a_{11} & a_{12} & a_{13} \\ a_{21} & a_{22} & a_{23} \\ a_{31} & a_{32} & a_{33} \end{pmatrix}$$

이 행렬에 대하여 여러분은 2차 행렬식의 계산법에 따라 두 대각선의 원소를 곱하고 그 결과를 서로 빼야 한다고 생각할 것이다. 이는 기본적으로 올바른 방법이지만, 보완되어야 할 점이 있다. 이제부터 행렬식을 계산하는 사루스^{Sarrus}의 법칙과 라플라스^{Laplace}의 전개를 소개하겠다.

사루스의 법칙

사루스의 법칙을 살펴보기 전에 먼저 이 법칙은 정의가 아니라 행렬식을 다루기 쉽게 만드는 법칙이라는 점을 밝혀둔다.

사루스의 법칙에 따라 행렬식을 계산하기 위해서는, 먼저 행렬식을 확대해야 한다. 다시 말해, 오른쪽과 같이 행렬식 A의 첫 두 열을 이 행렬식 옆에 한 번 더 쓴다.

$$\begin{vmatrix} a_{11} & a_{12} & a_{13} \\ a_{21} & a_{22} & a_{23} \\ a_{31} & a_{32} & a_{33} \end{vmatrix} \begin{matrix} a_{11} & a_{12} \\ a_{21} & a_{22} \\ a_{31} & a_{32} \end{matrix}$$

이 법칙에서는 다시 대각선이 등장한다. 앞에서 배운 정사각행렬에서는 두 개의 대각선이 있었지만, 여기서는 행렬식을 확대했기 때문에 대각선의 개수도 늘어난다. 주대각선이 3개이고, 부대각선도 3개이다. 이 대각선에 있는 성분들을 서로 곱하면 된다.

우선 주대각선부터 살펴보자. 주대각선은 이미 행렬에서 배운 대로 왼쪽 위에서부터 오른쪽 아래로 이어진다. 다음은 3개의 주대각선과 각 대각선 위의 성분들을 곱한 것을 나타낸 것이다.

$$\begin{vmatrix} a_{11} & a_{12} & a_{13} \\ a_{21} & a_{22} & a_{23} \\ a_{31} & a_{32} & a_{33} \end{vmatrix}\begin{matrix} a_{11} & a_{12} \\ a_{21} & a_{22} \\ a_{31} & a_{32} \end{matrix}\quad\begin{matrix} \text{주대각선 } 1 = a_{11} \times a_{22} \times a_{33} \\ \text{주대각선 } 2 = a_{12} \times a_{23} \times a_{31} \\ \text{주대각선 } 3 = a_{13} \times a_{21} \times a_{32} \end{matrix}$$

3개의 주대각선

3개의 주대각선의 위치와 주대각선에 있는 성분들의 곱셈

이제 부대각선의 차례이다. 부대각선은 주대각선과 반대 방향으로 이어진다.

3개의 부대각선

$$\begin{vmatrix} a_{11} & a_{12} & a_{13} \\ a_{21} & a_{22} & a_{23} \\ a_{31} & a_{32} & a_{33} \end{vmatrix}\begin{matrix} a_{11} & a_{12} \\ a_{21} & a_{22} \\ a_{31} & a_{32} \end{matrix}\quad\begin{matrix} \text{부대각선 } 1 = a_{31} \times a_{22} \times a_{13} \\ \text{부대각선 } 2 = a_{32} \times a_{23} \times a_{11} \\ \text{부대각선 } 3 = a_{33} \times a_{21} \times a_{12} \end{matrix}$$

3개의 부대각선의 위치와 부대각선에 있는 성분들의 곱셈

행렬식의 계산은 주대각선에 있는 성분들을 곱한 값 3개를 더한 값에서 부대각선의 성분들을 곱한 값 3개를 뺀다.

$$\det(A) = a_{11}a_{22}a_{33} + a_{12}a_{23}a_{31} + a_{13}a_{21}a_{32} - a_{31}a_{22}a_{13} - a_{32}a_{23}a_{11} - a_{33}a_{21}a_{12}$$

이제 구체적인 예를 들어보겠다. 다음의 행렬식을 계산해보자.

$$\det(A) = \begin{vmatrix} 1 & 2 & 3 \\ 4 & 5 & 6 \\ 7 & 8 & 1 \end{vmatrix}$$

우선 행렬식의 오른쪽 옆에 처음 두 열을 다시 쓴다.

$$\begin{vmatrix} 1 & 2 & 3 \\ 4 & 5 & 6 \\ 7 & 8 & 1 \end{vmatrix}\begin{matrix} 1 & 2 \\ 4 & 5 \\ 7 & 8 \end{matrix}$$

3개의 주대각선 위에 있는 성분들을 곱하여 계산한다.

$$주대각선\ 1 = 1 \times 5 \times 1 = 5$$
$$주대각선\ 2 = 2 \times 6 \times 7 = 84$$
$$주대각선\ 3 = 3 \times 4 \times 8 = 96$$

이번에는 3개의 부대각선 위에 있는 성분들을 곱하여 계산한다.

$$부대각선\ 1 = 7 \times 5 \times 3 = 105$$
$$부대각선\ 2 = 8 \times 6 \times 1 = 48$$
$$부대각선\ 3 = 1 \times 4 \times 2 = 8$$

이제 행렬식은 다음과 같이 계산할 수 있다.

$$\det(A) = 5 + 84 + 96 - 105 - 48 - 8 = 24$$

따라서 이 행렬식의 값은 24이다.

라플라스의 전개

사루스의 법칙이 행렬식을 계산할 때 시각적인 도움을 준다면, 라플라스의 전개는 수학적인 방법으로 도움을 준다.

라플라스의 전개는 앞에서 배운 행렬식을 계산하는 공식에서부터 출발한다.

$$\det(A) = a_{11}a_{22}a_{33} + a_{12}a_{23}a_{31} + a_{13}a_{21}a_{32} - a_{31}a_{22}a_{13} - a_{32}a_{23}a_{11} - a_{33}a_{21}a_{12}$$

여기서 원소 a_{11}, a_{12}, a_{13}을 괄호 밖으로 보내면 다음과 같은 식이 나온다.

$$\det(A) = a_{11}(a_{22}a_{33} - a_{32}a_{23}) - a_{12}(a_{21}a_{33} - a_{31}a_{23}) + a_{13}(a_{21}a_{32} - a_{31}a_{22})$$

얼핏 보면 이렇게 이항해도 간단해진 것 같지가 않다. 그러나 단지 그렇게 보일 뿐이다! 괄호 안에 있는 항들을 자세히 살펴보자. 그리고 3×3 행렬식이 어떤 모습을 띠는지를 생각해보자.

$$\det(A) = \begin{vmatrix} a_{11} & a_{12} & a_{13} \\ a_{21} & a_{22} & a_{23} \\ a_{31} & a_{32} & a_{33} \end{vmatrix}$$

괄호 안의 식은 2×2 행렬의 행렬식을 나타내고 있음을 알 수 있다. 이 식은 $\det(A)$의 원소들로 이루어지기 때문에, 행렬식 A의 소행렬식이라고 한다.

따라서 행렬식을 계산하는 공식은 다음과 같이 쓸 수도 있다.

$$\det(A) = a_{11} \begin{vmatrix} a_{22} & a_{23} \\ a_{32} & a_{33} \end{vmatrix} - a_{12} \begin{vmatrix} a_{21} & a_{23} \\ a_{31} & a_{33} \end{vmatrix} + a_{13} \begin{vmatrix} a_{21} & a_{22} \\ a_{31} & a_{32} \end{vmatrix}$$

이러한 계산법을 '1행에 따른 전개'라고 부르기도 한다. 이 전개를 임의의 행이나 열에 따라 펼칠 수도 있지만, 1행에 따라 전개하는 것이 가장 일목요연하다.

지금까지는 계산법의 명칭에 대해서는 알아보았다. 그런데 행렬식을 자세히 살펴보면 행렬식의 1행에 있는 원소들이 각각 소행렬식 앞으로 빠져나왔음을 알 수 있다. 이제 소행렬식이 어떻게 만들어지는지를 알아보자.

다시 한 번 행렬식을 써보면 다음과 같다.

$$\det(A) = \begin{vmatrix} a_{11} & a_{12} & a_{13} \\ a_{21} & a_{22} & a_{23} \\ a_{31} & a_{32} & a_{33} \end{vmatrix}$$

행렬식을 1행에 따라 전개하므로, 1행을 간단히 없앤다. 이제 소행렬식 앞으로 빼내는 각 성분이 속한 열을 마찬가지로 없앨 수 있다. 남는 것은 각각의 소행렬식이다.

이 과정을 거치면, 성분 a_{11}에 대해서는 오른쪽과
같은 결과가 나온다.

$$\begin{vmatrix} a_{11} & a_{12} & a_{13} \\ a_{21} & a_{22} & a_{23} \\ a_{31} & a_{32} & a_{33} \end{vmatrix}$$

성분 a_{12}에 대해서는 오른쪽과 같다.

$$\begin{vmatrix} a_{11} & a_{12} & a_{13} \\ a_{21} & a_{22} & a_{23} \\ a_{31} & a_{32} & a_{33} \end{vmatrix}$$

성분 a_{13}에 대해서는 오른쪽과 같다.

$$\begin{vmatrix} a_{11} & a_{12} & a_{13} \\ a_{21} & a_{22} & a_{23} \\ a_{31} & a_{32} & a_{33} \end{vmatrix}$$

이런 과정을 거친 후 남아 있는 성분들이 바로 소행렬식을 만든다.

소행렬식의 덧셈에서는 반드시 양수와 음수의 부호
에 유의해야 한다. 이 부호는 간단한 식으로 계산할
수 있다. 부호인수를 V_{ij}로 표시하면 이 인수는 오른
쪽과 같이 계산된다.

$$V_{ij} = (-1)^{i+j}$$

이 식도 얼핏 보기에는 이해가 되지 않을 것이다.
그러나 예를 들어보면, 의외로 쉽게 파악된다. 1행과
2열을 없애고 만든 소행렬식을 다시 살펴보자.

$$\begin{vmatrix} a_{11} & a_{12} & a_{13} \\ a_{21} & a_{22} & a_{23} \\ a_{31} & a_{32} & a_{33} \end{vmatrix}$$

이 경우에 i＝1이고, j＝2이다. 이 두 값을 식에 대입하면 다음과 같다.

$$V_{12} = (-1)^{1+2} = (-1)^3 = -1$$

따라서 부호가 음수이다. 소행렬식을 살펴보면, 결과가 이렇게 음수가 되어야
한다는 것이 드러난다.

1행과 1열을 없애면, 다음과 같이 부호가 양수이다.

$$V_{11} = (-1)^{1+1} = (-1)^2 = 1$$

1행과 3열을 없애도 부호는 양수이다.

$$V_{13} = (-1)^{1+3} = (-1)^4 = 1$$

부호의 배열은 쉽게 기억할 수 있다. 부호는 다음과 같은 도식에 따라 배열된다(여기서는 3×3 행렬식의 부호를 배열하지만 임의로 확대할 수 있다).

$$\begin{vmatrix} + & - & + \\ - & + & - \\ + & - & + \end{vmatrix}$$

임의의 행렬식은 전개식을 이용해 이론적으로도 계산할 수 있다. 예를 들어 8차 행렬식을 계산하려면, 우선 전개식을 적용해 7차 행렬식을 구한다. 여기서 다시 7차 행렬식의 각각에 전개식을 적용한다. 이 방법은 모든 행렬식이 1차가 될 때까지 계속 적용할 수 있다.

물론 행렬식의 차수가 매우 커질 때는 계산하기가 쉽지 않은 것은 사실이다. 그러나 이 방법은 컴퓨터 프로그램을 개발할 때, 아주 유용하게 쓰인다. 행렬식의 계산을 컴퓨터 프로그래머가 이용하는 순서도로 나타내면 다음과 같다.

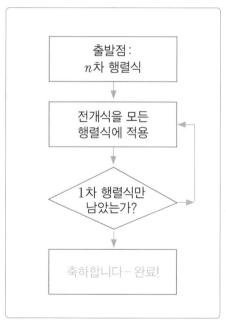

순서도-n차 행렬식의 계산 방법

행렬식의 성질

행렬식은 몇 가지 흥미로운 성질을 지닌다. 이 성질은 행렬식을 다룰 때 여러 측면에서 유용하다.

> 행렬 A의 행렬식이 0, 즉 $\det(A)=0$이라는 것은 A의 행과 열이 일차종속임을 뜻한다.

예를 들어보겠다.

$$\det \begin{pmatrix} 1 & 0 & 1 \\ 1 & 2 & 3 \\ 0 & 2 & 2 \end{pmatrix} = 4+0+2-0-6-0=0$$

이제 행벡터를 살펴보자.

$$(1,0,1)-(1,2,3)+(0,2,2)=(0,0,0)$$

따라서 행들은 일차종속이다.

이번에는 열벡터를 살펴보자. 여기서도 영벡터가 나옴을 알 수 있다.

$$\begin{pmatrix} 1 \\ 1 \\ 0 \end{pmatrix} + \begin{pmatrix} 0 \\ 2 \\ 2 \end{pmatrix} - \begin{pmatrix} 1 \\ 3 \\ 2 \end{pmatrix} = \begin{pmatrix} 0 \\ 0 \\ 0 \end{pmatrix}$$

따라서 열들도 일차종속이다.

행렬식의 값이 0이 되는 또 다른 조건도 있다.

> 1 두 행 또는 열이 같을 때
> 2 두 행 또는 열이 서로 비례할 때
> 3 한 행 또는 열의 모든 원소가 0일 때

이 세 조건의 예를 들어보자. 여러분은 이미 알고 있는 식을 이용해 행렬식이 0이 되는 것을 확인할 것이다. 이제 이 정도의 계산은 여러분도 쉽게 할 수 있으리라 믿기 때문에 계산은 생략한다.

조건 1에 대한 예:
$$\begin{vmatrix} 2 & 1 & 1 \\ 5 & 3 & 3 \\ 4 & 9 & 9 \end{vmatrix}$$

여기서는 2열과 3열이 같다. 따라서 행렬식은 0이다.

조건 2에 대한 예:
$$\begin{vmatrix} 4 & 1 & 2 \\ 8 & 3 & 6 \\ 2 & 6 & 12 \end{vmatrix}$$

여기서는 2열과 3열이 비례한다. 2열의 성분들을 2배로 만들면, 바로 3열의 성분이 된다.

조건 3에 대한 예:
$$\begin{vmatrix} 0 & 0 & 0 \\ 3 & 5 & 3 \\ 6 & 2 & 9 \end{vmatrix}$$

여기서는 1행의 모든 성분이 0이다. 이 경우는 가장 쉽게 판별이 가능하다. 왜냐하면 주대각선과 부대각선의 성분들을 곱할 때, 곱하는 성분에 0이 있어서 결과는 항상 0이 되기 때문이다.

행렬식이 0인지의 여부는 연립일차방정식의 해를 구할 때 중요한 역할을 한다. 이 점에 대해서는 뒤에 다시 다룰 것이다. 그리고 연립일차방정식이 행렬식과 어떤 관계가 있는지도 배우게 될 것이다.

또 다른 성질

행렬식은 앞에서 배운 것 이외에도 또 다른 성질을 가지고 있다.

이제 맘껏 상상력을 발휘해 행렬식을 실험해보자. 행렬에서 행과 열을 바꾸면 어떻게 될까? 행렬식에 변화가 없다면, 이렇게 바꾸어도 아무런 문제가 없을 것이다.

행렬에서 행과 열을 바꾼 전치행렬의 행렬식은 원래 행렬의 행렬식과 같다.
$$\det(A) = \det(A^T)$$

이 과정을 '행렬식의 반전'이라고도 한다.

이제 두 행 또는 두 열을 서로 바꾼다고 가정하자. 어떤 일이 일어나겠는가?

행렬의 두 행 또는 두 열을 바꾸면, 행렬식의 부호가 바뀐다.

이번에는 행렬의 임의의 행이나 열에서 성분을 배로 증가시키고, 그 결과를 다른 행이나 열에 더해보자. 이렇게 한 행렬식은 놀랍게도 변화가 없다.

행렬의 한 행에 0이 아닌 실수를 곱하고 다른 행에 더하거나 빼서 얻은 행렬식은 원래 행렬의 행렬식과 같다.

예를 들어보겠다. 행렬식은 여러분이 직접 계산해보기 바란다.

다음과 같은 행렬식이 주어졌다고 해보자.

$$\begin{vmatrix} 3 & 6 & 1 \\ 5 & 2 & 8 \\ 4 & 3 & 2 \end{vmatrix}$$

3행을 2배로 만들면 다음과 같다.

864

이 행을 2행에 더하면 다음과 같은 행렬식이 된다.

$$\begin{vmatrix} 3 & 6 & 1 \\ 13 & 8 & 12 \\ 4 & 3 & 2 \end{vmatrix}$$

두 개의 3차 행렬은 큰 차이가 있어도 행렬식은 똑같다.

이제 앞에서 이미 말한 계산 법칙을 떠올리게 하는 또 하나의 성질이 나타난다. 이 계산 법칙의 출발점은 두 행렬 A와 B의 곱셈이다. 이러한 곱셈의 행렬식에는 다음과 같은 규칙이 적용된다.

$$\det(A \times B) = \det(A) \times \det(B)$$

행렬식의 스칼라 곱

벡터와 행렬의 스칼라 곱이 가능하기 때문에, 행렬식의 스칼라 곱도 가능하리라고 생각할 수 있다. 물론 여기서는 주의가 필요하다. 왜냐하면 행렬식의 스칼라 곱은 이전에 나온 계산들과는 조금 다르게 진행되기 때문이다. 그러나 두려워하지 말고 차분히 익혀나가자.

행렬식의 스칼라 곱은 행렬의 임의의 행이나 열의 성분에 실수 α를 곱하는 것을 말한다.

예를 들어보겠다. 행렬식의 2열에 스칼라 곱을 해보자.

$$4 \times \begin{vmatrix} 3 & 5 & 8 \\ 6 & 9 & 2 \\ 6 & 1 & 2 \end{vmatrix} = \begin{vmatrix} 3 & 4 \times 5 & 8 \\ 6 & 4 \times 9 & 2 \\ 6 & 4 \times 1 & 2 \end{vmatrix} = \begin{vmatrix} 3 & 20 & 8 \\ 6 & 36 & 2 \\ 6 & 4 & 2 \end{vmatrix}$$

물론 여기서는 역도 성립한다.

임의의 행이나 열에서 공통인수를 행렬식의 앞으로 끄집어낼 수 있다.

예를 들어보겠다. 특히 1행의 성분들에 주목해야 한다. 이 1행의 성분들은 6의 배수이다. 따라서 인수를 행렬식의 앞으로 끄집어낼 수 있다.

$$\begin{vmatrix} 12 & 54 & 36 \\ 44 & 23 & 76 \\ 11 & 67 & 43 \end{vmatrix} = 6 \times \begin{vmatrix} 2 & 9 & 6 \\ 44 & 23 & 76 \\ 11 & 67 & 43 \end{vmatrix}$$

행렬, 행렬식, 연립일차방정식

지금까지 우리는 행렬과 행렬식을 주로 이론적인 측면에서 다루었다. 수학에서 이렇게 이론적으로 접근하는 방식은 나름대로 장점이 있다는 것은 분명하다. 하지만 이 책은 누구나 관심을 가질 수 있는 실제 생활과 관련된 수학에 초점을 맞춘다. 이제부터는 행렬과 행렬식을 어떻게 실생활에 활용할 수 있는지를 살펴볼 것이다. 행렬과 행렬식은 특히 연립일차방정식을 푸는 데 큰 도움이 된다.

연립방정식에서 행렬로

행렬과 행렬식을 이용해 연립일차방정식을 풀기 위해서는 먼저 행렬과 행렬식을 만들어야 한다. 어떻게 하면 연립방정식에서 행렬을 만들 수 있을까?

우선 3개의 미지수를 가진 방정식을 살펴보자. 지금부터는 최대 3개의 미지수를 가진 방정식만을 예로 들 것이다. 이렇게 해야 불필요한 혼동을 피하고 원칙을 명확하게 설명할 수 있기 때문이다. 이 책의 목적은 수학이 복잡하고 어려운 과목이 아니라 흥미 있고 누구나 익힐 수 있는 과목으로 자리매김하는 것이다.

$$ax + by + cz = d$$

여러분은 미지수가 3개인 경우, 연립일차방정식을 만들기 위해서는 3개의 방정식이 필요하다는 사실을 기억할 것이다. 따라서 다음과 같이 두 개의 방정식을 추가한다.

$$ax + by + cz = d$$
$$ex + fy + gz = h$$
$$ix + jy + kz = l$$

이 식들을 약간 다르게 나타내면 다음과 같다.

$$\begin{pmatrix} a & b & c \\ e & f & g \\ i & j & k \end{pmatrix} \begin{pmatrix} x \\ y \\ z \end{pmatrix} = \begin{pmatrix} d \\ h \\ l \end{pmatrix}$$

여러분은 이 식에서 바로 행렬이 등장했음을 알 것이다.

이와 같은 연립방정식은 대개 조금만 바꾸면 확대 행렬이 된다. 이 행렬은 행렬의 이름 위에 짧은 선을 그어 표시한다. 즉, 행렬 A의 확대 행렬은 $\overline{A}$ 같이 나타낸다. 예를 들면 다음과 같다.

$$\left(\begin{array}{ccc|c} a & b & c & d \\ e & f & g & h \\ i & j & k & l \end{array} \right)$$

여기서도 구체적인 예를 들어보겠다. 앞에서와 마찬가지로 예를 보면 복잡한 식도 쉽게 이해할 수 있다. 다음과 같은 연립방정식을 살펴보자.

$$3x + 6y - 2z = -4$$
$$3x + 2y + z = 0$$
$$\frac{3}{2}x + 5y - 5z = -9$$

이 연립방정식의 확대 행렬은 다음과 같다.

$$\left(\begin{array}{ccc|c} 3 & 6 & -2 & -4 \\ 3 & 2 & 1 & 0 \\ \frac{3}{2} & 5 & -5 & -9 \end{array} \right)$$

이 행렬을 어떻게 다루는지와 연립방정식을 풀기 위해 어떻게 이용하는지에 대해서는 곧바로 설명하겠다. 그 전에 행렬식의 역할에 대해 잠깐 알아보기로 하자.

행렬식의 역할

여러분이 대수학에 관한 장, 특히 일차방정식과 연립방정식을 다룬 내용을 다시 기억해보면, 연립일차방정식이 항상 풀리는 것은 아니라는 사실이 생각날 것이다. 연립일차방정식을 열심히 풀다가 결국 해가 없다는 사실을 뒤늦게 알고는 헛고생을 했다는 생각에 화가 난 경험도 있으리라 짐작된다.

연립방정식의 행렬식의 예를 들어보겠다.

$$A = \left(\begin{array}{ccc} 3 & 6 & -2 \\ 3 & 2 & 1 \\ \frac{3}{2} & 5 & -5 \end{array} \right)$$

이제 이 행렬의 행렬식을 구해보자.

$$\det(A) = 3 \times 2 \times (-5) + 6 \times 1 \times \frac{3}{2} + (-2) \times 3 \times 5 - \frac{3}{2}$$
$$\times 2 \times (-2) - 5 \times 1 \times 3 - (-5) \times 3 \times 6 = 30$$

행렬식은 0이 아니다. 따라서 이 연립방정식은 해가 있다. 이제 어떻게 해서 이런 결과가 되는지를 살펴보자.

확대 행렬을 이용한 연립방정식 풀기

이 문제를 풀 때 이용하는 트릭은 몇 번의 이항을 통해 상삼각행렬을 만들어 다음과 같은 형태를 만드는 것이다.

$$\begin{pmatrix} a_{11} & a_{12} & a_{13} \\ 0 & a_{22} & a_{23} \\ 0 & 0 & a_{33} \end{pmatrix}$$

이렇게 하기 위해서는 행렬에 몇 가지 변화를 주어야 한다.

---

1 행렬의 한 행에 0이 아닌 수를 곱한다.

2 행렬의 한 행을 0이 아닌 수로 나눈다.

3 행렬의 한 행을 다른 행에 더한다.

4 행렬의 두 열을 바꾼다. 이때는 이 열에 속한 미지수도 바꾸어야 한다.

이제 배우게 될 방법은 독일의 수학자 카를 프리드리히 가우스가 발견했다.

가우스 소거법

앞에서 예로 든 행렬을 상삼각행렬로 만들어보자.

$$\left(\begin{array}{ccc|c} 3 & 6 & -2 & -4 \\ 3 & 2 & 1 & 0 \\ \frac{3}{2} & 5 & -5 & -9 \end{array} \right)$$

행렬의 2행에서 1행을 빼면 0이 나온다.

$$\left(\begin{array}{ccc|c} 3 & 6 & -2 & -4 \\ 0 & -4 & 3 & 4 \\ \frac{3}{2} & 5 & -5 & -9 \end{array} \right)$$

이제 1행의 성분들을 반으로 나눈다. 그런 다음 이 값을 3행에서 뺀다. 우선 1행의 반부터 만들어보자.

$$\left(\begin{array}{ccc|c} \frac{3}{2} & 3 & -1 & -2 \end{array} \right)$$

그다음에 3행에서 1행의 반을 빼면 다음과 같은 행렬이 나온다.

$$\left(\begin{array}{ccc|c} 3 & 6 & -2 & -4 \\ 0 & -4 & 3 & 4 \\ 0 & 2 & -4 & -7 \end{array} \right)$$

이제 두 번째로 0이 나왔다. 상삼각행렬을 만들기 위해서는 또 하나의 0만 있으면 된다. 3행의 2를 0으로 만들기 위해서는 3행에 2를 곱한 다음, 2행을 더하면 된다. 우선 첫 번째 단계부터 해보자. 3행에 2를 곱한다.

$$\left(\begin{array}{ccc|c} 3 & 6 & -2 & -4 \\ 0 & -4 & 3 & 4 \\ 0 & 4 & -8 & -14 \end{array} \right)$$

그다음 단계는 2행을 더하는 것이다.

$$\left(\begin{array}{ccc|c} 3 & 6 & -2 & -4 \\ 0 & -4 & 3 & 4 \\ 0 & 0 & -5 & -10 \end{array} \right)$$

자, 드디어 상삼각행렬이 나왔다. 그런데 이 행렬을 어떻게 다루어야 하는가? 벽에다 걸어놓고 감탄하고 있을까? 친구들에게 상삼각행렬을 만들었다고 자랑만 늘어놓을 것인가? 자랑할 수 있으려면, 수학적인 의미가 있어야 한다.

이 행렬을 다시 연립방정식으로 만들어보자. 연립방정식이 만들어지면 풀이는 매우 간단하다. 식을 만들면 다음과 같다.

$$3x + 6y - 2z = -4$$
$$-4y + 3z = 4$$
$$-5z = -10$$

단계별로 풀어나가면 아무 문제없이 해를 구할 수 있다.

$$z = 2$$
$$-4y + 6 = 4 \Rightarrow y = \frac{1}{2}$$
$$3x + 3 - 4 = -4 \Rightarrow x = -1$$

이 연립방정식의 해집합은 다음과 같다.

$$L = \left\{ \left(-1, \frac{1}{2}, 2 \right) \right\}$$

이런 방식으로 하면 어떠한 연립방정식도 풀 수 있다. 약간만 연습하면 상삼각행렬을 만들 수 있으며 연립일차방정식의 해를 구하는 것도 어려운 문제가 아니다.

건강한 식생활

당신이 회사 식당의 주방장이라고 가정해보자. 당신은 3가지의 기초식품을 이용해 영양가 있는 음식을 만들어야 한다. 기초식품을 A, B, C라고 하자. 사원들의 건강을 생각하는 주방장인 당신은 3가지의 기초식품을 이용해 만드는 1인분의 음식  이 110그램의 단백질, 130그램의 탄수화물, 60그램의 지방을 포함해야 한다고 생각한다. 한편 각각의 기초식품이 지닌 영양소의 값을 표로 나타내면 다음과 같다.

	A	B	C
단백질	30%	50%	20%
탄수화물	30%	30%	70%
지방	40%	20%	10%

이 표를 이용해 연립방정식을 만들 수 있다(연립방정식을 만드는 방법에 대해서는 일차방정식에 관한 부분에서 이미 설명했다).

$$0.3A + 0.5B + 0.2C = 110$$

$$0.3A + 0.3B + 0.7C = 130$$

$$0.4A + 0.2B + 0.1C = 60$$

이 연립방정식의 확대 행렬은 다음과 같다.

$$\begin{pmatrix} 0.3 & 0.5 & 0.2 & | & 110 \\ 0.3 & 0.3 & 0.7 & | & 130 \\ 0.4 & 0.2 & 0.1 & | & 60 \end{pmatrix}$$

우선 각 행에 10을 곱한다. 이 곱셈은 반드시 필요한 것은 아니지만, 다른 계산을 쉽게 하는 데 도움이 된다.

$$\begin{pmatrix} 3 & 5 & 2 & | & 1100 \\ 3 & 3 & 7 & | & 1300 \\ 4 & 2 & 1 & | & 600 \end{pmatrix}$$

이제 행렬을 우리가 필요한 대로 바꿀 수 있다. 우선 2행에서 1행을 뺀다.

$$\begin{pmatrix} 3 & 5 & 2 & | & 1100 \\ 0 & -2 & 5 & | & 200 \\ 4 & 2 & 1 & | & 600 \end{pmatrix}$$

다음에는 1행에 4를 곱하고, 3행에 3을 곱한다.

$$\begin{pmatrix} 12 & 20 & 8 & | & 4400 \\ 0 & -2 & 5 & | & 200 \\ 12 & 6 & 3 & | & 1800 \end{pmatrix}$$

이제 두 번의 곱셈을 한 이유를 알았을 것이다. 3행에서 1행을 빼면 두 번째로 0이 나온다.

$$\begin{pmatrix} 12 & 20 & 8 & | & 4400 \\ 0 & -2 & 5 & | & 200 \\ 0 & -14 & -5 & | & -2600 \end{pmatrix}$$

2행에 7을 곱하면 다음과 같다.

$$\begin{pmatrix} 0 & -14 & 35 & | & 1400 \end{pmatrix}$$

이 행을 3행에서 빼면 우리가 찾던 상삼각행렬이 나온다.

$$\begin{pmatrix} 12 & 20 & 8 & | & 4400 \\ 0 & -2 & 5 & | & 200 \\ 0 & 0 & -40 & | & -4000 \end{pmatrix}$$

연립방정식은 거의 다 푼 것과 다름없다. 차례로 계산하면 다음과 같다.

$$-40C = -4000 \Rightarrow C = 100$$
$$-2B + 500 = 200 \Rightarrow B = 150$$
$$12A + 3000 + 800 = 4400 \Rightarrow A = 50$$

즉 이 연립방정식의 해집합은 $L = \{(50, 150, 100)\}$이다.

따라서 1인분에는 식품 A가 50그램, B는 150그램, C는 100그램이 들어가야 한다.

가우스냐 가우스가 아니냐, 그것이 문제다

"누가 가우스 소거법을 발견했느냐?"고 묻는다면, 당신은 무슨 이런 싱거운 질문을 다 하느냐며 질문한 사람을 시큰둥하게 쳐다볼지도 모르겠다. 그러나 질문한 사람은 그 태도를 비웃으며 당신을 궁지에 몰아넣을 수 있다. 왜냐하면 — 이제 당신은 사태를 충분히 파악했을 것이다 — 가우스 소거법은 비록 가우스의 이름이 붙었지만 가우스가 발견한 것이 아니기 때문이다.

중국인들은 가우스 소거법과 유사한 방법을 대략 2천 년 전에 이미 이용했다. 그러나 유럽인들도 오래전부터 행렬을 알고 있었다. 예를 들어 16세기 중

반에 프랑스의 수도승인 뷔퇴[1492~1572]는 방정식을 이 방법으로 풀어 저서《산술 Logistica》에 이를 기록했다. 그밖에도 이 방법을 이용한 수학자들이 많았으리라 짐작된다.

하지만 이 방법은 왜 하필이면 카를 프리드리히 가우스의 이름을 따고 있는 가? 아무런 이유 없이 그의 이름이 붙었을 리는 없다. 또한 가우스 생전에는 인 터넷도 없었기 때문에, 그가 이 방법을 도용해 자신의 이름을 직접 붙였을 수도 없다. 가우스의 이름이 붙은 이유는 그가 여러 계산에서 이 방법을 다양하게 이 용했기 때문이다. 그중에서도 특히 상삼각행렬과 하삼각행렬을 다룰 때 이 방법 을 많이 이용했다.

가우스의 특별한 공적은 그가 살던 당시에 행렬식 계산법이 유행이었는데도 소거법을 철저하게 적용한 데 있다. 그는 소거법이 관철되는 데 크게 기여했다. 따라서 소거법을 그의 이름을 따서 가우스 소거법이라고 하는 것은 정당하다고 여겨진다.

행렬식을 이용한 일차방정식의 해법

행렬을 이용해 연립일차방정식을 푸는 방법은 이미 살펴 보았다. 그런데 행렬식을 이용하여 연립일차방정식을 풀 수 도 있다. 하지만 이 방법은 매우 복잡해 제한적으로만 쓰인 다. 이 방법은 스위스 수학자 가브리엘 크래머[Gabriel Cramer, 1704~1752]가 발견해, 그의 이름을 따서 '크래머의 공식'이라 고 한다.

가브리엘 크래머

크래머의 공식을 활용하는 전제는 연립방정식에서 방정식의 개수와 미지수 의 개수가 같아야 한다는 것이다. 따라서 미지수가 두 개이면 방정식도 두 개가 있어야 하고, 다섯 개의 미지수가 있으면 다섯 개의 방정식이 있어야 하며, 미 지수가 $i \in N$개이면 방정식도 당연히 i개가 있어야 한다. 미지수를 x_1, x_2, x_3,

···, x_i로 표시할 때, 가브리엘 크래머는 x_i를 다음의 공식으로 계산할 수 있음을 발견했다.

$$x_i = \frac{\det(A_i)}{\det(A)}$$

여기서 A는 앞에서 이미 여러 번 연립방정식에서 만들어낸 바 있는 행렬을 뜻한다. 그런데 A_i는 무엇인가?

행렬 A_i를 만들기 위해서는 행렬 A의 i번째 열을 연립방정식의 우변으로 대체한다. 예를 들어 다음과 같은 간단한 연립방정식을 다루어보자.

$$x_1 + 2x_2 = 3$$
$$4x_1 + 5x_2 = 6$$

행렬 A는 쉽게 만들 수 있다.

$$\begin{pmatrix} 1 & 2 \\ 4 & 5 \end{pmatrix}$$

이제 x_i를 계산하려면, 행렬의 1열을 연립방정식의 우변의 두 수로 대체해야 한다. 따라서 A_1은 다음과 같다.

$$\begin{pmatrix} 3 & 2 \\ 6 & 5 \end{pmatrix}$$

크래머의 공식을 이용하면 x_1도 구할 수 있다.

$$x_1 = \frac{\begin{vmatrix} 3 & 2 \\ 6 & 5 \end{vmatrix}}{\begin{vmatrix} 1 & 2 \\ 4 & 5 \end{vmatrix}} = \frac{3}{-3} = -1$$

이런 방식으로 x_2도 구할 수 있다. 여기서는 물론 행렬의 2열이 대체되어야 한다.

$$x_2 = \frac{\begin{vmatrix} 1 & 3 \\ 4 & 6 \end{vmatrix}}{\begin{vmatrix} 1 & 2 \\ 4 & 5 \end{vmatrix}} = \frac{-6}{-3} = 2$$

따라서 이 연립방정식의 해집합은 $L = \{(-1, 2)\}$이다.

이렇게 간단한 연립방정식은 크래머의 공식을 이용해 손쉽게 풀 수 있다. 그러나 이미 살펴보았듯이, 여기서도 이미 3개의 행렬식을 계산해야 한다.

지금까지의 결과를 일반화하면, n개의 미지수를 지닌 연립방정식을 풀기 위해서는 $n+1$개의 행렬식을 계산해야 한다고 말할 수 있다. 3차 행렬식을 푸는 것은 그만큼 더 복잡한 방법을 동원해야 한다는 사실은 이미 앞에서 배운 바 있다. 즉 세 개의 미지수를 지닌 연립방정식을 푸는 데 행렬식을 네 개나 계산해야 하는 것이다. 여기서 우리는 복잡하지 않고 빠르게 답을 구할 수 있는 다른 해법이 있지 않은지에 대해 질문해야 한다. 미지수가 더 많은 연립방정식이 주어진다면, 크래머의 공식보다는 가우스의 소거법을 택하는 것이 현명하다.

카를 프리드리히 가우스

카를 프리드리히 가우스는 수학에만 몰두한 것이 아니라, 자연과학에도 큰 관심을 보였다. 그러나 그는 수학에서 가장 큰 명성을 얻으며 '수학의 제왕'이라고도 불린다.

가우스는 1777년 4월 30일 부유하지 않은 부모의 아들로 태어났다. 그의 아버지는 여러 가지 직업을 가졌는데, 소규모의 보험회사에서 회계 책임자로 일하기도 했다. 소문에 따르면, 가우스는 세 살 때 이미 아버지의 계산서에서 오류를 발견했다고 한다. 가우스 자신도 말하기보다 계산을 먼저

가우스의 생가

배웠다고 말한 적이 있다.

앞의 이야기는 소문에 그칠 수 있지만, 다음 일화는 사실로 받아들여지고 있다. 이 일화는 널리 퍼져 있기에 여러분에게도 소개한다. 가우스는 아홉 살 때 초등학교에 입학했다. 담임선생님은 떠드는 학생들을 조용히 시키기 위해 0부터 100까지의 수를 더하라는 문제를 냈다. 가우스는 몇 분 지나지 않아 답을 말했다. 그는 합이 101이 되는 수($1+100, 2+99, 3+98, \cdots, 50+51$)의 50개의 짝을 만들어 답을 구한 것이다. 이 수를 만드는 공식 $1+2+3+\cdots+n = \frac{n}{2} \times (n+1)$은 '꼬마 가우스'라고 불리기도 한다.

이렇게 해서 그의 담임선생님은 가우스의 뛰어난 재능을 발견해, 가우스가 본격적으로 수학에 몰두할 수 있도록 이끌었다. 브라운슈바이크의 공작도 이 수학 천재에 관한 소문을 듣고 지원을 아끼지 않았다.

가우스는 성장해가며 놀라운 성과를 올렸고 자연과학 지식도 넓혀나갔다.

근대 수학의 수많은 발견과 법칙은 가우스에게서 유래한다. 그는 소수에 관한 이론을 세웠고, 확률 계산에서 중요한 역할을 하는 최소제곱법을 발전시켰다. 또한 좌우대칭인 종 모양을 이루는 가우스분포 곡선(정규분포라는 이름으로도 알려져 있다)을 개발했고 유클리드 기하학 이외에 또 다른 '비유클리드 기하학'이 존재할 수밖에 없다는 가설을 세우기도 했다. 이러한

발견들은 그가 이룩한 업적의 일부에 불과하다. 그는 자연과학의 다방면에 걸쳐 눈부신 성과를 이루었다. 이렇듯 카를 프리드리히 가우스는 근대 수학의 슈퍼스타라 불리기에 손색이 없다.

IV 확률과 통계

확률 계산의 기본 개념

여러분은 수학을 엄밀한 학문으로 알고 있을 것이다. 심지어 여러분 중에는 수학이 지나칠 정도로 엄밀하다고 생각하는 사람이 있을지도 모르겠다. 그런데 확률 계산의 중심 개념 중 하나는 우연이다. 겉으로 보기에 모순되는 이 두 가지 사실을 어떻게 파악해야 하는가? 이 장은 바로 이런 문제를 다룬다. 여러분은 우연이 얼마나 엄밀하게 다루어지는지를 알면 놀라게 될 것이다.

우연의 세계로 들어가기 전에 먼저 몇 가지 기초 지식과 기본 개념부터 살펴보겠다.

시행

확률 계산의 중심축을 이루는 것은 시행이다. 주사위나 동전 던지기 또는 로또 맞추기가 바로 시행이다. 이들은 차이점이 있긴 하지만, 중요한 공통점도 지니고 있다. 바로 결과를 예측할 수 없다는 것이다. 만약 시행 결과를 예측할 수 있다면, 우리는 모두 로또

백만장자가 될 것이다. 뿐만 아니라 어떤 일이 시행되기 위해서는 다음과 같은 또 다른 두 가지 조건이 충족되어야 한다.

시행이라고 할 수 있으려면 다음의 조건이 충족되어야 한다.

1. 같은 조건에서 임의로 반복될 수 있어야 한다.

2. 결과를 나타낼 수 있어야 한다.

3. 결과를 예측할 수 없어야 한다.

여기서 잠깐 로또를 살펴보고, 로또가 위의 정의에서 말하는 시행이 되는지를 검토해보자.

우선 로또의 당첨 번호를 정하는 조건을 알아보겠다. 여기에는 번호를 정하는 기구가 중심적인 역할을 한다(기구가 정상적으로 작동하는지는 입회한 감독관이 확인한다). 이 기구는 매주 토요일마다 똑같은 일을 한다. 따라서 번호를 정하는 과정은 항상 정확하게 반복되며 언제든 일어날 수 있다. 실외

행운이 따르면 로또에서 큰 이익을 얻을 수 있다.

온도나 기압 등은 여기서 아무런 역할도 하지 않는다. 따라서 같은 조건에서 임의로 반복된다고 말할 수 있다.

또한 선택할 수 있는 로또 숫자는 거의 무궁무진할 정도로 많다(여기서 정확한 수는 중요하지 않다. 이 수에 대해서는 뒤에 다시 다룰 것이다). 그러나 이론적으로는 가능한 모든 결과를 나타낼 수 있다.

무수히 나오는 결과를 예측할 수 없다는 것은 이미 위에서 말했다. 따라서 로또 맞추기는 세 가지 조건이 모두 충족되며 확률 계산에서 중요한 역할을 하는 시행이라고 여길 수 있는 것이다.

근원사건과 표본공간

이제 수학자들이 정한 시행의 개념을 알게 되었다. 그런데 우리가 알아야 할 또 다른 두 가지 중요한 개념이 있다. 바로 근원사건과 표본공간이다.

근원사건은 시행을 1회 실시했을 때 나오는 결과를 말한다.

정육면체 주사위를 던지는 시행에서는 1, 2, 3, 4, 5, 6의 6가지 근원사건이 생긴다. 그러나 모든 근원사건이 반드시 이런 결과가 되는 것은 아니다. 예를 들어 로또에서는 뽑힌 모든 숫자가 근원사건이 된다.

주사위의 6가지 근원사건

근원사건을 모두 모아 집합을 만들 때 이 집합을 표본공간이라 하고, 특수한 문자인 Ω로 표시한다.

주사위를 한 번 던질 때의 근원사건은 이미 살펴보았다. 따라서 주사위를 던지는 시행에서 표본공간은 다음과 같다.

$$\Omega_{주사위} = \{\,1, 2, 3, 4, 5, 6\,\}$$

동전을 던질 때는 '앞면', '뒷면'과 같은 두 가지의 근원사건이 생긴다. 따라서 표본공간은 다음과 같다.

$$\Omega_{\text{동전}} = \{ \text{앞면, 뒷면} \}$$

사건

근원사건에 대해서는 어느 정도 알게 되었다. 이제 확률 계산의 또 다른 중요한 개념인 사건을 소개한다. 근원사건과 사건은 매우 비슷한 개념으로 서로 밀접한 관계를 맺고 있지만 결코 동의어는 아니다. 따라서 주의하지 않으면 혼동하기 쉽다.

> 사건은 실험이나 관찰의 결과로 나타나는 것을 말한다. 따라서 사건은 표본공간의 임의의 부분집합이 된다.

사건의 정의를 더 명확하게 이해하고, 근원사건과의 차이를 분명히 하기 위해 몇 가지 예를 들어보겠다.

여러분은 정육면체의 주사위를 던지면, 6개의 근원사건(1, 2, 3, 4, 5, 6)이 생긴다는 사실을 이미 알고 있다. 그런데 이때 일어날 수 있는 일련의 사건들이 있다. 이를테면 '주사위를 던질 때 짝수가 나오는 경우'라는 말은 일어날 수 있는 사건을 나타낸다. 이 사건을 수로 나타내면 {2, 4, 6}이다. 주사위를 던졌을 때, 이 세 개의 수 중 하나가 나오면 사건이 생긴 것이다. 이 사건은 앞에서 말한 사건의 정의도 만족한다. 왜냐하면 {2, 4, 6}은 표본공간 {1, 2, 3, 4, 5, 6}의 부분집합이기 때문이다.

또 다른 예로 추첨함을 생각해보자. 추첨함은 이 장에서 자주 등장하는데, 보지 않고 안에 든 것을 꺼낼 수 있는 통으로 생각하면 된다. 추첨함에는 노란색 공과 주황색 공이 들어 있다.

근원사건은 노란색 공을 꺼내는 경우나 주황색 공을 꺼내는 경우이다. 따라서 표본공간은 {주황색 공, 노란색 공}이다. 그리고 일어날 수 있는 사건 중 하나는 주황색 공을 꺼내는 경우이다. 또 다른 사건으로 '처음에 노란색 공을 꺼내고 그다음에 주황색 공을 꺼내는 경우'도 있다.

본격적으로 사건의 계산을 다루기 전에, 전사건과 공사건이라는 두 가지 특별한 사건을 소개하겠다.

전사건은 항상 일어나는 사건을 말한다. 반면 결코 일어날 수 없는 사건은 공사건이라고 한다.

전사건은 다르게 표현하면 표본공간 Ω와 같다. 주사위 던지기를 예로 들면, 전사건은 '1, 2, 3, 4, 5 또는 6의 눈이 나오는' 사건을 말한다. 공사건은 공집합 ϕ와 같다. '7의 눈이 나오는' 사건은 공사건의 한 예이다(물론 이때는 주사위 1개를 던졌을 때를 말한다).

사건의 계산

언제나 최악의 경우가 생기리라고 생각하는 사람들이 있다. 이들은 항상 일이 부정적으로 끝난다고 예상한다. 그러나 우리는 이렇게 '사건을 예상하는' 것에 관심을 두지 않는다. 사건과 관련해서도 '진정한' 수학을 다루고자 한다.

시행의 결과가 여러 원소로 이루어질 때, 사건을 수학적으로 연결할 수 있다. 사건의 계산은 집합론과 밀접한 관계가 있다. 이해를 돕기 위해 사건 A와 B를 예로 들어 설명하겠다. 이 내용은 다른 사건에도 마찬가지로 적용할 수 있다.

합사건

우선 두 사건 A 또는 B가 일어나는 근원
사건의 집합을 살펴보자. 사건 A 또는 B가
일어나는 합사건은 A와 B의 합집합을 뜻하
며 다음과 같이 나타낼 수 있다.

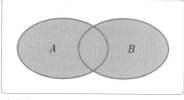
합사건

$$A \cup B$$

곱사건

사건 A와 B가 동시에 일어나는 사건을 A
와 B의 곱사건이라 하고, 다음과 같이 나타
낼 수 있다.

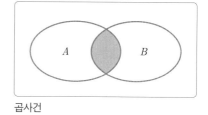
곱사건

$$A \cap B$$

한편 사건 A와 B의 곱사건이 공사건(ϕ)이면, 이 두 사건은 서로 배반이라고
하고, 이 두 사건을 배반사건이라고 한다.

여사건

표본공간 Ω의 모든 원소 중에서 A가 일
어나지 않는 사건을 A에 대한 여사건이라
고 한다. 여사건은 A^C로 표시한다.

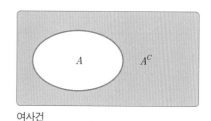
여사건

$$A^C = \Omega - A$$

291

몇 가지 예

지금까지 말한 내용을 몇 가지 예를 통해 구체적으로 다시 설명하겠다. 우선 정육면체 주사위를 던질 때 일어날 수 있는 여섯 가지의 사건을 표로 나타내면 다음과 같다.

특징	사건
눈의 수가 6이면	$A_1 = \{6\}$
눈의 수가 3이 아니면	$A_2 = \{1, 2, 4, 5, 6\}$
눈의 수가 4와 6 사이이면	$A_3 = \{5\}$
눈의 수가 소수이면	$A_4 = \{2, 3, 5\}$
눈의 수가 7이면	$A_5 = \phi$
눈의 수가 홀수이면	$A_6 = \{1, 3, 5\}$

이 사건들에서 몇 가지를 서로 결합하여 표로 나타내면 다음과 같다.

특징	사건	
눈의 수가 6 또는 소수이면	$A_1 \cup A_4 = \{2, 3, 5, 6\}$	합사건
눈의 수가 홀수이면서 3이 아니면	$A_6 \cap A_2 = \{1, 5\}$	곱사건
눈의 수가 짝수이면	$A_6{}^C = \Omega - A_6 = \{2, 4, 6\}$	여사건
눈의 수가 소수이면서 6이면	$A_4 \cap A_1 = \phi$	배반사건

이 표에서 볼 수 있듯이, 수학적인 연산을 거치면 결합관계가 복잡한 사건도 간단명료하게 나타낼 수 있다.

절대빈도와 상대빈도

지금까지 우리는 시행의 결과로 나타나는 표본공간의 여러 가지 사건과 연관관계를 살펴보았다. 이제 확률 계산에서 중요하게 다루어지는 몇 가지 사항들을 더 알아보자. 먼저 절대빈도와 상대빈도의 개념을 소개한다.

이 개념들을 설명하기 위해서는 다시 주사위 던지기의 예가 필요하다. 당신이 멋진 육면체 주사위를 여러 번 반복하여 던진다고 생각해보자. 당신은 주사위를 던져 나타난 결과를 꼼꼼히 기록하고 특히 3의 눈이 얼마나 자주 나오는지를 알고 싶어 한다고 하자. 주사위를 던져 3의 눈이 나올 때마다 기록한다고 할 때, 일정한 횟수만큼 주사위를 던진 후 기록된 수는 3의 눈이 나오는 사건의 절대빈도를 나타낸다.

> 사건 A의 절대빈도는 사건 A가 일어난 횟수를 말하며, $H(A)$로 표시한다.

하지만 이 절대빈도에는 문제가 있다. 당신의 곁에 있는 친구들 역시 주사위를 던진다고 하자. 그런데 당신이 주사위를 20회 던져 나온 결과를 친구들이 주사위를 25회 던져 나온 결과와 비교하는 것은 의미가 없다. 비교할 수 있으려면 모두가 똑같은 횟수로 주사위를 던져야 한다. 이렇게 하기 위해서는 사전에 주사위를 던지는 횟수를 합의해야 한다. 물론 주사위를 던지는 횟수와 상관없이 비교의 기준이 될 만한 값을 지니는 빈도가 있다면 아주 좋을 것이다. 이러한 빈도를 상대빈도라고 한다. 상대빈도는 쉽게 구할 수 있다. 바로 절대빈도를 시행의 횟수로 나누면 된다.

> 사건 A의 상대빈도 $h(A)$는 다음과 같이 구한다. 여기서 n은 시행 횟수이고, $H(A)$는 사건의 절대빈도를 말한다.
>
> $$h(A) = \frac{H(A)}{n}$$

확률

지금까지의 설명으로 확률과 통계 공부를 위한 기초는 마련된 셈이다. 이제 확률과 통계의 핵심 중 하나인 확률의 개념을 살펴보겠다.

우리가 일어날 확률이 높은 사건이라고 말할 때, 이 사건은 절대 일어나지 않는 사건보다는 일어날 가능성이 높다. 그러나 이것은 정확한 뜻을 담고 있지는 않다. 수학에서는 이와 달리 엄밀하게 정의한다.

앞에서 여러분은 사건의 절대빈도와 상대빈도를 배웠다. 이제 이 개념들을 활용해보자.

우리는 사건 A의 상대빈도 $h(A)$를 $h(A) = \dfrac{H(A)}{n}$ 와 같이 정의했다. 시행 횟수가 많을수록 결과는 더욱더 안정된다. 특히 상대빈도의 값은 시행 횟수가 많아질수록 큰 변화가 없이 일정해진다. 이 상대빈도의 값을 통계적 확률이라고 한다.

사건 A의 확률은 $P(A)$로 표시한다. P는 확률을 뜻하는 영어 probability의 첫 글자에서 따왔다.

라플라스 시행

시행 중에서 프랑스의 수학자이자 천문학자인 피에르 시몽 라플라스[Pierre Simon Marquis de Laplace, 1749~1827]의 이름을 딴 시행이 있다.

피에르 시몽 라플라스는 확률론과 미분법을 연구했다.

> 유한개의 근원사건이 있을 때, 각 근원사건이 일어날 확률이 같은 시행을 라플라스 시행이라고 한다.

이번에는 주사위가 아닌, 동전 던지기를 예로 들어보겠다. 이때는 서로 다른 두 가지의 근원사건이 생긴다. 동전을 던지면 앞면이나 뒷면이 나온다(동전이 똑바로 서는 경우는 일단 고려하지 않는다). 이 경우 근원사건의 개수는 유한하다. 게다가 정상적인 동전이라면 두 사건은 일어날 확률이 똑같다. 따라서 동전 던지기는 라플라스 시행이다.

한 단계 더 나아가 각 근원사건의 확률이 얼마인지를 계산해보자. 동전 던지기의 두 근원사건(앞면, 뒷면) 중 하나는 항상 일어난다. 따라서 각각의 근원사건이 일어날 확률은 $\frac{1}{2}$이다.

아주 드물긴 하지만, 동전이 똑바로 서는 경우가 있을 수 있다.

그러면 이제 다시 주사위 던지기를 살펴보자. 이렇게 주사위 던지기를 예로 드는 것은 더 좋은 예가 없어서가 아니라 주사위 던지기에 대해서는 모르는 사람이 없어 설명하기가 쉽기 때문이다. 동전은 근원사건이 너무 적어 확률의 다양한 사례를 살펴보기에는 적합하지 않다. 이와는 달리 주사위 던지기는 6개의 근원사건이 있다. 따라서 이들 중 하나가 일어날 확률은 $\frac{1}{6}$이다.

여기까지는 깔끔하게 정리되었다! 그런데 짝수가 나올 확률은 어떻게 구할까? 6개의 근원사건 중에서 3개가 짝수이다. 즉, 주사위를 던졌을 때 짝수가 나오는 경우의 수는 3이다. 따라서 확률은 $\frac{3}{6} = \frac{1}{2}$이다.

라플라스 시행에서 사건 A의 확률 P(A)를 식으로 나타내면 다음과 같다.

$$P(A) = \frac{\text{사건 } A \text{가 일어나는 경우의 수}}{\text{일어날 수 있는 모든 경우의 수}}$$

라플라스 시행인가, 아닌가?

이제 또 다른 시행을 살펴보고 어떤 경우에 라플라스 시행이 되는지를 판단해보자.

주사위 던지기는 라플라스 시행의 조건을 충족한다. 정상적인 주사위의 경우,

유한개의 근원사건이 있으며(주사위 던지기의 근원사건은 6개이다) 6개의 근원사건 중에서 각각의 사건이 일어날 확률이 같기 때문이다.

로또 번호를 만드는 것도 라플라스 시행이다. 6개의 로또 번호를 만드는 조합은 1400만 개(정확하게는 13983816개)이다(우리나라의 로또는 1부터 45까지의 수 중에서 6개의 수를 맞추지만, 독일의 로또는 1부터 49까지의 수 중에서 6개의 수를 맞춘다).

이 조합의 수는 매우 크지만 무한하지는 않다. 따라서 라플라스 시행의 첫 번째 조건이 충족되었다. 또한 이 조합 중에서 하나가 당첨될 확률은 다른 조합의 경우와 똑같다. 그러므로 두 번째 조건도 충족된다. 매주 토요일에 로또를 하는 사람은 결국 라플라스 시행에 참가하는 셈이다.

이제 다른 종류의 시행을 살펴보자. 이 시행에서도 우리가 잘 알고 있는 추첨함의 사례가 등장한다. 추첨함에는 10개의 빨간색 공, 15개의 파란색 공 그리고 5개의 초록색 공이 들어 있다. 여기서 중요한 것은 같은 색의 공들이 서로 구별되지 않는다는 점이다. 따라서 이 시행은 라플라스 시행이라고 할 수 없다. 왜냐하면 공에 따라 꺼낼 확률이 다르기 때문이다.

그러면 추첨함에서 특정한 색깔의 공을 꺼낼 확률을 계산해보자.

공은 모두 30개이다. 즉 일어날 수 있는 경우의 수는 30이므로 각 색깔의 공을 꺼내는 확률을 구하면 다음과 같다.

$$P(\text{빨간색}) = \frac{10}{30} = \frac{1}{3}$$

$$P(\text{파란색}) = \frac{15}{30} = \frac{1}{2}$$

$$P(\text{초록색}) = \frac{5}{30} = \frac{1}{6}$$

이 시행을 라플라스 시행이 되게 하려면 어떻게 해야 할까? 여러분에게 간단하면서도 요긴한 트릭을 소개하겠다. 바로 추첨함에서 작은 변화를 주면 된다. 즉, 로또처럼 모든 공에 번호를 붙이는 것이다. 번호가 없을 때는 공이 서로 구별되지 않았지만, 이제는 구별이 가능하다. 따라서 각각의 공을 꺼낼 확률이 모두 같아진다. 공에 번호를 붙였기 때문에, 특정한 공을 꺼낼 확률도 계산할 수 있다. 그럼 시행과 관련된 확률을 본격적으로 계산해보기로 하자.

콜모고로프의 확률 계산법

러시아의 수학자 안드레이 니콜라예비치 콜모고로프$^{\text{Andrey Nikolaevich Kolmogorov, 1903~1987}}$는 주로 확률 계산에 몰두했다. 그의 가장 중요한 학문적인 업적 중 하나는 확률 계산의 몇 가지 주요 원칙을 세운 것이다. 이 원칙들은 공리이다. 공리는 '왜 이렇게 정의되는지'에 대해 구체적인 설명을 하지 않은

안드레이 **콜모고로프**

채 합의된 것, 다시 말해 증명 없이 참이라고 부르는 명제를 의미한다.

콜모고로프는 다음과 같은 세 가지의 중요한 공리를 발표했다.

---

1 모든 사건 A에 대하여 $0 \leq P(A) \leq 1$이 성립한다.

2 반드시 일어나는 사건의 확률은 1이다. 즉 $P(\Omega)=1$이다.

3 두 사건 A와 B의 곱사건이 공사건이면(다시 말해 교집합이 공집합이면), 두 사건의 합사건의 확률은 각 사건의 확률의 합과 같다.
   즉 $P(A \cup B)=P(A)+P(B)$이다.

위의 공리 **1**과 **2**는 쉽게 이해할 수 있다. 그러나 공리 **3**은 어떤가? 이 공리가

쉽게 와 닿지 않는 사람을 위해 예를 들어보겠다.

다시 주사위 던지기를 살펴보자. 두 사건 A와 B를 다음과 같이 정의한다.

사건 A: 짝수의 눈이 나오는 사건
사건 B: 1 또는 3의 눈이 나오는 사건

이 두 사건이 공통된 원소를 지니지 않는다는 것은 명확하다.

짝수의 눈이 나올 확률은 $\frac{1}{2}$이고, 1 또는 3의 눈이 나올 확률은 $\frac{1}{3}$이다. 이 두 사건 중의 하나가 일어날 확률은 콜모고로프의 공리에 따르면 $\frac{1}{2}+\frac{1}{3}=\frac{5}{6}$이다. 이 계산이 맞는지를 검토하는 것은 아주 간단하다. 사건 A는 $\{2, 4, 6\}$이고, 사건 B는 $\{1, 3\}$이므로 두 사건의 합사건은 $\{1, 2, 3, 4, 6\}$이다. 즉 근원사건 6개 중에서 5개를 포함한다.

이것은 n개의 서로 다른 사건 A_1, A_2, A_3, $\cdots$, A_n으로 확대할 수 있다. 여기서 전제는 이 사건들끼리의 곱사건이 모두 공사건이 되어야 한다는 것이다. 다시 말해, 두 임의의 사건의 곱사건이 공사건임을 뜻한다. 이 경우를 식으로 나타내면 다음과 같다.

$$P(A_1 \cup A_2 \cup A_3 \cup \cdots \cup A_n) = P(A_1) + P(A_2) + P(A_3) + \cdots + P(A_n)$$

콜모고로프의 세 공리에서 다음과 같은 추론도 가능하다.

4 어떤 사건의 확률과 그 사건의 여사건의 확률을 더하면 1이다.
  즉 $P(A) + P(A^C) = 1$이다.
5 결코 일어날 수 없는 사건의 확률은 0이다. 따라서 $P(\phi) = 0$이다.

여기서 잠깐 **4**에서 말한 여사건의 개념을 다시 살펴보자. 여사건의 정확한 의

미는 무엇인가? 아마 여러분은 이제 어느 정도는 여사건을 파악했으리라 짐작된다. 사건 A의 여사건은 '사건 A가 일어나지 않는' 사건이라고 말할 수 있다.

추첨함의 예를 통해 설명해보겠다. 이번 추첨함은 빨간색 공과 검은색 공으로 채워져 있다. 사건 A는 빨간색 공을 꺼내는 사건으로 정의한다. 따라서 여사건 A^C는 빨간색 공을 꺼내지 않는 사건이라고 말할 수 있다. 이 예에서도 알 수 있듯이 여사건은 이해하기가 쉽다.

또 다른 두 가지 명제도 반드시 기억해야 한다. 이 명제들은 일상생활에서 확률을 계산할 때 자주 쓰이므로 잘 기억해두자.

표본공간 Ω의 임의의 두 사건 A, B에 대하여, 합사건의 확률은 다음과 같이 계산한다.

$$P(A \cup B) = P(A) + P(B) - P(A \cap B)$$

따라서 두 사건 A, B의 곱사건의 확률은 다음과 같이 계산할 수 있다.

$$P(A \cap B) = P(A) + P(B) - P(A \cup B)$$

이것을 확률의 덧셈정리라고 한다.

획률 수형도

덧셈정리는 시행이 항상 단 하나의 사건으로 이루어지는 것은 아니며 여러 사건을 연결할 수도 있다는 것을 암시한다.

여러 사건을 연결하는 시행에서는 전체를 꿰뚫어보기가 쉽지 않다. 따라서 시행의 전개를 그래프의 형태로 나타내는 것이 도움되는데, 이때 나뭇가지 모양으로 뻗어 나가게 그린 수형도樹型圖를 이용할 수 있다. 이제 수형도를 이용해 시행을 파악하는 예를 들어보겠다.

당첨 행운과 꽝

자, 함께 놀이공원으로 가보자. 롤러코스터는 여러 번 탔기 때문에 싫증이 나고 다른 놀이기구들은 너무 비싸서 탈 엄두를 내지 못하고 있다. 이때 복권을 추첨해 선물을 주는 가게가 눈에 들어왔다. 가게는 모두 세 곳이다. 당첨 확률이 첫 번째 가게는 0.3이고, 두 번째 가게는 0.4, 세 번째 가게는 0.45이다. 세 곳을 모두 들른다고 할 때 딱 한 곳에서 당첨되지 않을 확률은 얼마인가?

놀이공원에서 복권 추첨 가게가 여러 가지 경품을 걸고 고객을 유혹한다.

이 경우는 우연이 (가게마다) 세 단계에 걸쳐 작용한다. 수형도로 나타내면 다음과 같다.

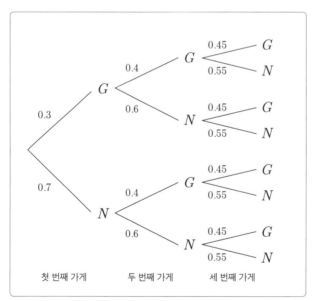

세 가게의 당첨 확률을 나타내는 수형도. N = 꽝, G = 당첨

이제 수형도의 가지를 추적하며 있을 수 있는 모든 조합을 살펴볼 수 있다. 먼저 첫 번째 가게에서 꽝을 뽑고 두 번째와 세 번째 가게에서 당첨된다고 가정해 보자. 이때 생기는 가지의 경로를 빨간색으로 표시하면 다음과 같다.

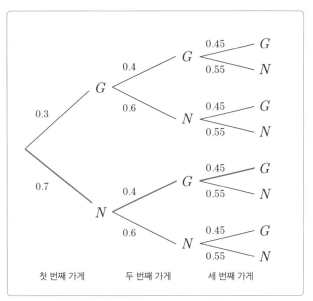

세 가게의 근원 사건인 꽝-당첨-당첨을 연결한 경로

그런데 빨간색으로 표시한 결과가 나올 확률은 어떻게 계산하는가?

여기서는 두 가지의 특수한 계산 법칙이 적용된다. 빨간색으로 표시한 경로는 첫 번째 가게에서는 꽝을 뽑고 두 번째와 세 번째 가게에서 당첨될 경우(줄여서 NGG라 하자)를 보여주는 하나의 시행 결과를 나타낸 것이다. 자, 이제 확률 수형도를 이용하여 확률을 구하는 계산 규칙을 살펴보자.

당첨 또는 꽝?

앞의 예에서 각각의 경우를 계산하면 전체의 윤곽이 구체적으로 드러난다. 수형도에 나타난 각 시행 결과에 대한 확률을 위에서부터 계산하면 다음과 같다.

$$P(GGG)=0.3\times0.4\times0.45=0.054$$
$$P(GGN)=0.3\times0.4\times0.55=0.066$$
$$P(GNG)=0.3\times0.6\times0.45=0.081$$
$$P(GNN)=0.3\times0.6\times0.55=0.099$$
$$P(NGG)=0.7\times0.4\times0.45=0.126$$
$$P(NGN)=0.7\times0.4\times0.55=0.154$$
$$P(NNG)=0.7\times0.6\times0.45=0.189$$
$$P(NNN)=0.7\times0.6\times0.55=0.231$$

느리긴 하지만 점점 구하고자 하는 결과에 근접하고 있다. 우리가 관심을 가지는 것은 앞의 문제 설정에 따라 정확하게 한 번의 꽝이 나오는 시행 결과이다. 즉 $P(GGN)$, $P(GNG)$, $P(NGG)$의 경우이다. 이 문제를 풀기 위해서라면 다른 경우는 고려할 필요가 없다. 하지만

유감스럽게도 꽝만 나온 경우

군이 다른 경우에 대해서도 확률을 계산한 것은 연습을 위해서이다.

이제 마지막 단계만 남았다. 문제가 요구하는 것은 한 번의 꽝이 나오는 시행

결과의 확률이다. 이 확률은 합의 법칙을 이용해 구한다.

$$P(\text{단 한 번의 꽝이 나오는 경우}) = P(GGN) + P(GNG) + P(NGG)$$
$$= 0.066 + 0.081 + 0.126$$
$$= 0.273$$

이와 마찬가지로 적어도 한 번은 당첨될 경우의 확률도 구할 수 있다. 여기서 우리가 고려할 필요가 없는 것은 모두가 꽝인 시행 결과인 $P(NNN)$이다. 그러므로 이 계산은 다음과 같이 간단하게 나타낼 수 있다.

$$P(\text{적어도 한 번은 당첨될 경우}) = 1 - P(NNN) = 1 - 0.231 = 0.769$$

조건부확률

조건부확률을 살펴보기 전에 몇 가지 확률에 대한 보충 설명을 하겠다.

…의 조건에서

조건부확률을 구하기 위해서는 적어도 두 개의 사건이 있어야 한다. 조건부확률은 사전에 다른 사건이 일어났다는 전제에서 어떤 사건이 일어날 때의 확률을 말한다.

이에 대한 아주 간단한 예로 빨간색 공과 검은색 공이 들어 있는 추첨함에서 공을 차례대로 꺼내는 경우를 들 수 있다. 이 추첨함에서 꺼낸 공을 다시 넣지 않고 차례로 공을 꺼낸다면, 앞의 사건은 다음 사건의 확률에 당연히 영향을 미친다. 다시 말해, 빨간색 공을 꺼내고 이 공을 추첨함에 도로 넣지 않는다면, 다음에 다시 빨간색 공을 꺼낼 확률은 달라진다.

사건 A가 일어났다고 가정할 때, 사건 B가 일어날 확률을 사건 A가 일어났을 때의 사건 B의 조건부확률이라고 한다. 이를 $P(B|A)$라고 표시한다.

독립사건

예를 들어 주사위를 한 번 던질 때, 짝수의 눈이 나오는 사건을 A, 3의 배수의 눈이 나오는 사건을 B라 하면 사건 B가 일어날 확률은 사건 A가 일어나든, 일어나지 않든 항상 같다. 즉 $P(B)=P(B|A)$이다. 이런 사건을 수학에서는 독립사건이라고 한다.

한편, 주사위를 처음 던졌을 때 짝수의 눈이 나올 확률은 앞에서 계산했듯이 $\frac{1}{2}$이다. 두 번째로 던졌을 때 3의 배수의 눈이 나올 확률은 $\frac{1}{3}$이다. 이제 주사위를 처음 던졌을 때 짝수의 눈이 나오고 두 번째로 던졌을 때 3의 배수의 눈이 나올 확률을 계산해보자. 이때의 확률은 곱의 법칙에 따라 다음과 같다.

$$P=\frac{1}{2}\times\frac{1}{3}=\frac{1}{6}$$

그런데 이 확률은 주사위를 한 번 던질 때 '짝수이면서 동시에 3의 배수의 눈이 나오는' 사건의 확률과 같다. 따라서 두 사건이 독립사건이면 다음과 같은 성질이 성립한다.

두 사건 A와 B가 독립이면 $P(A\cap B)=P(A)\times P(B)$이고, 이것의 역도 성립한다.

성가신 스팸메일

조건부확률은 얼핏 보면 복잡하게 여겨진다. 또한 문제도 실제로 간단하지 않다. 그러나 일상생활에서 벌어지는 예로 조건부확률을 비교적 쉽게 파악하는 방법을 소개하겠다.

여론조사에 따르면, 독일인의 80퍼센트가 이메일을 통신수단으로 이용한다. 이는 놀라운 일이 아니다. 이메일은 빠르고 편하게 이용할 수 있기 때문이다. 물론 부작용도 있다. 바로 광고를 목적으로 하는 스팸메일이 우리를 성가시게 한다. 이 원치 않는 메일의 대표 주자라고 할 수 있는 것이 '비아그라' 선전이다. 다음과 같은 시나리오를 생각해보자.

당신이 받는 이메일의 85퍼센트가 스팸메일이다. 그리고 스팸메일의 45퍼센트와 '좋은' 메일의 2퍼센트에 '비아그라'라는 말이 들어 있다.

문제는 다음과 같다.

'비아그라'라는 말을 포함한 메일이 스팸메일일 확률은 얼마인가?

우선 두 사건을 정리해보자.

사건 A: 이메일이 '비아그라'라는 말을 포함하고 있다.

사건 B: 이메일이 스팸메일이다.

이제 몇 가지 확률을 구하면 다음과 같다.

− 스팸메일(사건 B)의 확률: 0.85

− 좋은 메일의 확률: 0.15

− 비아그라라는 말을 포함한 스팸메일의 확률: $0.85 \times 0.45 = 0.3825$

− 비아그라라는 말을 포함한 좋은 메일의 확률: $0.15 \times 0.02 = 0.003$

− 비아그라라는 말을 포함한 메일(사건 A)의 확률: $0.3825 + 0.003 = 0.3855$

이로써 몇 가지 중요한 확률을 구했다. 이제 원래 문제를 다시 살펴보자. 물론 아직 답을 구한 것은 아니다. 답을 구하기 위해서는 다음과 같은 공식을 알아야 한다.

사건 A의 조건에서 사건 B의 확률을 구하는 공식은 다음과 같다.

$$P(B|A) = \frac{P(A \cap B)}{P(A)}$$

사건 A의 확률은 앞에서 구했다. 즉, 0.3855이다.

이제 사건 A와 B가 동시에 일어날 확률을 구해야 한다. 다시 말해, '비아그라'라는 말을 포함한 스팸메일의 확률을 구해야 하는데, 이 확률도 이미 계산했다. 즉, 0.3825이다. 이제 조건부확률을 구하는 것은 어렵지 않다.

$$P(B|A) = \frac{0.3825}{0.3855} \fallingdotseq 0.992$$

이는 '비아그라'라는 말을 포함한 메일이 스팸메일일 확률은 99.2퍼센트라는 것을 의미한다.

제비뽑기

조건부확률을 조금 더 명확하게 이해하기 위해 또 다른 예를 들어보겠다. 이번에는 40개의 빨간색 제비와 60개의 파란색 제비를 넣은 제비뽑기 통이 있다고 하자. 즉 이 통에는 모두 100개의 제비가 들어 있다. 빨간색 제비 중에는 10개가 당첨제비이고, 파란색 제비 중에는 30개가 당첨제비이다. 여기서 당신은 빨간색 제비를 뽑았을 때, 그 제비가 당첨제비일 확률을 알고자 한다.

사건 A: 빨간색 제비를 뽑는 사건(이 사건의 확률은 0.4이다).
사건 B: 당첨제비를 뽑는 사건

여기서 두 사건의 곱사건은 빨간색의 당첨제비를 뽑는 경우이다. 친절하게도 문제에서 이미 이 경우의 확률을 말해주고 있다. 즉, 0.1이다.

이제 조건부확률은 다음과 같이 구하면 된다.

$$P(B|A) = \frac{0.1}{0.4} = 0.25$$

따라서 당신이 빨간색 제비를 뽑았을 때, 그 제비가 당첨제비일 확률은 25퍼센트이다.

베이즈의 정리

이제 영국의 수학자 토머스 베이즈[Thomas Bayes, 1701~1761]가 만든 베이즈의 정리를 살펴보기로 하자. 이 정리를 다룸으로써 확률 계산은 한층 더 복잡해진다. 수학책 중에서는 혼동을 피하기 위해 이 정리를 아예 다루지 않는 경우도 있다. 하지만 여러분은 충분히 소화할 수 있으리라 믿는다.

토머스 베이즈

지금까지 우리는 확률 계산을 배우면서 특정한 시행을 생각해 확률을 구하는 방식을 취했다. 물론 실제에서는 완전히 다른 양상을 띨 수도 있다. 예를 들어 사건이 발생할 경우(특정한 측정값이 문제가 될 경우), 그 원인이 알고 싶어진다. 만약 여러 가지 원인이 있다면, 어떤 원인이 어느 정도의 확률을 나타내는 측정 결과를 초래했는지 궁금해지는 것이다. 여기서는 새로운 근거가 제시될 때의 특정한 확률을 계산해야 한다. 베이즈의 정리는 바로 이러한 확률 계산을 할 때 적용된다.

표본공간 Ω의 분할 영역인 A, A^C이 주어져 있을 때, 사건 B가 일어났다고 가정할 경우 이 사건이 A의 영역에서 일어났을 확률은 어떻게 될까? 이 물음에 대한 계산은 다음과 같다.

$$사건\ A,\ A^C에\ 대하여\ A \cap A^C = \phi\ 이고,\ A \cap A^C = \Omega이면$$

$$P(A|B) = \frac{P(A \cap B)}{P(B)} = \frac{P(A)P(B|A)}{P(A)P(B|A) + P(A^C)P(B|A^C)}$$

질병의 진단

앞의 공식은 보기에도 복잡하고 쉽게 이해하기가 어렵다는 것은 충분히 인정한다. 하지만 다음 예를 살펴보면 이런 문제를 어떻게 푸는지 그 요령을 알게 될 것이다.

주민의 1퍼센트가 원인을 알 수 없는 병에 걸렸다고 가정하자. 이제 병을 진단하기 위해 테스트를 한다. 이 테스트는 효과가 있긴 하지만 100퍼센트 확실하지는 않다. 병에 걸렸을 경우 양성 판정이 날 확률은 0.99 이다. 그리고 병에 걸리지 않았을 경우 음성 판정이 날 확률은 0.90이다.

의사는 양성으로 판정이 난 사람이 실제로 이 병에 걸렸을 확률이 얼마인지를 알고자 한다. 우선 두 사건을 정의해보자.

사건 A: 한 사람이 병에 걸렸다.
사건 B: 테스트의 결과로 양성 판정이 났다.

이제 확률을 정하는 단계로 접어든다. 문제를 본격적으로 푸는 단계인 셈이다. 여기서는 머릿속으로만 생각하지 말고 반드시 종이에 차근차근 적어나가야 한다.

$$P(A)=0.01$$
$$P(B|A)=0.99$$
$$P(B^C|A^C)=0.90$$
$$P(B|A^C)=0.10$$

문제에서 구하고자 하는 확률은 $P(A|B)$이다. 베이즈의 정리를 살펴보면, 이 문제를 푸는 데 필요한 확률은 이미 나와 있음을 알 수 있다. 계산을 해보자.

$$P(A|B)=\frac{P(A)P(B|A)}{P(A)P(B|A)+P(A^C)P(B|A^C)}$$
$$=\frac{0.01\times0.99}{0.01\times0.99+0.99\times0.10}\fallingdotseq0.091$$

결과를 보면 놀랍게도 테스트에서 양성으로 판정이 난 사람이 실제로 병에 걸렸을 확률은 0.091에 불과함을 알 수 있다. 따라서 이 경우에는 테스트가 확실치 않다고 말할 수 있다.

불량품

베이즈의 정리는 복잡한 식을 포함하고 있기 때문에 한 가지 예로는 충분하지 않다. 따라서 이해를 돕기 위해 또 다른 예를 들어보자.

이번에는 한 공장으로 가보자. M_1과 M_2라는 두 기계가 골프공을 생산하는 공장이다. M_1은 하루에 5천 개의 골프공을, M_2는 4천 개의 골프공을 생산한다. 생산된 골프공 모두가 품질 검사에 합격하는 것은 아니다. M_1에서 5퍼센트의 불량품이, M_2에서는 3퍼센트의 불량품이 나온다. 품질 검사자가 생산된 골프공을 하나 꺼내 검사해보니 불량품이었다. 이 불량품이 M_1에서 나왔을 확률은 얼마인가?

앞에서 해온 방식대로 몇 가지 사건을 정의하자.

사건 A: 꺼낸 골프공이 불량품이다.

사건 B: 꺼낸 골프공이 M_1에서 나왔다.

사건 B^C: 꺼낸 골프공이 M_2에서 나왔다.

문제에서 이미 몇 가지 확률을 알 수 있다.

$$P(B) = \frac{5}{9}$$

$$P(B^C) = \frac{4}{9}$$

$$P(A|B) = 0.05$$

$$P(A|B^C) = 0.03$$

문제가 요구하는 확률은 $P(B|A)$이다.

$$P(B|A) = \frac{P(B)P(A|B)}{P(B)P(A|B) + P(B^C)P(A|B^C)}$$

$$= \frac{\frac{5}{9} \times 0.05}{\frac{5}{9} \times 0.05 + \frac{4}{9} \times 0.03} \fallingdotseq 0.68$$

따라서 불량품이 M_1에서 나왔을 확률은 68퍼센트이다.

실생활에서의 활용

이번에는 베이즈의 정리를 실생활에서 활용할 수 있는 경우를 살펴보기로 하자(하지만 구체적인 예는 더 이상 들지 않는다). 이렇게 함으로써 베이즈의 정리가 확률 계산에서 얼마나 중요한 역할을 하는지와 우리 생활에서 얼마나 자주 쓰이는지를 강조하고자 한다.

앞의 질병 진단 사례는 인위적으로 만든 것이지만, 이러한 종류의 문제 설정은 실생활에서 자주 접할 수 있다. 베이즈의 정리는 컴퓨터 공학이나 전산학에서도 중요한 역할을 한다. 여기서는 특히 베이즈의 필터라는 개념이 널리 쓰이는데, 여러분도 한 번쯤은 들어보았을 것이다.

베이즈의 필터는 예를 들어 특정한 단어(앞에서 예로 든 '비아그라'라는 말을 생각하면 쉽게 이해할 수 있다)가 메일에 포함되면 "이 이메일은 스팸메일이다"라고 결론을 내릴 때 사용된다. 인공지능도 제시된 자료가 불충분하고 불확실한 상황에서는 베이즈의 정리를 이용해 판단을 이끌어낸다. 품질 검사 또한 베이즈의 정리를 이용해 특정한 테스트의 신뢰도를 판정한다.

이는 복잡한 베이즈의 정리가 실생활에서 이용되는 사례의 일부에 불과하다. 하지만 여러분은 이 정리의 중요성을 이미 파악했을 것이다.

베르누이 시행

지금까지는 확률을 계산할 때 복잡한 과정을 거치는 경우도 있었다. 특히 시행이 여러 가지의 다른 결과를 낳을 때 확률 계산이 복잡해졌다. 이러한 경우, 우리는 앞에서 수형도가 얼마나 복잡한 모습을 나타내는지를 이미 살펴보았다.

이와는 달리 비교적 단순한 확률 계산도 있다. 이 경우는 각 시행이 독립시행이고, 어느 시행의 결과도 어떤 사건이 일어나거나(성공) 일어나지 않는 것(실패) 중 하나가 된다.

이러한 시행의 대표적인 예가 바로 동전 던지기이다. 동전 던지기에서는 두 가지의 시행 결과만 나타난다(여기서도 동전이 똑바로 서는 아주 예외적인 경우는 고려하지 않는다). 주사위 던지기도 두 가지의 시행 결과만 나오도록 제한할 수 있다. 예를 들면, '짝수나 홀수가 나오는 시행' 또는 '6의 눈이 나오거나 나오지 않는 시행'이 있다.

각 시행이 독립시행일 때, 임의의 시행 결과가 '성공' 또는 '실패'처럼 두 가지 중 한 가지로 나오는 시행을 베르누이 시행이라고 한다.

이때 베르누이 시행의 결과 성공의 횟수를 X라 하면, X는 0 또는 1의 값을 갖는다. 따라서 표본공간 Ω는 $\{0, 1\}$이고, X의 각 값에 대한 확률은 다음과 같이 정한다.

$P(x=1)=p$는 1회의 시행에서의 성공 확률이고, $P(x=0)=1-p=q$는 실패 확률이다.

물론 이 시행에서 어떤 경우가 성공이고, 실패인지는 사전에 정해야 한다. 이와 같이 1회의 베르누이 시행의 분포를 베르누이 분포라 한다.

이항분포

이제 베르누이 시행을 여러 번 반복하는 경우도 생각해볼 수 있다. 이 경우의 확률분포를 이항분포라 한다. 여기서 시행이 시간적으로 연이어 펼쳐지는 것은 중요하지 않다. 예를 들어 8개의 제품을 꺼내 품질 검사를 하는 경우를 생각해보자. 이때, 8개의 제품을 동시에 꺼내거나 시간 간격을 두고 꺼낼 수도 있다. 여기서 중요한 것은 개개의 시행이 서로 독립적이어야 한다는 점이다. 또한 합격품이거나 불량품일 확률이 모든 제품에 대해 동일해야 한다.

이제 이항분포에 대해 자세히 알아보기로 하자.

어떤 시행에서 한 사건의 성공 확률이 p이고 실패 확률이 q일 때, n번의 독립시행에서 이 사건의 성공 횟수를 확률변수 X라 하면, k회 성공할 확률이 다음과 같이 나타나는 확률분포를 이항분포라 한다.

$$P(X=k)=\binom{n}{k}p^k q^{n-k} \quad \text{단}, k=0, 1, 2, \cdots, n$$

앞에서 $\binom{n}{k}$는 다음과 같이 계산한다는 것을 배웠다.

$$\binom{n}{k}=\frac{n!}{k!(n-k)!}$$

교통 통제

통계에 따르면, 모든 운전자의 70퍼센트가 제한속도를 지킨다. 새해를 맞이해 경찰이 단속을 실시한다고 할 때, 20명의 운전자 중에서 15명의 운전자가 제한속도를 지킬 확률은 얼마인가?

우리가 알고 있는 사항을 다시 한 번 정리해보자.

1) 시행 횟수 n은 20이다.
2) 성공 횟수(제한속도를 지킨 사람의 수) k는 15이다.
3) 모든 운전자의 70퍼센트가 제한속도를 지키므로, $p=0.7$이다.

이제 식의 미지수의 값을 모두 알아보았으므로, 이 값을 이항분포의 식에 대입해 계산하면 다음과 같다.

$$P(X=15)=\binom{20}{15}\times 0.7^{15}\times 0.3^5 \fallingdotseq 0.18$$

따라서 20명의 운전자 중에서 15명이 제한속도를 지킬 확률은 18퍼센트이다.

12회 주사위 던지기

이항분포를 구체적으로 설명하기 위해 주사위를 12회 던지는 예가 흔히 이용된다. 지금까지는 12라는 숫자가 얼마나 중요한 의미를 지니는지를 설명하지 않았다. 다음과 같은 예를 살펴보면 그 의미를 알게 될 것이다.

당신이 주사위를 12회 던진다고 가정하자. 여기서도 품질 검사의 경우와 마찬가지로 주사위 한 개를 12회 던지거나(이는 이항분포의 전형적인 사례이다) 12개의 주사위를 한 번에 던져도 된다. 이때 6의 눈이 2회 나올 확률은 얼마인가?

위 내용으로부터 알 수 있는 것을 정리해보자.

1) 12번의 시행에서 6의 눈이 2회 나와야 하므로 k는 2이다.
2) 6이 나올 확률 p는 $\frac{1}{6}$이다.

이제 미지수의 값을 모두 알고 있으므로 이 값을 이항분포의 식에 대입해 계산하면 다음과 같다.

$$P(X=2)=\binom{12}{2}\times\left(\frac{1}{6}\right)^2\times\left(\frac{5}{6}\right)^{10} \fallingdotseq 0.296$$

따라서 주사위를 12회 던졌을 때 6의 눈이 2회 나올 확률은 29.6퍼센트이다.

큰 수의 법칙

큰 수의 법칙은 스위스의 수학자 야곱 베르누이[Jakob Bernoulli, 1654~1705]가 발견했다. 이 법칙은 흔히 범하는 실수를 예방하는 데 도움을 준다.

야곱 베르누이

예를 들어 로또와 관련해 다음과 같은 말을 하는 사람들이 있다. "나는 로또의 당첨 번호를 몇 년 동안 관찰해왔다. 그런데 이상하게도 13이 다른 숫자보다 훨씬 적게 나왔다. 큰 수의 법칙에 따라 이제부터는 13이 더 많이 나올 것이다. 그러므로 로또를 한다면 13에 표시할 것을 추천한다."

얼핏 생각하면 이 주장은 설득력이 있어 보인다. 그러나 이것은 타당하지 않다. 로또 당첨 번호의 확률은 지난주나 지난달의 당첨 번호와 상관없이 항상 똑같다.

그렇다면 큰 수의 법칙이 뜻하는 바는 무엇인가?

> 큰 수의 법칙은 시행의 횟수가 많아질수록, 어떤 결과의 상대적인 빈도가 이 결과에 대한 이론적인 확률에 점점 가까워진다는 것을 의미한다.

동전 던지기를 예로 들어보자. 동전을 연속적으로 몇 번 던진다고 해서 앞면과 뒷면이 나오는 각각의 횟수가 꼭 같지는 않다. 하지만 100번, 1000번, …으로 던지는 횟수를 늘려 가면 앞면과 뒷면이 나오는 상대적인 빈도수는 거의 같아진다. 큰 수의 법칙은 두 사건의 결과가 장기적인 시각에서 볼 때 서로 가까워지는 것을 의미한다.

수명도 이러한 예에 속한다. 개인의 수명은 서로 달라 누가 몇 살에 죽을지는 알 수 없지만, 많은 사람에 대한 장기간에 걸친 통계를 살펴보면 인간의 평균수명과 각 연령층의 사망자 비율이 거의 일정한 값에 가까워지는 것을 알 수 있다.

큰 수의 법칙은 특히 보험업에서 중요성을 띤다. 보험사들은 심지어 이 법칙을 보험업의 '헌법'이라고 말하기도 한다.

보험에서는 미래에 생길지도 모를 손실에 대해 이론적으로 진단하는 것이 중요하다. 개인이나 재산 그리고 건강에 대한 통계가 방대할

Versicherungen-보험

수록, 이러한 진단은 더 정확해지고 우연이라는 요소도 배제할 수 있다. 큰 수의 법칙은 누가 이런 손실을 입을 것인지에 대해 말하는 것이 아니라, 위험부담을 안고 있는 공동체에 속한 사람들 중에서 얼마나 많은 사람이 특정한 사고를 당할 수 있는지에 대해 말한다.

순열과 조합

지금까지는 확률에 대해 배웠다. 이제 순열과 조합에 대해 살펴볼 차례이다.

우선 다음과 같은 두 가지 질문에 답하면서 순열과 조합의 핵심 내용을 설명해보자.

1) 일정한 개수의 물건들을 다양한 순서로 배열하는 방법은 몇 가지가 있는가?
2) 유한집합에서 몇 개의 원소를 뽑는 방법은 몇 가지가 있는가?

이 질문들을 일반화해서 표현하면, 순열과 조합에서는 한 집합의 원소를 배열하는 방법이 얼마나 많은지가 관건이다. 여기서 순열과 조합은 한 집합의 원소들을 모으고 배치하는 데 대해 정보를 준다. 우선 몇 가지 사항을 세분해서 순열과 조합에 접근해보기로 하겠다.

한 집합의 원소들을 모을 때는 각 원소들의 배열이 중요하다. 원소 a, b, c로

이루어진 집합을 예로 들면, 문제에 따라 집합이 $\{a, b, c\}$인지 또는 $\{a, c, b\}$인지가 중요한 역할을 할 수 있다.

게다가 한 집합의 원소들을 모을 때 중복이 허용되는지의 여부도 주목해야 한다. 즉, 집합의 한 원소 또는 몇 개의 원소가 여러 번 등장해도 되는지 아닌지가 중요하다.

원소들을 모으는 세 가지 방법

순열과 조합에는 집합의 원소를 배열하는 세 가지 방법이 있다. 우선 이 세 가지 방법을 소개하고 난 뒤, 각각의 방법에 대해 상세하게 설명하겠다.

---

1 서로 다른 n개를 일렬로 나열하는 순열

2 서로 다른 n개에서 순서를 고려하지 않고 k개를 택하는 조합

3 서로 다른 n개에서 k개를 택하여 일렬로 나열하는 순열

순열

순열은 한 집합의 모든 원소를 순서대로 배열하는 것이다. 이제 순열이 일상생활에서 어떻게 쓰이는지를 살펴보기로 하자.

중복이 없는 순열

우선 순열 중에서 가장 단순한 형태인, 원소를 중복하지 않고 나열하는 순열에 대해 알아보자.

차표 사는 줄

아주 간단한 예부터 살펴보자. 먼저 두 명이 차표를 사기 위해 줄을 선다. 보

통의 경우, 줄을 서는 사람의 수가 이렇게 적지는 않다. 수학자들은 이해를 돕기 위해 이렇게 터무니없는 예를 들기도 한다. 우리를 위해 그런 것이니, 수학자들이 세상 물

정을 모른다는 비난은 하지 말았으면 한다. 여기서 두 사람이 줄을 서는 방법이 몇 가지인지를 알아보자.

이 문제에 대한 답은 말하기가 유치할 정도로 아주 간단하다. 당연히 두 가지 방법이 있을 뿐이다. A가 앞에 서고 B가 그다음에 서든지, 아니면 반대의 순서로 줄을 서면 된다. 이 두 가지 방법, 즉 AB와 BA가 바로 순열인 셈이다.

한 사람이 더 있어도 줄을 서는 방법의 가짓수를 아는 것은 그렇게 어렵지 않다. 답을 바로 말하겠다. ABC, ACB, BAC, BCA, CAB, CBA, 이렇게 여섯 가지 방법이 있다.

100미터 결승전

지금까지는 순열이 아주 간단해 수학이라고 할 수 없을 정도였다. 그러나 이제 순수하게 하나둘씩 세는 방법으로는 문제를 풀 수 없는 예로 넘어간다.

세계 육상 선수권 대회의 100미터 달리기 결승전이 벌어진다고 생각해보자. 결승에 진출한 선수는 어느 누구도 도핑을 하지 않았고 출발선에 있는 8명의 선수가 모두 강력한 우승 후보라고 가정한다. 다시 말해, 누가 우승할지는 예측할 수 없다. 여기서 이 8명의 선수가 결승선을 통

과할 경우의 수를 알아보자.

우선 1등부터 시작한다. 8명 중 1명이 1등이 될 수 있다. 우승자가 정해졌다

면, 다른 7명 중 1명이 2등이 될 수 있다. 2등도 정해졌다면, 이제 6명 중 1명이 3등이 될 수 있다. 이렇게 계속 진행하면 꼴찌의 자리는 단 한 명의 선수가 차지할 뿐이다. 따라서 8명의 선수가 결승선을 통과하는 방법의 수를 계산하면 $8 \times 7 \times 6 \times 5 \times 4 \times 3 \times 2 \times 1 = 40320$가지이다. 여러분은 아마 이렇게 많은 방법이 있다고는 생각하지 않았을 것이다.

즉 중복이 없는 순열의 수는 다음과 같이 계산한다.

서로 다른 n개를 일렬로 나열하는 순열의 수는 다음과 같다.
$$_nP_n = n(n-1)(n-2)\cdots 3 \cdot 2 \cdot 1 = n!$$

가족 영화관람

중복이 없는 순열의 예를 또 하나 들겠다.

영화를 관람한다고 생각해보자. 4명의 여자와 3명의 남자 그리고 5명의 아이가 영화관에 간다. 이들은 모두 같은 줄에 앉되, 여자는 여자끼리, 남자는 남자끼리 그리고 아이는 아이끼리 나란히 앉으려고 한다. 이렇게 앉는 방법은 몇 가지인가?

우선 세 그룹을 나눌 수 있다. 여자들이 옆으로 나란히 앉는 방법은 4!이다. 또한 남자들은 3!이고, 아이들은 5!이다. 그런데 각 그룹이 옆으로 나란히 앉는 방법도 고려해야 한다. 이 방법은 3!이다(각 그룹이 왼쪽, 중앙, 오른쪽으로 자리 잡는 경우를 말한다). 따라서 총 가짓수는 $4! \times 3! \times 5! \times 3! = 103680$이다. 이렇게 많은 방법을 모두 시험해본다면, 영화를 볼 마음이 확 달아날 것이다. 따라서 이런 방법이 있다는 것만 알고 시험할 생각은 하지 않는 것이 좋겠다.

같은 것이 있는 순열

이제 조금 더 복잡한 경우를 살펴보기로 한다. 지금까지는 집합의 모든 원소가 단 한 번만 등장한다는 중요한 전제가 있었다. 이제 이 전제를 바꾸어보자. 집합의 원소는 임의로 자주 등장할 수 있다. 이는 당연히 순열의 수에도 영향을 미친다.

왜 이렇게 되는지는 여러 가지 색깔의 공의 집합을 생각해보면 쉽게 이해할 수 있다. 첫 번째 단계로 세 가지 색깔의 공으로 이루어진 집합을 살펴보자. 공의 색깔은 하얀색(w), 검은색(b), 빨간색(r)이다. 이때는 wbr, wrb, bwr, brw, rbw, rwb, 이렇게 6가지의 순열이 생긴다.

이제 하얀색 공만 또 다른 빨간색 공으로 교체하면 다음과 같다.

$$rbr, \ rrb, \ brr, \ brr, \ rbr, \ rrb$$

그러므로 rbr, rrb, brr, 이렇게 3가지의 순열만 생기는 것을 알 수 있다.

따라서 집합의 원소가 여러 번 등장하면 순열의 가짓수에도 변화가 생긴다. 이때는 $\dfrac{3!}{2!} = 3$으로 계산한다. 이 예를 통해 일반적인 법칙을 유도하면 다음과 같다.

---

n개 중에 서로 같은 것이 k개 있을 때, 이들을 모두 일렬로 나열하는 방법의 수는 다음과 같다.

$$P_n^{\,k} = \frac{n!}{k!}$$

---

n개 중에 서로 같은 것이 k_1, k_2, $\cdots$, k_n개가 있을 수도 있다. 이 경우 원소를 모두 일렬로 나열하는 방법의 수는 다음과 같이 계산한다.

$$P_n^{\,k_1, \, k_2, \, \cdots k_n} = \frac{n!}{k_1! k_2! \cdots k_n!}$$

스카트 게임의 순열

집이나 단골 술집에서 즐겨 하는 스카트 게임
의 예를 통해 순열을 익혀보자.

스카트 게임을 모르는 사람을 위해 카드를 나
누는 중요한 규칙만 소개하겠다. 스카트 게임은
32장의 카드를 가지고 한다. 3명의 참가자는 누
구나 10장의 카드를 가진다. 남은 2장은 앞면이
보이지 않도록 놀이판 위에 뒤집어 놓는다. 이제
카드를 나누는 경우의 수를 알아보자.

우선 여기서 순열이 등장한다는 것은 의심의 여지가 없다. 얼핏 생각하면 스
카트 카드를 나누는 방법은 32!가지가 있는 것처럼 보인다. 그러나 이것이 전부
가 아니다.

게임의 참가자가 갖게 되는 카드는 아주 다양하다. 하지만 조합을 생각하면
원소가 달라도 영향을 받지 않는다. 왜냐하면 개개의 참가자가 어떤 카드를 받
는지는 각자의 게임에는 중요할지 몰라도 우리의 계산과는 관계가 없기 때문이
다. 또한 덮은 카드를 뒤집을 경우 그 순서도 우리의 계산에 영향을 주지 않는
다. 한 가지 게임을 예로 들면, 게임의 참가자가 뒤집은 카드 1장으로 으뜸패를
정한다. 잭을 뒤집을 경우, 그랜드로 하거나 아니면 그 잭의 같은 짝패를 트럼프
로 할 수 있다. 따라서 원래 32!의 가짓수를 10!, 10!, 10!, 2!로 줄여야 한다. 이
제 앞에서 말한 식을 이용해 계산하면 된다.

$$P_{32}^{10,10,10,2} = \frac{32!}{10!10!10!2!} = 2.7533 \times 10^{15}$$

따라서 스카트 카드를 나누는 방법은 무려 2천 750조 이상의 가짓수가 있다.
지금 게임을 시작해 카드를 받았다면 똑같은 카드를 받을 가능성은 거의 없다
고 해도 지나치지 않다.

조합

조합을 설명하기 위해서는 다시 n개의 원소를 지닌 집합을 생각해야 한다. 이때 이 집합에서 몇 개의(k개로 한다) 원소를 택하는 것을 'n개에서 k개를 택하는 조합'이라고 한다. 이것은 k개의 원소를 지닌 부분집합이 된다.

중복이 없는 조합

우선 간단한 예를 통해 조합을 살펴보기로 하자. 여기에 5명의 아이로 이루어진 집합이 있다. 편의상 이 아이들을 A, B, C, D, E라 하자. 이 집합에서 2명의 아이를 뽑는 방법의 수는 몇 가지인가?

경우의 수는 다음과 같다. 이때 뽑은 아이는 나머지 아이들과는 조금 간격을 두어 표시한다.

$$AB\ CDE, AC\ BDE, AD\ BCE, AE\ BCD, BC\ ADE,$$
$$BD\ ACE, BE\ ACD, CD\ ABE, CE\ ABD, DE\ ABC$$

경우의 수는 정확하게 10가지이다. 이것을 5개의 원소에서 2개를 택하는 조합이라고 하고 "5 콤비네이션 2"로 읽는다.

일반적으로 서로 다른 n개의 원소에서 k개를 택하는 조합은 $_nC_k$로 표시한다. 조합의 가짓수를 계산하는 식은 다음과 같다.

$$_nC_k = \frac{n!}{k!(n-k)!}, \ 0 \le k \le n$$

이 식과 관련해 다음과 같은 두 가지 사실을 기억해야 한다.

1) 이 식은 n개 중에서 k개, $(n-k)$개의 같은 것이 있는 순열을 계산하는 식과 같다. 왜냐하면 다음의 식이 성립하기 때문이다.

$$P_n^{k,\,n-k} = \frac{n!}{k!(n-k)!}$$

2) 우리는 앞부분에서 이항계수 $\binom{n}{k}$를 배웠다. 이항계수도 마찬가지로 이 식으로 계산한다.

이 식으로 올바른 답을 구할 수 있는지 앞의 예를 통해 검토해보자.

$$_5C_2 = \frac{5!}{2!3!} = \frac{120}{12} = 10$$

이 답은 앞에서 일일이 센 결과와 일치함을 알 수 있다. 따라서 이 식은 유효한 것처럼 보인다. 물론 하나의 예가 맞다고 해서 전체가 맞다고 할 수는 없지만, 다른 예를 대입해도 식은 성립한다. 여러분도 여러 가지 예를 대입해 직접 계산해보기 바란다.

로또 문제

이미 여러 번 로또에 대해 말한 바 있다. 이제 로또를 본격적으로 다루어보자. 우선 로또 번호를 써넣는 가짓수를 알아본다. 6개의 숫자를 택하는  경우의 수는 바로 조합을 뜻한다. 49개의 숫자 중에서 6개를 택해 집합을 만드는 것이다. 이 집합은 원소가 6개인 부분집합이 된다(앞에서도 말했듯이, 독일의 로또는 우리나라의 로또와는 달리 1부터 49까지의 숫자 중에서 6개를 택한다). 이를 49개에서 6개를 택하는 조합의 수를 구하는 식에 대입하여 계산하면 다음과 같다.

$$_{49}C_6 = \binom{49}{6} = \frac{49!}{6!43!} = 13983816$$

여러분은 로또의 당첨 가능성에 대해서는 여러 번 들어보았을 것이다. 하지만 이렇게 직접 계산해보기는 처음이리라 짐작된다.

약 1400만 개의 조합 중에서 오직 하나의 숫자 조합만 1등에 당첨될 수 있다. 이제 로또에서 또 다른 2등, 3등, 4등, 5등 당첨 번호의 조합에 대해 알아보자.

2등은 당첨 번호 6개 중 5개와 보너스 숫자가 일치해야 한다. 보너스 숫자는 6개의 당첨 번호를 뽑은 다음, 추가로 뽑는 번호이다. 따라서 2등으로 당첨되려면 이미 뽑아놓은 보너스 숫자 한 개와 6개의 당첨 번호 중에서 5개를 뽑아 조합하면 되므로 경우의 수는 정확하게 $\binom{6}{5}=6$가지이다.

3등은 당첨 번호 6개 중 5개의 번호와 나머지 번호 $42(=49-6-1)$개의 번호 중 1개의 번호를 뽑으면 된다. 따라서 $\binom{6}{5}\binom{42}{1}=6\times42=252$개의 조합이 생긴다.

4등은 당첨 번호 6개 중 4개의 번호와 보너스 숫자와 상관없이 나머지 $49-6=43$개 중 2개의 번호를 뽑으면 된다. 따라서 $\binom{6}{4}\binom{43}{2}=13545$개다.

5등은 같은 방법으로 당첨 번호 6개 중 3개의 번호와 나머지 $49-6=43$개 번호 중 3개의 번호를 뽑으면 되므로 $\binom{6}{4}\binom{43}{3}=246820$개의 조합이 생긴다.

따라서 로또에 당첨될 경우의 수는 $260624(=1+6+252+13545+246820)$가 된다. 이 수치를 보고 로또는 할 만한 가치가 있다고 생각하는 사람이 있을지도 모르겠다.

그래서 이번에는 확률 문제로 돌아가 당첨 확률 $P($로또 당첨$)$을 계산해보자. 이제야말로 로또의 진면목이 드러난다.

$$P(\text{로또 당첨})=\frac{260624}{13983816}\fallingdotseq0.019$$

따라서 로또에 당첨될 확률은 겨우 1.9퍼센트에 불과하다.

중복조합

이제 중복이 가능한 조합을 생각해보자. 어떻게 이런 조합이 있을 수 있는가? 여기서도 예를 들어보면 쉽게 이해할 수 있다.

생일 선물로 받은 장난감 차

생일을 맞은 한 아이가 서로 다른 9가지 종류의 장난감 차 중에서 4대를 선택하여 선물로 받을 수 있다고 가정하자. 선물을 하려면 한꺼번에 다 주면 되지, 이렇게 선택하게 하는 것은 아이의 기분을 상하게 할 수도 있다고 생각할지도 모르겠다. 하지만 아이가 장난감 차를 고르거나 여러 모델을 비교해보는 재미도 무시할 수 없다. 이때, 중복을 허용하여 같은 모델 중에서 2개를 택하거나 그보다 더 많이 택해도 된다고 하자.

이 문제에서와 같이 일반적으로 서로 다른 n개에서 중복을 허락하여 k개를 택하는 것을 n개에서 k개를 택하는 중복조합이라 하고, 그 수를 $_nH_k$로 나타낸다. 위의 문제를 해결하기 위해서는 우선 최대로 몇 대의 장난감 차가 있어야 하는지를 알아야 한다. 만약 아이가 같은 종류의 차 4대를 원한다면, 자동차는 아이가 택한 것과 같은 차 4대와 다른 차 8대를 합하여 최대 12대가 있어야 아이가 선물을 맘껏 고를 수 있다. 즉 어느 경우든 아이는 중복을 허락한 12대의 차 중에서 본인이 원하는 차 4대를 선택하면 된다.

따라서 이 중복조합의 문제는 중복이 허락된 12대의 장난감 차 중에서 4대를 택하는 조합과 같이 계산해도 된다.

$$_9H_4 = \binom{12}{4} = 495$$

이 예에서 중복조합의 수를 계산하는 일반식을 만들면 다음과 같다.

$$_nH_k = _{n+k-1}C_k = \left(\begin{array}{c} n+k-1 \\ k \end{array} \right) = \frac{(n+k-1)!}{k!(n-1)!}$$

서로 다른 n개에서 k개를 택하는 순열

이제 앞에서 말한 순열에서 한 단계 더 깊이 들어가, 서로 다른 n개에서 k개를 택하여 일렬로 나열하는 순열에 대해 살펴보기로 하자.

서로 다른 n개에서 중복이 없이 k개를 택하는 순열

이러한 전제가 있으면 경우의 수는 크게 줄어들 것이라고 예상할 수도 있다. 하지만 생각과는 정반대라는 사실을 간단한 예를 통해 밝히고자 한다.

집합 $M = \{1, 2, 3, 4, 5, 6, 7, 8, 9\}$를 예로 들겠다.

이 집합의 원소들로 세 자리 수를 만든다. 여기서 모든 수는 가장 많게는 한 번만 등장할 수 있다. 앞에서 다룬 조합에서는 부분집합에 포함된 원소들의 순서는 고려하지 않았다. 다시 말해, 부분집합이 $\{521\}$이 되든 $\{125\}$가 되든 아무런 상관이 없었다. 이 부분집합들은 동일한 원소만 포함하면 되었고, 원소들의 순서는 고려하지 않았던 것이다. 그러나 이때, 세자리 수 521과 125는 순열을 이루는 두 가지 경우의 수이다. 따라서 원소들의 순서를 고려해야 한다면, 경우의 수는 훨씬 더 많아진다.

다음과 같은 질문을 던져보자. 순서를 고려해야 한다면, 원소들의 수는 몇 개인가? 3개의 수 5, 2, 1에서 3!=6개의 순열을 만들 수 있다. 이는 순열에 관한 장에서 이미 배웠다.

이제 서로 다른 9개의 수에서 중복이 없이 3개를 택하여 일렬로 나열하는 순열을 몇 가지나 만들 수 있는지를 알아보자. 먼저 서로 다른 9개의 수에서 중복이 없이 3개를 택하는 조합의 수는 다음과 같다.

$$_9C_3 = \binom{9}{3} = 84$$

선택한 세 수에 대하여 순서를 고려하여 일렬로 나열하는 방법은 $3! = 6$가지이다. 따라서 서로 다른 9개의 수에서 3개를 택하는 순열의 수는 $84 \times 6 = 504$가지이다.

일반적으로 서로 다른 n개에서 k개를 택하는 순열의 수는 n개에서 k개를 택하는 조합의 수에 $k!$을 곱하면 된다. 이를 식으로 표시하면 다음과 같다.

$$_nP_k = {}_nC_k \times k! = \frac{n!}{(n-k)!} \quad n \times (n-1) \times (n-2) \times \cdots \times (n-k+1)$$

중복순열

앞에 나온 식을 조금 더 살펴보자. 서로 다른 n개에서 k를 택하는 순열의 첫 번째 자릿수를 만들 때에는 정확하게 n개의 원소를 이용할 수 있고, 두 번째 자릿수는 $(n-1)$개의 원소 중에서 하나를 이용할 수 있다. 이렇게 계속하면, k번째 자릿수에 도달하여, $(n-k+1)$개의 원소를 이용할 수 있게 된다.

그러나 중복을 허용하면 상황은 완전히 달라진다. 이때에는 k개의 자릿수 모두에 n개의 원소를 이용할 수 있다. 여기서 다음과 같은 결과가 나온다.

서로 다른 n개에서 중복을 허락하여 k개를 택하는 순열인 중복순열의 수는 $_n\Pi_k$로 나타내고 다음과 같은 식으로 구한다.
$$_n\Pi_k = n^k$$

통계학

지인들을 만났을 때, 통계 이야기가 나오면 누군가가 반드시 꺼내는 말이 있다. 그리고 이 말에 대해 누구나 공감을 표시한다. "당신이 만들지 않은 통계는 절대로 믿지 마시오!"

물론 통계학자들은 이 농담에 웃지 않는다. 좋은 말도 너무 자주 들으면 꺼림칙해지기 쉬운데, 하물며 통계를 비웃는 농담에 통계학자들이 웃을 이유는 없는 것이다. 통계를 비꼬는 다음과 같은 말도 있다. "거짓말에는 세 가지가 있다. 거짓말, 새빨간 거짓말, 그리고 통계."

우리마저 이런 농담을 반복해 통계학의 이미지를 나쁘게 할 의도는 전혀 없다. 먼저 통계학자들이 하는 일에 대해 살펴보자.

통계의 본질은 리스트$^{P.\,H.\,List}$ 교수가 쓴 다음 시에서 잘 나타난다.

통계를 배운 자는,
평균값만 생각한다.
통계를 믿지 않고 오히려 반대로 행동하는 것이다.
이 말을 입증할 만한 예가 있다.

오리 사냥에 나선 사냥꾼이
첫 번째 방아쇠를 당겼다.
총구에서 발사된 총알이
저 앞쪽에 떨어졌다.

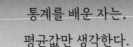

두 번째 총알은 탕 소리를 내며

저 뒤쪽에 떨어졌다.
사냥꾼은 아무렇지도 않은 듯이
오로지 평균값만 믿으며
통계적으로 볼 때 오리는 죽었다고 말한다.

사냥꾼이 현명한 사람이라면 다시 총을 잡고
—사냥꾼이 정신을 차렸으면 하는 마음에서 하는 말이다—
오리를 향해 총을 더 쏘아야 한다.
총알이 발사되면 오리는 쓰러진다.
평균값 생각을 버리면, 오리를 잡을 수 있는 것이다.

통계의 기본 개념

먼저 통계의 몇 가지 기본 개념을 설명하겠다. 이 개념들은 앞으로 자주 나오기 때문에 사전 이해가 필요하다.

모집단과 표본
기술통계학(앞으로 우리는 주로 이것을 다룬다)을 요약해서 말하자면, 통계조사의 결과로 나온 데이터를 정리, 표현, 요약, 분석하는 등의 방법을 통해 데이터의 특성을 찾아내는 통계적 방법이다.

통계조사를 하기 위해서는 우선 자료를 수집해야 한다. 여기에는 전화로 설문조사를 하거나 설문지를 돌리는 등 여러 가지 방법을 이용할 수 있다. 자료 수집에서는 먼저 통계조사의 대상인 개인들의 집합을 정하는 일이 필요하다. 하지만 반드시 사람만을 대상으로 하는 것은 아니다.

> 특정한 통계조사의 대상이 되는 집단 전체를 모집단이라고 한다. 모집단은 우리가
> 무엇을 알려고 하느냐에 따라 다르게 정의되기 때문에 사전에 명확하게 정의해야
> 한다.

예를 들어 프로 축구선수들이 어떤 축구화를 선호하는지를 알려면, 육상선수나 농구선수 또는 체조선수들에게 질문하는 것은 의미가 없다. 여기서 모집단은 프로 축구선수로 이루어진 집단이어야 한다.

프로 축구선수는 어떤 축구화를 좋아하는가: …축구화 아니면 …축구화?

그러나 비용이나 시간적인 이유로 모집단 전부를 조사하기(이를 전수조사^{全數調査}라고 한다)가 어려울 수 있다. 이때는 모집단에서 대표적인 표본을 선택한다.

> 표본은 모집단의 부분집합이다.

표본을 선택할 때는 고의적인 의사가 개입되어서는 안 되며, 표본이 우연적이고 대표성을 지니도록 유의해야 한다. 이는 이론적으로 자명한 사실이지만, 정작 실천에 옮기는 통계학자들에게는 큰 어려움을 안겨준다. 엄밀하게 살펴보면, 설문조사의 표본도 대표성을 띠지 못하는 경우가 많다. 이렇게 되면 조사의 결과 전체가 타당성을 잃을 수 있다.

앞에서 예로 든 프로 축구선수의 경우, 표본은 대략 다음과 같이 선택할 수 있다. 모든 프로 축구선수에게 설문조사를 할 수 없기 때문에(독일의 경우 56개의 프로 축구단이 있다), 이를테면 축구팀당 두 명을 설문조사의 표본으로 정할 수

있다. 이때, 선수의 포지션(수비수, 공격수, 미드필더 등)을 고려해야 한다. 왜냐하면 포지션에 따라 축구화의 특성이 다르기 때문이다. 즉, 제품에 따라 수비수가 신기에 좋은 축구화가 있고, 공격수가 골을 넣기에 좋은 축구화가 있다.

통계변수와 통계변수의 값

표본을 정하면 통계조사를 계획해야 한다. 우선 어떤 질문을 던질 것인지 생각한다.

> 조사에서 관심을 두는 '내용'을 통계학에서는 통계변수라고 한다.

예를 들어 여러분이 작성해야 하는 설문지에는 성性에 대해 묻는 경우가 있다. 이런 통계조사에서 관심 대상이 될 수 있는 통계변수는 바로 성이다. 텔레비전이나 신문에서 중요한 역할을 하는 통계조사 중의 하나는 정치적인 여론조사이다. 여기서는 대표성을 띠는 사람들을 선택해 현재의 정치 문제에 대한 의견

4년마다 독일 연방의회 선거가 실시되면, 여론조사도 한몫을 한다.

을 조사한다. 정당에 대한 인기도 조사는 빠지지 않고 실시된다. 즉, 다가오는 선거에서 어떤 정당에 투표할지를 묻는 것이다. 이 경우의 통계변수는 '정당에 대한 선호도'라고 말할 수 있다.

또 다른 예를 들자면, 여러분은 여론조사 기관으로부터 몸을 청결하게 유지하는 원칙에 대한 질문을 받을 수도 있다. 이 경우에는 '목욕의 빈도'가 통계변수가 되기도 한다.

이제 여러분은 통계학자가 통계변수의 개념을 어떻게 이해하는지 알게 되었다. 지금까지의 예를 잘

살펴보면, 통계변수의 값에 대해서도 어느 정도 파악했으리라 짐작된다. 여기서 다시 통계변수인 '성'에 대해 살펴보자. 이 통계변수는 남성과 여성이라는 두 가지 값을 가진다.

> 통계조사에서 통계변수가 가질 수 있는 '값'을 통계변수의 값이라고 한다.

지금까지의 예에서 통계변수가 어떤 값을 가질 수 있는지를 다시 한 번 살펴보기로 하자.

정치 여론조사에서 각 정당의 이름은 통계변수의 값을 나타낸다. 즉, 통계변수인 '정당에 대한 선호도'의 값은 각 정당의 이름이다. 또한 '몸을 청결하게 유지하는 원칙'의 경우, 목욕의 빈도에 대해 질문을 받을 수 있다. 이때 통계변수 값은 보통 자연수가 된다.

통계변수의 특징

앞의 몇 가지 예에서 알 수 있듯이, 통계변수는 다양한 값을 가진다. 단순한 숫자일 수도 있지만 말로 나타내는 성질이나 상태일 수도 있다. 이 때문에 통계학자들은 수치자료라는 표현을 쓰지 않고 데이터자료라는 표현을 쓴다.

다양한 통계변수의 값을 나열만 하고 분류하지 않는다면 아무런 도움도 되지 않는다. 통계변수를 그 값에 따라 분류하는 것은 어떤 통계변수들이 서로 비교될 수 있는지를 밝히는 데 중요한 역할을 한다. 이제 통계변수를 분류하는 방법에 대해 소개하겠다.

질적 통계변수와 양적 통계변수

우선 통계변수를 대략 질적인 종류와 양적인 종류로 나누어보자. 이 둘의 차이는 다음과 같이 설명할 수 있다.

> 양적 통계변수의 값은 그 크기에 따라, 질적 통계변수의 값은 그 종류에 따라 구분된다.

사람의 몸무게와 나이 그리고 키는 외부 온도나 기계의 수명 또는 가축우리의 크기와 마찬가지로 양적 통계변수이다. 성, 직업, 국적, 피부색 등은 질적 통계변수에 속한다. 학교 성적이나 품질의 등급도 질적 통계변수이긴 하지만, 경우에 따라서는 양적 통계변수로 취급될 수 있다.

통계변수 값의 척도

특정한 통계변수의 값을 측정하려면, 통계변수의 값을 나타내는 척도가 있어야 한다. 이 척도는 일상생활에서 접할 수 있는 측정기구(예를 들어 부엌 저울이나 계량컵)에 새겨진 눈금과 같이 어떤 측정을 구체화하기 위한 측정의 단위를 말한다. 물론 통계조사에서 묻는 통계변수는 이 부엌 용품보다 훨씬 더 복잡하다. 척도는 다음과 같이 세 가지로 나눌 수 있다.

> 가장 낮은 수준의 척도는 명명척도이다. 명명척도의 값은 논리적 서열이 없고 서로 비교할 수도 없다.

이 척도의 통계변수는 이름뿐이라고 말할 수도 있다.

예를 들어 직업이나 국적 또는 피부색과 같은 통계변수는 오직 그 이름에 따라 구분될 뿐이다. 따라서 자동차 수리공과 미장공 중에서 어떤 것이 더 나은 직업인지는 객관적으로 평가할 수 없다. 마찬가지로 노란색이 파란색보다 더 나은지를 판단할 근거도 없다.

명명척도만을 나타내는 통계변수를 명목 통계변수라고 부르기도 한다.

> 서열척도의 값은 그 강도에서 차이가 난다. 따라서 서열척도는 강도에 따라 서열을 매길 수 있다. 서열은 서수 통계변수의 값에 따라 정해진다. 하지만 각 값의 간격에 대해서는 명확한 기준을 설정할 수 없다.

달리 말해, 서열척도의 통계변수는 서열을 매겨 구분할 수 있다.

이 정의는 학교 성적을 생각하면 쉽게 이해된다. 학교 성적표에 표시된 '수, 우, 미, 양, 가'와 같은 서열은 서수 통계변수 중의 하나로 볼 수 있다. 독일에서는 학교 성적이 1에서 6까지의 숫자로 표시되기도 한다(1이 최고점수이고 6이 최하점수이다). 하지만 3과 1 사이와 같이 두 점수 사이의 간격에 대해서는 명확한 기준을 설정할 수 없다. 이 두 점수를 놓고 3−1=2라고 말할 수는 없는 것이다. 왜냐하면 1과 3은 자의적으로 정한 값이기 때문이다. '수'를 10으로, '양'을 6으로 생각할 수도 있다. 이때는 10−6=4가 된다. 이 두 경우를 놓고 생각하면 두 점수 사이의 간격에 대해 명확한 기준이 없다는 것이 이해될 것이다.

또한 상, 중, 하와 같은 값도 서열척도에 속한다. 이 값들은 서열을 매길 수 있지만, 값들 사이의 간격에 대해서는 명확한 기준을 설정할 수 없다.

이제 마지막으로 가장 수준이 높은 척도인 비율척도를 살펴보겠다.

> 비율척도는 값의 서열이 있을 뿐만 아니라 값들 사이의 간격에 대해 명확한 기준을 설정할 수도 있다.

비율척도의 통계변수는 서열을 매길 수 있을 뿐만 아니라, 계산도 할 수 있다.

전기의 강도나 키와 몸무게가 비율척도의 예이  다. 10킬로그램이 7킬로그램보다 무겁다고 말할 수 있을 뿐만 아니라, 이 두 무게의 간격이 3킬로그램이라고 정확하게 말할 수 있다. 110센티미터 는 70센티미터보다 클 뿐만 아니라 정확하게 40센티미터 더 크다. 여기서도 둘 사이의 간격에 대해 정확한 기준을 설정할 수 있다.

연속 통계변수와 이산(불연속) 통계변수

통계변수는 연속 통계변수와 이산 통계변수로 구분하기도 한다.

> 이산 통계변수는 유한히 많은 값을 가지거나 셀 수 있는 무한히 많은 값을 가질 수 있다.

여기서 '셀 수 있는 무한'이라는 개념에 대해 잠깐 살펴보자. 무한이라고 해서 항상 똑같은 것은 아니다. 수학자들은 셀 수 있는 무한과 셀 수 있는 범위를 넘어서는 무한을 구분한다. 예를 들어 자연수의 집합은 셀 수 있는 무한집합이다. 왜냐하면 모든 수에는 앞의 수와 뒤의 수가 있기 때문이다. 따라서 이 집합의 원소들은 셀 수 있다.

이산 통계변수의 간단한 예는 사람의 성^性이다. 이 경우에는 남성과 여성, 이렇게 단 두 개의 값이 있을 뿐이다. 따라서 이 집합은 셀 수 있다. '축구 경기장의 관중 수'라는 통계변수도 이산 통계변수에 속한다. 왜냐하면 여기서도 값을 셀 수 있기 때문이다. 물론 사람의 성과는 달리 수를 세는 데 오래 걸리긴 하겠지만 말이다.

> 통계변수가 특정한 영역에서 임의의 값을 가질 수 있을 때는 연속 통계변수라고 한다.

예를 들어 '온도'라는 통계변수는 연속 통계변수이다. 왜냐하면 온도는 장소나 위치와 같이 특정한 영역에서 임의의 값을 가질 수 있기 때문이다. 또한 '시간'이라는 통계변수도 연속 통계변수에 속한다.

통계학의 종류

통계학은 상당히 복잡한 학문이다. 통계학에는 여러 가지 종류가 있다. 우선 기술통계학과 추측통계학으로 구분해 설명하겠다(다른 책에서는 우리와는 다른 개념을 이용해 구분하기도 한다).

기술통계학

우리는 주로 기술통계학에 중점을 둘 것이다. 이 분야는 경험적인 통계학이라고도 한다.

> 기술통계학은 먼저 자료를 요약하고 정리해 관찰된 통계집단의 성질을 기술한다.

우리가 접하는 자료의 양은 너무 방대하여 요약하고 정리하지 않으면 제대로 소화하기가 어렵다. 바로 이 일을 기술통계학이 담당한다. 기술통계학은 자료가

지닌 일반적이고 전형적인 성질을 식별할 수 있게 한다.

일상생활에서 접할 수 있는 기술통계학의 몇 가지 전형적인 사례를 살펴보자.

주사위 한 개를 100번 던져 주사위의 눈이 1은 14번, 2는 17번, 3은 17번, 4는 18번, 5는 19번, 6은 15번 나왔다. 기술통계학은 이 주사위 던지기의 결과에 대해 또 다른 해석은 하지 않는다.

7반의 수학 성적은 평균 2.7이다. 여기서도 수학 성적을 말하긴 하지만 이 결과를 해석하지는 않는다.

12시에서 13시 사이에 생산된 1000개의 테니스 공 중에서 17개가 불량품이었다. 여기서도 기술통계학은 사실만 전달할 뿐이다. 기계의 성능에 문제가 있다든지, 새로운 기계를 구입해야 한다든지의 판단은 기술통계학에서는 하지 않는다.

추측통계학

추측통계학이라는 말 대신에 다른 책에서는 분석통계학이나 추론통계학이라는 말을 쓰기도 한다.

> 추측통계학의 주요 관심사는 결정을 내려야 할 때 도움을 주는 일이다.

우리가 내리는 모든 결정은 잘못될지도 모를 위험부담을 안고 있다. 따라서 우리는 잘못된 결정을 하지 않으려고 노력한다. 추측통계학은 위험의 크기를 헤아려 결정을 합리적으로 하기 위한 판단 기준을 제공한다. 따라서 추측통계학을 이용하면, 육감에만 의존해 결정을 내리는 부담을 줄일 수 있다. 물론 육감이 때로 적중할 수도 있다는 것은 부인하지 않지만 말이다.

추측통계학이 던지는 질문은 대략 다음과 같다.

1반 학생들의 학습 태도는 3반 학생들의 학습 태도와 다른가?

주사위를 100번 던졌을 때, 1의 눈은 17번 나왔고, 5의 눈은 24번 나왔다. 이 결과를 보고 주사위에 결함이 있다고 판단할 수 있는가?

일정한 기간 동안 여자아이가 남자아이보다 훨씬 더 많이 태어났다. 이 사실은 우연적인 일인가? 아니면 특별한 이유가 있는가?

기술통계학

이제 기술통계학을 본격적으로 다루어보자. 기술통계학은 우리에게 자료를 해석할 때 도움이 되는 도구와 계산 방법을 알려준다.

대푯값

앞에서 말한 대로, 통계학은 복잡하고 다양한 자료를 이해하기 편리하고 의미 있는 형태로 정리하여 해석한다. 통계학은 모든 자료를 적절하게 대표하는 수치를 찾으려고 노력한다. 이 수 또는 대푯값을 알면, 통계학의 기초가 되는 방대한 자료를 일일이 분석하는 수고를 덜 수 있다.

평균

평균은 통계학의 대푯값 중에서 가장 많이 알려져 있고 우리의 일상생활에서 끊임없이 등장한다. 예를 들어 학교생활을 생각해보자. 학생들은 자신의 성적뿐만 아니라 친구들의 성적과 학급 평균에도 관심을 가진다.

평균값은 평균의 결과로 얻어진 값을 말하며, 다음과 같이 여러 종류가 있다.

산술평균

앞에서 예로 든 학교 성적의 평균은 산술평균이다. 측정값(변량)의 산술평균은 여러 수의 합을 개수로 나눈 값으로, $\overline{x}$로 표시한다.

산술평균은 다음과 같은 식으로 구한다.

각 측정값(변량이라고도 한다)을 $x_1, x_2, x_3, \cdots, x_n$이라고 할 때, 산술평균 $\overline{x}$는 다음과 같이 구한다.

$$\overline{x} = \frac{x_1 + x_2 + x_3 + \cdots + x_n}{n} = \frac{1}{n}\sum_{i=1}^{n} x_i$$

이때, 몇 가지 측정값이 여러 번 나타날 수도 있다. $f_1, f_2, f_3, \cdots, f_n$이 측정값 $x_1, x_2, x_3, \cdots, x_n$의 빈도수라고 하면, 산술평균은 다음과 같다.

$$\overline{x} = \frac{f_1 x_1 + f_2 x_2 + f_3 x_3 + \cdots + f_n x_n}{\sum\limits_{i=1}^{n} f_i} = \frac{\sum\limits_{i=1}^{n} f_i x_i}{\sum\limits_{i=1}^{n} f_i}$$

시그마

여기서 앞의 식의 가장 오른쪽에 있는 우변$\left(\frac{1}{n}\sum\limits_{i=1}^{n} x_i\right)$에 대해 추가로 설명하겠다. 아마 이 기호를 처음 본 사람이 있을지도 모르겠다. 이 기호는 그리스어의 대문자 $\sum$('시그마'로 읽는다)이다. 시그마는 합의 기호라고도 한다. 이것은 뒤에 있는 항들의 덧셈을 의미한다. 시그마의 아래와 위에 쓰인 조그마한 수들은 더하기 시작하는 항과 마지막 항을 뜻한다.

앞의 식에서 시그마 아래에 있는 $i=1$을 x_i에 대입한 값 x_1은 더하는 수 중 첫 번째 항의 수이다. 시그마의 위에 있는 값 n을 x_i의 i에 대입한 값 x_n은 더하는 수 중 마지막 항의 수이다. 따라서 시그마 대신 '+'를 사용하여 나타내면 다음과 같다.

$$x_1 + x_2 + x_3 + \cdots + x_n$$

이 전체 식에 $\frac{1}{n}$을 곱한 것이 바로 우변$\left(\frac{1}{n} \sum\limits_{i=1}^{n} x_i \right)$의 값이다.

시그마는 수학에서 – 통계학에서뿐만 아니라 미분과 적분에서도 – 자주 등장한다. 기호에 적응하는 데 시간이 걸리긴 하겠지만, 일단 익히고 나면 아주 유용하게 쓰인다.

이로써 시그마에 대한 설명을 마치고 다시 평균값으로 돌아간다.

산술평균의 장점과 단점

산술평균이 통계학에서 아주 중요한 역할을 한다는 것은 의심의 여지가 없다. 특히 산술평균을 계산하는 것이 얼마나 쉬운지 알면, 이것에 만족하고 다른 평균에 대해서는 알고 싶지 않을 정도이다. 하지만 이렇게 간단하게만 생각할 수는 없다. 구체적인 예를 통해 그 이유를 살펴보자.

수학 수업을 한다고 가정해보자. 20명의 학생이 열심히 공부한다. 통계를 배운 후에 시험을 본 결과가 다음과 같았다(여기서는 1이 최고점수이고 6이 최하점수이다).

성적	1	2	3	4	5	6
빈도(인원)	–	5	7	3	5	–

특정한 측정값(변량)의 빈도까지도 고려하는 앞의 두 번째 식에 따라 산술평균을 계산하면 다음과 같다.

$$\overline{x} = \frac{5 \times 2 + 7 \times 3 + 3 \times 4 + 5 \times 5}{20} = \frac{68}{20} = 3.4$$

그런데 원래 성적 3을 받은 두 명의 학생이 시험 중에 부정행위를 한 것으로 밝혀졌다. 수학 선생님의 재량에 따라 다르긴 하지만, 부정행위를 한 학생들은 감점을 당하는 것이 보통이다. 이 시험에서는 수학 선생님이 아주 엄격해 부정행위를 한 학생들이 최하점인 6을 받게 되었다. 따라서 다음과 같은 성적이 나왔다.

성적	1	2	3	4	5	6
빈도(인원)	–	5	5	3	5	2

이 경우의 산술평균을 구하면 다음과 같다.

$$\overline{x} = \frac{5 \times 2 + 5 \times 3 + 3 \times 4 + 5 \times 5 + 2 \times 6}{20} = \frac{74}{20} = 3.7$$

여기서 알 수 있듯이, 성적이 조금만 변화해도 평균 0.3점의 차이를 보인다.

이 예는 비록 사소한 경우이긴 하지만 산술평균이 결정적인 약점을 지니고 있음을 입증한다. 산술평균은 극단적인 값에 대해 민감하게 반응한다. 중요한 사안일 경우, 미치는 여파가 클 수 있는 것이다. 산술평균에서는 극단적인 답을 하는 몇 사람이 다른 답을 한 사람들의 의견에 영향을 미치고 결과를 위조할 수도 있다. 따라서 극단적인 답을 배제할 수 없는 경우를 위해 평균을 찾는 다른 방법을 생각하게 되었다.

산술평균과 관련해 이후 편차를 구할 때 매우 의미 있는 내용이 있다.

> 어떤 자료에서 각 측정값(변량)에서 산술평균을 뺀 값을 그 변량의 편차라고 한다.
> 이때 편차의 합은 항상 0이다.

이 내용은 여러분이 한 가지를 예를 설정해 검토해보면 쉽게 이해할 수 있을 것이다.

중앙값

통계학의 또 다른 대푯값 중의 하나가 중앙값이다.

> 중앙값은 측정값들을 작은 수부터 순서대로 나열할 때 중앙에 위치하는 값을 의미한다. 따라서 중앙값을 기준으로 측정값 중 50%는 중앙값보다 낮은 값들이고, 나머지 50%는 중앙값보다 높은 값들이다. 측정값의 개수가 짝수인 경우에 중앙값은 한가운데의 두 값을 더한 후 2로 나누어 구한다.

중앙값은 다음과 같이 설명할 수 있다. 우선 자료를 작은 값부터 크기순으로 배열한다. 그다음에는 측정값의 개수가 짝수일 경우와 홀수일 경우로 구분하여, 중앙값 Me를 다음과 같이 구한다.

$$Me = \begin{cases} x_{\frac{n+1}{2}}, & n\text{이 홀수일때} \\[2mm] \frac{1}{2}\left(x_{\frac{n}{2}} + x_{\frac{n}{2}+1}\right), & n\text{이 짝수일때} \end{cases}$$

식이 상당히 복잡해 보이지만, 다음 예를 살펴보면 쉽게 이해할 수 있을 것이다. 당신이 한 조사에서 다음과 같은 11개의 측정값을 얻었다고 가정해보자.

$$1, 2, 2, 3, 4, 5, 6, 7, 8, 8, 9$$

측정값의 개수가 홀수, 즉 $n=11$이므로 첫 번째 식을 적용하면 중앙값은 다음과 같다.

$$Me = x_{\frac{11+1}{2}} = x_6$$

이는 여섯 번째 값이 중앙값임을 의미한다. 이해를 돕기 위해 앞의 측정값을 다시 쓰면 다음과 같다.

$$1, 2, 2, 3, 4, \textcircled{5}, 6, 7, 8, 8, 9$$

측정값의 개수를 짝수로 만들기 위해, 여기에 또 다른 값을 추가해보자.

$$1, 2, 2, 3, 4, 5, 6, 7, 8, 8, 9, 10$$

이 경우의 중앙값은 두 번째 식으로 구한다.

$$Me = \frac{1}{2}\left(x_{\frac{12}{2}} + x_{\frac{12}{2}+1}\right) = \frac{1}{2}(x_6 + x_7)$$

중앙값은 여섯 번째와 일곱 번째 측정값의 산술평균으로 구한다. 따라서 중앙값은 5.5가 된다.

$$1, 2, 2, 3, 4, \textcircled{5, 6}, 7, 8, 8, 9, 10$$

이제 측정값의 개수가 아주 많은 경우를 생각해보자. 이때는 측정값을 일정한 그룹으로 묶는 것이 바람직하다. 예를 들어 월수입에 대한 질문을 생각해보자. 이 경우에 세세한 답을 모두 나열하는 것은 바람직하지 않으며 수입을 그룹별로 묶어

성가신 연말정산

응답자가 어떤 그룹에 속하는지를 밝히면 된다. 이는 오른쪽과 같은 표로 나타낼 수 있다. 이런 표는 신문이나 책에서 흔히 접할 수 있다.

등급	수입(유로)	인원수
1	0~100	150
2	1000~2000	400
3	2000~3000	250

여기서도 중앙값을 정하는 것이 우리의 관심사다. 이는 단순하지 않다. 예를 들어 설명하겠다.

우선 세 등급 중에서 중앙값이 어디에 위치하는지를 알아야 한다. 이는 아주 간단하게 구할 수 있다. 바로 $\frac{n}{2}$이다. 여기서 n은 측정값의 개수이다. 이 식에 따르면 $\frac{n}{2} = \frac{150+400+250}{2} = 400$이다.

때로는 연말정산을 하는 것이 도움된다. 상당한 돈을 돌려받아 용돈이 생기니까.

400은 표에서 두 번째 그룹에 위치한다. 따라서 이제부터의 계산은 바로 이 그룹에 집중하면 된다. 우선 중앙값을 구하는 식을 생각해야 한다. 이 식은 다음과 같다.

$$Me = u_m + \frac{\frac{n}{2} - \sum_{k=1}^{m-1} n_k}{n_m} \times (o_m - u_m)$$

이제 한숨을 돌리고 차분히 생각할 때가 되었다. 이 식은 아주 어렵게 보이지만, 사실은 그렇지 않다(수학에서는 이런 경우가 많다). 우선 각각의 변수가 무엇을 의미하는지를 따져보자.

m: 이미 우리가 구한 그룹의 등급 수이다(두 번째 그룹이니까 2이다).

u_m: 그룹에서 가장 작은 값이다(1000유로)

o_m: 그룹에서 가장 큰 값이다(2000유로)

n_k: k번째 그룹의 측정값의 개수이다.

n_m: m번째 그룹의 측정값의 개수이다(두 번째 그룹의 측정값을 의미한다).

각 값을 대입해 계산하면 다음과 같다.

$$Me = 1000 + \frac{400-150}{400} \times (2000-1000) = 1625(\text{유로})$$

여기서 월수입 문제를 다시 살펴보자. 쉽게 설명하기 위해, 이번에는 인원을 10명으로 줄였다. 응답자 중에서 9명의 수입은 1000유로이고, 나머지 한 명의 수입은 백만 유로이다. 이 경우의 산술평균은 100900유로이다. 그런데 중앙값은 1000유로이다. 자, 어떤가? 둘 중 어떤 대푯값이 바람직한지는 여러분도 쉽게 판단할 수 있을 것이다.

최빈값

비교적 복잡한 중앙값을 배우느라 고생했으니, 잠깐이라도 쉬는 시간이 필요하다. 바로 최빈값이 이런 휴식을 여러분에게 제공할 것이다. 최빈값은 빈도수가 가장 많은 자료, 즉 가장 자주 등장하는 통계변수의 값이다. 이것이 전부이고, 더 추가할 조건이 없다.

기하평균

유감스럽게도 지금까지 배운 대푯값으로는 충분하지 않다. 대푯값이 간혹 틀린 값이나 터무니없는 값을 나타내는 경우가 있다. 다음과 같은 예를 살펴보자.

당신이 1000유로를 주고 어떤 회사의 주식을 한 주 샀다고 가정하자. 이 회사는 번창해 일 년 후 주가가 1200유로로 올랐다(주가가 20퍼센트의 상승을 기록한 셈이다). 또 일 년이 지나자, 주가가 1500유로가 되었다(이번에는 25퍼센트의 상승이다). 그다음 해에는 경기가 나빠져 주가가 다시 1000유로로 떨어졌다(33퍼센트의 하락이다).

이제 산술평균 $\overline{x}$ 를 계산하면, 놀랍게도 다음과 같다.

$$\overline{x} = \frac{1}{3}(20 + 25 - 33.3) = 3.74(\%)$$

주가가 다시 원점으로 돌아왔지만 이 계산에 따르면, 당신은 3.74퍼센트의 이익을 본 셈이다. 이럴 수는 없다.

여기서 또 다른 평균을 다루어보자. 이것은 성장률과 관련해서는 강점이 있다. 이 평균을 기하평균 M_g 라고 한다. 기하평균은 다음과 같이 정의된다.

$$M_g = \sqrt[n]{x_1 \times x_2 \times x_3 \times \cdots \times x_n} \quad \text{단. } x_1, x_1, x_3, \cdots, x_n \text{은 양수}$$

이 식에 앞의 예에서 든 성장률을 대입하면 다음과 같다.

$$M_g = \sqrt[3]{1.2 \times 1.25 \times 0.667} \fallingdotseq 1$$

주가가 3년 후에 다시 원점으로 돌아왔으므로, 이 값은 맞는 것으로 볼 수 있다.

조화평균

조화평균의 중요성은 다음과 같은 예로 설명할 수 있다.

당신이 1시간 동안 200킬로미터를 주행했다고 가정하자. 그러면 당신은 시속 200킬로미터의 속도로 운전한 셈이다. 돌아갈 때는 도로공사 때문에 시속 100킬로미터의 속도로 운전할 수 있다고 한다. 따라서 되돌아갈 때는 2시간이 걸린다.

이제 속도의 산술평균을 계산하면, 시속 150킬로미터의 속도가 나온다. 이 결과는 당연히 터무니없다. 왜냐하면 이 산술평균을 기준으로 삼았을 때, 총 3시간의 주행시간을 고려하면, 전체 거리는 450킬로미터가 되기 때문이다. 그러나 실제 이동거리는 400킬로미터에 불과하다.

여기서 올바른 결과를 얻으려면, 조화평균 M_h가 필요하다. 조화평균은 다음의 식으로 구한다.

$$M_h = \cfrac{1}{\cfrac{\cfrac{1}{x_1} + \cfrac{1}{x_2} + \cfrac{1}{x_3} + \cdots + \cfrac{1}{x_n}}{n}} = \cfrac{n}{\sum\limits_{i=1}^{n} \cfrac{1}{x_i}}$$

앞의 예를 이 식에 따라 계산하면, 다음과 같다.

$$M_h = \cfrac{2}{\cfrac{1}{200} + \cfrac{1}{100}} = \cfrac{2}{\cfrac{3}{200}} = \cfrac{400}{3} = 133.33$$

따라서 조화평균은 총 이동거리를 총 경과시간으로 나눈 것임을 알 수 있다.

조화평균은 특히 일정한 거리가 주어졌을 때, 여러 속도에서 평균속도를 구할 때나 가스나 액체, 입자 등의 여러 밀도에서 평균밀도를 구할 때 적용된다.일반적으로 말해, 산술평균으로 표시하려는 것이 관찰한 값과 반비례 관계를 나타낼 때 조화평균을 이용한다.

산포도

통계자료를 해석할 때는 대푯값 이외에 산포도도 이용한다. 산포도는 관찰한 값이 평균과 얼마나 가까이 있는지 또는 얼마나 멀리 흩어져 있는지를 나타낸다. 다시 말해 산포도는 변량들이 분포되어 있을 때, 중심값으로부터 흩어진 정도를 말한다. 산포도를 아는 것은 매우 중요하다. 왜냐하면 측정값인 변량의 분포가 평균은 동일하지만 분산의 정도가 다를 때에는 서로 큰 편차를 나타낼 수 있기 때문이다.

그림에서 변량의 분포 a는 분포 b 또는 c보다 훨씬 더 멀리 퍼져 있다.

조금 더 구체적으로 예를 들어 설명해보자. 다음 예들은 평균만으로는 충분하지 않고 분산된 정도를 가리키는 값이 필요하다는 점을 알려준다.

어떤 지역에서 쇠고기가 킬로그램당 15
유로라면, 쇠고기 값은 14유로와 16유로
사이라는 추론이 가능하다. 마찬가지로 쇠
고기 값이 10유로와 20유로 사이라는 결론
도 내릴 수 있다.

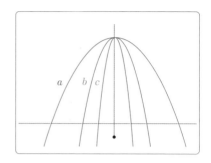

철강업에 종사하는 노동자의 평균 월급이
1798유로라는 말에서 어떤 노동자 한 개인이 실제로 받는 월급이 얼마인지는
알 수 없다. 왜냐하면 이 말에는 노동자 각 개인이 받는 월급이 어떻게 분포되어
있는지가 드러나지 않기 때문이다.

이 예들에서 알 수 있듯이, 평균만으로는 통계조사를 충분히 설명하지 못한
다. 이제 이러한 결함을 보완하기 위해 산포도를 살펴보겠다. 산포도에도 여러
종류가 있다.

범위

범위 R은 가장 간단한 산포도이다. 범위는 자료의 최댓값에서 최솟값을 뺀 것
을 말한다. 식으로 나타내면 다음과 같다.

$$R = x_{최대} - x_{최소}$$

자료의 최댓값과 최솟값 사이에 있는 구간은 통계조사의 분산구간이라고도
한다.

범위는 최댓값에서 최솟값을 빼기만 하면 되므로, 계산이 간단하고 분석하기
도 쉽다. 범위는 자료의 수가 적은 경우에는 통계조사로 요긴하게 쓰일 수 있다.
그러나 자료 중에 극단적인 값이 있는 경우, 앞에서 살펴본 산술평균과 마찬가
지로 범위는 이 극단적인 값의 영향을 직접 받으므로 산포도를 정확하게 나타
내지 못한다. 만약 자료 중에서 두 개의 극단적인 값이 있다면, 이 값들은 단 한

번만 포함되는데도 범위가 크게 늘어나는 결정적인 단점이 생긴다. 따라서 범위가 실질적인 산포도를 나타내는 경우는 극히 드물다.

사분편차

극단적인 값 때문에 정확한 산포도를 나타낼 수 없는 경우에는 사분편차를 이용해 계산할 수 있다.

우선 통계학자들이 사분이라는 개념을 어떻게 이해하는지를 살펴보자. 자료를 크기순으로 정렬했을 때 제1사분위수는 전체 순서의 $\frac{1}{4}$(25%) 지점에 위치하는 자료, 제2사분위수는 전체 순서의 $\frac{1}{2}$(50%) 지점의 자료, 제3사분위수는 전체 순서의 $\frac{3}{4}$(75%) 지점에 위치하는 자료를 가리킨다.

사분편차 q는 제3사분위수에서 제1사분위수를 뺀 값의 절반을 말한다. 식으로 나타내면 다음과 같다.

$$q = \frac{x_{0.75} - x_{0.25}}{2}$$

따라서 사분편차는 도수의 $\frac{1}{2}$을 그 구간에 갖는 범위를 나타낸다.

사분편차의 값이 클수록 분포의 산포도도 크다.

평균편차

앞에서 설명한 산포도들의 약점은 측정값, 즉 변량을 충분히 고려하지 못하는 것이다. 사분편차도 이러한 약점을 지니고 있기는 마찬가지다. 하지만 지금부터 살펴볼 산포도들은 개개의 측정값들이 평균과 얼마나 떨어져 있는지를 고려한다.

평균과 떨어진 간격은 극단적인 측정값의 경우 매우 크다. 측정값이 평균 가까이 집중되어 있을수록, 흩어진 정도는 작아진다. 이 경우는 편차의 절댓값이 작아져 산포도가 작아진다고 말할 수 있다. 다시 말해 편차의 절댓값이 클수록 평균에서 멀리 떨어진 값이고, 절댓값이 작을수록 평균에서 가까운 값이라고 할 수 있다. 앞에서 이미 살펴보았듯이, 산술평균의 경우 각 측정값(변량)에서 산술 평균을 뺀 값을 그 변량의 편차라고 한다. 이 편차의 합은 항상 0이다. 적절한 산포도를 구하기 위해 몇 가지 계산 방식을 알아야 한다.

우선 평균편차를 계산하기 위해 편차의 절댓값을 이용한다.

평균편차 a는 산술평균에 대한 각 측정값의 편차의 절댓값을 평균한 값이다.

이 정의는 다음과 같은 식으로 표시할 수 있다.

$$a = \frac{1}{n} \sum_{i=1}^{n} \left| x_i - \overline{x} \right|$$

물론 여기서도 측정값 중 같은 값이 여러 번 등장할 수 있다. 이때는 산술평균 의 경우와 마찬가지로 다음의 식을 적용하면 된다.

$$a = \frac{1}{n} \sum_{i=1}^{n} f_i \left| x_i - \overline{x} \right|$$

여기서 n은 측정 횟수이고, f_i는 각 측정값의 개수이다.

앞에서 예로 든 수학 성적을 다시 살펴보자. 표로 나타내면 다음과 같다.

성적	1	2	3	4	5	6
빈도(인원)	–	5	7	3	5	–

이 경우의 산술평균은 3.4였다. 이 값의 평균편차는 다음과 같이 계산한다.

$$a = \frac{1}{20}\{(5 \times 1.4) + (7 \times 0.4) + (3 \times 0.6) + (5 \times 1.6)\} = 0.98$$

따라서 평균점수에 대한 각 점수의 평균편차는 0.98이다.

분산, 표본분산, 표준편차

편차는 계산 과정에서 음수가 나타나지만 평균편차는 절댓값을 만들어 이 음수를 없앤 다음 계산한 것이다. 한편 평균편차와 달리, 분산에서는 산술평균에 대한 각 측정값의 편차를 제곱하여 계산한다. 이렇게 하면 음수가 나타나는 것을 피할 수 있다. 분산이 작으면 자료는 평균 주위에 모이고, 분산이 크면 평균에서 멀리 떨어진다.

변량 X의 평균값을 $E(X)$라 할때 이 두 값의 차인 편차를 제곱하여 얻은 값의 평균을 이 측정값의 분산이라 하고 $V(X)$로 나타낸다. 식으로 표시하면 다음과 같다.

$$V(X) = \frac{1}{n} \sum_{i=1}^{n} (X_i - E(X))^2$$

분산의 제곱근을 표준편차라고 하고 σ로 나타낸다. 표준편차가 작다는 것은 평균 주위의 분산의 정도가 작은 것을 의미한다. 식으로 표시하면 다음과 같다.

$$\sigma = \sqrt{V(X)}$$

표본에서 n이 아주 커지면 기댓값과 산술평균은 사실상 같아진다. 라플라스 시행을 예로 들면, 주사위 눈의 기댓값은 3.5이다.

한편 표본분포의 분산인 표본분산은 다음과 같이 구한다.

표본분산 s^2은 표본자료에서의 편차를 제곱하여 얻은 값의 평균이다.

이 분산은 다음과 같은 식으로 나타낼 수 있다.

$$s^2 = \frac{1}{n} \sum_{i=1}^{n} (x_i - \overline{x})^2$$

이때 표본자료의 표본분산은 위 식의 표본의 개수에서 1을 뺀 값$(n-1)$으로 계산한다. 식으로 나타내면 다음과 같다.

$$s^2 = \frac{1}{n-1} \sum_{i=1}^{k} (x_i - \overline{x})^2$$

평균편차와 마찬가지로 분산에서도 측정값 중 같은 값이 여러 번 등장할 수 있다. 이 경우에 표본분산을 구하는 식은 편차를 제곱한 값 앞에 도수 f_i를 곱하면 된다. 식으로 표시하면 다음과 같다.

$$s^2 = \frac{1}{n-1} \sum_{i=1}^{k} f_i (x_i - \overline{x})^2$$

표준편차는 분산과 아주 유사하다. 먼저 표준편차의 정의를 내리고 예를 들어 보겠다.

표준편차는 분산의 제곱근이다. 이는 분산의 두 가지 유형 모두에 적용된다. 표준편차는 σ 또는 s로 표시한다.

두 가지 유형의 표준편차에서 산포도가 어떤 차이를 나타내는지를 알기 위해, 앞에서 예로 든 학교 성적을 다시 살펴보겠다. 편의를 위해 다시 성적표를 소개한다.

성적	1	2	3	4	5	6
빈도(인원)	−	5	7	3	5	−

분산의 식에 이 값들을 대입하면 다음과 같다.

$$s^2 = \frac{1}{19} \{ 5 \times (-1.4)^2 + 7 \times (-0.4)^2 + 3 \times 0.6^2 + 5 \times 1.6^2 \} = 1.31$$

따라서 이 예의 표본분산은 1.31이다. 여기서 표준편차를 구하는 것은 어렵지 않다. 이 분산의 제곱근을 구하면 된다.

$$s = \sqrt{1.31} = 1.14$$

이로써 중요한 값들은 모두 구했다.

이 장에서 분산과 표준편차는 평균편차에 비해 몇 가지 장점이 있다는 사실이 드러났다. 즉, 분산과 표준편차는 표본이 극단적인 값을 가져도 거의 영향을 받지 않으며 분포의 모든 변량(측정값)에 따라 좌우된다. 게다가 표본의 분산과 표준편차는 모집단의 분포에 대해 신뢰할 수 있는 값을 제시한다. 따라서 모집단이나 표본의 산포도를 나타낼 때는 평균편차를 쓰는 경우는 드물고 주로 분산이나 표준편차를 이용한다.

앞에서 말한 산포도를 계산하는 식에서 또 다른 식이 파생되어 나왔다. 이제 마지막으로 이 식들 중에서 가장 중요한 것들을 소개하겠다. 하지만 구체적인 예는 생략한다. 왜냐하면 이 장에서 다룬 다른 식들과 원칙적으로 동일한 성격을 띠기 때문이다. 또한 이제 이 책의 거의 마지막 부분에 이르렀기에 여러분은 어느 정도 전문가가 되었다. 세세한 예를 들지 않아도 여러분이 독자적으로 이 식들을 응용할 수 있으리라고 믿는다.

표본이 작고 산술평균도 쉽게 구해졌다면, 표본분산은 이미 알고 있는 식으로 구할 수 있다.

$$s^2 = \frac{1}{n-1} \sum_{i=1}^{k} f_i(x_i - \overline{x})^2$$

다음의 식에서는 개개의 편차 $x_i - \overline{x}$ 를 계산할 필요가 없다. 하지만 산술평균 $\overline{x}$ 는 알고 있어야 한다.

$$s^2 = \frac{1}{n-1} \left(\sum_{i=1}^{k} f_i x_i^2 - n\overline{x}^2 \right)$$

끝으로 다음 식은 사전에 산술평균을 계산하지 않고 표본분산을 구할 수 있는 장점이 있다. 이 식은 아주 복잡하게 보이지만 익숙해지면 유용하게 활용할 수 있다. 특히 컴퓨터를 이용해 표본분산을 계산할 때 큰 도움이 된다.

$$s^2 = \frac{1}{n(n-1)} \left\{ n\sum_{i=1}^{k} f_i x_i^2 - \left(\sum_{i=1}^{k} f_i x_i \right)^2 \right\}$$

회귀분석과 상관관계

지금까지 우리는 관찰이나 측정 또는 통계조사에서 단 하나의 통계변수의 값에서 나오는 자료 집합만을 살펴보았다. 이와 같은 분포는 통계학에서 단일변수 분포라고도 한다. 이제 우리는 이중변수 분포를 살펴볼 것이다. 여기서 빈도분포의 바탕이 되는 통계변수는 표본의 동일한 원소에서 관찰한 순서쌍으로 이루어진다. 몇 가지 예를 통해 구체적으로 설명하겠다.

아이들을 대상으로 이중변수 통계조사를 하는 경우가 많다. 우리는 규칙적으로 아이들의 키와 몸무게를 측정하고 그 결과를 다이어그램으로 기록한다. 이런 조사를 하면, 아이들이 키에 비해 너무 무거운지, 정상인지 또는 너무 가벼운지를 알 수 있다. 이 예에서는 조사한 두 변수의 값(변량) 사이의 상관관계가 드러난다.

또한 노동자가 느끼는 회사에 대한 만족도를 첫 번째 변량, 노동자의 성과를 두 번째 변량으로 할 때도 앞의 예와 같은 상관관계가 드러난다.

그러나 피상적인 상관관계만을 나타내는 변량들도 있다. 예를 들어 첫 번째 변량은 어떤 지역의 신생아 수이고 두 번째 변량은 이 지역의 황새의 수라고 하자. 그런데 같은 시기에 신생아의 수와 황새의 수가 똑같이 줄어들 수도 있다. 그렇다  고 '출산율'과 '황새의 수' 사이에 상관관계가 있다고 말할 수는 없다.

두 변량 사이의 상관관계

여러분은 이미 앞의 예에서 여러 변량들 사이의 상관관계에 대해 살펴보았다. 통계학은 이러한 상관관계를 찾아내 (역으로 상관관계가 없다는 것을 확인해) 이 상관관계가 얼마나 강한지를 밝힌다.

두 변량 사이에는 원칙적으로 세 종류의 상관관계가 존재한다.

양의 상관관계

한 변량이 커지면 다른 변량도 커지는 관계가 있다. 이때는 한 변량이 작아지면 다른 변량도 작아진다. 이처럼 두 변량 사이에 한쪽이 커짐에 따라 다른 쪽도 커지는 관계를 양의 상관관계라고 한다.

음의 상관관계

한 변량이 커지면 다른 변량이 작아지는 관계가 있다. 역으로 한 변량이 작아지면 다른 변량은 커진다. 이처럼 두 변량 사이에 한쪽이 커짐에 따라 다른 쪽이 작아지는 관계를 음의 상관관계라고 한다.

상관관계가 없다

한 변량이 커짐에 따라 다른 변량이 커지거나 작아질 수도 있으며 변화가 없는 관계가 있다. 역으로 한 변량이 작아지면, 다른 변량이 커지는지 작아지는지도 분명하지 않다. 이러한 경우는 두 변량 사이에 통계학적인 상관관계가 없으며, 두 변량은 서로 독립관계를 이룬다고 한다.

이제 이중변수 분포와 관련해 아주 중요한 두 가지 개념인 회귀분석과 상관관계를 살펴보겠다.

회귀분석

우선 개념부터 정의하자.

> 회귀분석은 한 변수의 값에 근거해서 다른 확률변수의 값을 분석한다.

회귀분석은 영어책에서는 prediction(예측)이라는 개념으로 소개된다. 이 개념이 오히려 핵심을 잘 드러낸다. 회귀분석을 구체적으로 설명하기 위해 앞에서 예로 든 아이의 키와 몸무게의 상관관계를 다시 살펴보겠다. 회귀분석을 이용하면, 아이의 몸무게를 알 경우 키도 파악할 수 있다.

회귀분석(영어식 표현인 '예측'보다 정확도는 떨어지지만 관례를 존중해서 회귀분석이라는 표현을 사용한다)이 어떻게 진행되는지와 그 의미를 그림을 통해 구체적으로 살펴보자.

우선 변량의 분포를 그림으로 가장 잘 나타낼 수 있는 방법을 찾아볼 것이다. 두 축으로 이루어진 이차원 좌표평면이 이상적인 매체로 판단된다. 좌표평면에서는 x와 y로 표시되는 두 값을 설정할 수 있다. 또한 이 두 값은 순서쌍 (x, y)로 만들어 좌표평면에 표시할 수 있다. 이렇게 해서 생긴 다이어그램을 상관도라고 한다.

이 상관도를 자세히 살펴보자. 여기서는 회귀분석과 상관관계의 개념이 서로 밀접한 관계가 있고, 두 변수 사이의 관계가 어떤 형태를 띠는지가 잘 드러난다.

첫 번째 그림에서 나타나는 것은 극단적인 양의 상관관계이다. 변량이 일직선상에 위치한다.

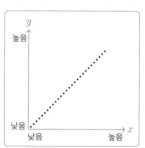

극단적인 양의 상관관계

두 번째 그림에서는 변량이 직선 주위로 약간 흩어지기 시작한다. 하지만 여전히 강한 상관관계를 나타내고 있다. 따라서 이 경우는 강한 양의 상관관계라고 말할 수 있다.

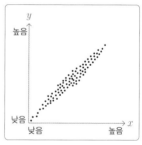

강한 양의 상관관계

이 그림에서는 양의 상관관계가 약하게 나타난다. 개개의 변량의 흩어진 정도가 두 번째보다 높다.

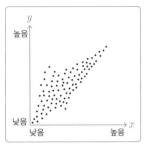

약한 양의 상관관계

이 그림에서는 변량이 어떻게 분포되어 있는지를 확인할 수 없다. 상관관계가 거의 0이다.

거의 0인 상관관계

이 그림에서는 음의 상관관계가 나타난다. 변량이 양의 상관관계와는 다르게 배치되어 있다.

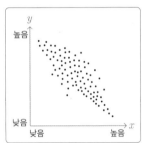

음의 상관관계

마지막 그림에서는 변량들이 전혀 색다른 모양을 이루고 있다. 이는 비선형적인 상관관계라고 한다.

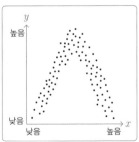

비선형적인 상관관계

이러한 상관도는 어떤 메시지를 던지는가? 다시 한 번 비교적 강한 상관관계를 나타내는 그림과 극단적인 상관관계를 나타내는 그림을 살펴보자. 극단적인 양의 상관관계에서 우리는 이미 모든 변량이 일직선상에 있다고 확인했다. 그럼 강한 양의 상관관계를 나타내는 다이어그램을 살펴보자. 여기서는 점들이 일직선 주위에 밀집되어 있음을 알 수 있다.

이제 점들의 밀집 상태를 가장 잘 나타내는 직선을 생각해보기로 하자. 이는 주위에 가장 많은 점들이 모여 있는 직선을 찾아야 함을 의미한다. 이러한 직선을 찾았다면, 직선의 방정식을 이용해 회귀분석에 대한 계산을 할 수 있다. 즉, 이미 알고 있는 변수의 값으로 두 번째 변수의 값을 구할 수 있는 것이다. 이 직선은 회귀직선이라고 하며 실제로 계산이 가능하다.

회귀직선에 대해서도 이미 알고 있는 일반적인 직선의 방정식이 적용된다.

$$y = ax + b$$

여기서는 여러 변량의 점들에서 x와 y를 정해야 한다. 따라서 각각의 평균 $\overline{x}$ 와 $\overline{y}$ 를 택해 방정식의 항을 이항하면 다음과 같다.

$$b = \overline{y} - a\overline{x}$$

이제 기울기 a만 구하면 멋진 직선의 방정식이 나온다. a를 구하는 식은 다음과 같다.

$$a = \frac{\sum_i (x_i - \overline{x})(y_i - \overline{y})}{\sum_i (x_i - \overline{x})^2}$$

이 식을 보고 놀라지 말기 바란다. 예를 살펴보면 쉽게 이해할 수 있다. 다음 표는 15명의 몸무게와 키를 조사한 것이다.

번호	x=몸무게 (kg)	y=키 (kg)
1	65	164
2	54	157
3	50	156
4	61	163
5	64	168
6	78	172
7	58	161
8	50	157
9	71	182
10	63	167
11	65	169
12	72	173
13	60	159
14	60	154
15	71	167

이제 차분하게 하나씩 계산하면 된다. 우선 평균을 구하자.

$$\overline{x} = \frac{\sum x_i}{n} = \frac{942}{15} = 62.8$$

$$\overline{y} = \frac{\sum y_i}{n} = \frac{2469}{15} = 164.6$$

다른 값들을 또 다른 표로 나타내면 다음과 같다. 이 계산은 여러분도 직접 해 보기 바란다. 이렇게 표를 작성하면 실수를 피할 수 있다.

번호	$x_i - \overline{x}$	$y_i - \overline{y}$	$(x_i - \overline{x}) + (y_i - \overline{y})$	$(x_i - \overline{x})^2$
1	2.2	-0.4	-0.88	4.84
2	-8.8	-7.4	65.12	77.44
3	-12.8	-6.4	81.92	163.84
4	-1.8	-1.4	2.52	3.24
5	1.2	3.6	4.33	1.44
6	15.2	7.6	115.52	231.04
7	-4.8	-3.4	16.32	23.04
8	-12.8	-7.4	94.72	163.84
9	8.2	17.6	144.32	67.24
10	0.2	2.6	0.52	0.04
11	2.2	4.6	10.12	4.84
12	9.2	8.6	79.12	84.64
13	-2.8	-5.4	15.12	7.84
14	-2.8	-10.4	29.12	7.84
15	8.2	2.6	21.32	67.24
합계	$-$	$-$	679.21	908.40

이제 기울기를 계산하기 위해 필요한 모든 값들을 알게 되었다. 기울기를 계산하면 다음과 같다.

$$a = \frac{\sum_i (x_i - \overline{x})(y_i - \overline{y})}{\sum_i (x_i - \overline{x})^2} = \frac{679.21}{908.4} = 0.75$$

다음 단계로 b를 계산하면 다음과 같다.

$$b = \overline{y} - a\overline{x} = 164.6 - 0.75 \times 62.8 = 117.5$$

따라서 회귀직선의 방정식은 다음과 같다.

$$y = 0.75x + 117.5$$

이 식을 이용하면, 예를 들어 몸무게가 77 킬로그램인 사람의 키를 계산할 수 있다. 77킬로그램을 이 방정식에 대입하면 키는 다음과 같다.

$$y = 0.75 \times 77 + 117.5 = 175.25$$

따라서 몸무게가 77킬로그램인 사람의 키는 회귀분석을 이용해 175.25센티미터인 것을 알 수 있다.

오른쪽 그림은 자료의 측정값과 계산한 회귀직선을 나타낸다. 좌표계에 명확하게 표시하기 위해 몸무게와 키를 10으로 나누었다.

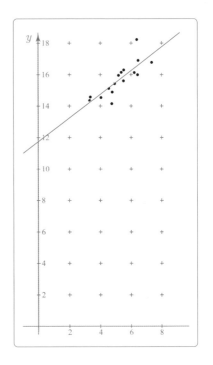

상관계수

여러분은 변량을 표시한 점들이 회귀직선에 가장 근접한다는 사실을 알게 되었다. 그렇다고 회귀직선이 자료의 모든 점을 지나는 것은 아니다. 그런데 변량들을 임의로 모아 회귀직선을 계산하는 것은 이론적으로 가능하다. 수학은 이러한 계산이 의미 있는지의 여부에 대해서는 묻지 않는다. 중요한 것은 회귀직선이 자료의 변량을 얼마나 잘 나타내는지, 변량을 표시한 점들이 직선 주위에 얼마나 강하게 흩어져 있는지를 아는 것이다. 이것을 나타내는 값이 바로 상관계수이다.

표본상관계수 r은 두 통계변수의 상관관계, 즉 상대적인 일차종속을 나타내는 수치이다. 이 상관계수는 다음과 같이 계산한다.

$$r = \frac{\sum\limits_i (x_i - \overline{x})(y_i - \overline{y})}{\sqrt{\sum\limits_i (x_i - \overline{x})^2 \sum\limits_i (y_i - \overline{y})^2}}$$

여기서 다시 한 번 앞의 예로 돌아가서 상관계수를 계산해보자. 앞의 표에다 $(y_i - \overline{y})^2$의 값을 표시하는 칸을 추가해야 한다.

번호	$x_i - \overline{x}$	$y_i - \overline{y}$	$(x_i - \overline{x})(y_i - \overline{y})$	$(x_i - \overline{x})^2$	$(y_i - \overline{y})^2$
1	2.2	−0.4	−0.88	4.84	0.16
2	−8.8	−7.4	65.12	77.44	54.76
3	−12.8	−6.4	81.92	163.84	40.96
4	−1.8	−1.4	2.52	3.24	1.96
5	1.2	3.6	4.33	1.44	12.96
6	15.2	7.6	115.52	231.04	57.76
7	−4.8	−3.4	16.32	23.04	11.56
8	−12.8	−7.4	94.72	163.84	54.76
9	8.2	17.6	144.32	67.24	309.76
10	0.2	2.6	0.52	0.04	6.76
11	2.2	4.6	10.12	4.84	21.16
12	9.2	8.6	79.12	84.64	73.96
13	−2.8	−5.4	15.12	7.84	29.16
14	−2.8	−10.4	29.12	7.84	108.16
15	8.2	2.6	21.32	67.24	6.76
합계	−	−	679.21	908.40	790.60

이 값들을 다시 식에 대입하면 다음과 같다.

$$r = \frac{\sum_i (x_i - \overline{x})(y_i - \overline{y})}{\sqrt{\sum_i (x_i - \overline{x})^2 \sum_i (y_i - \overline{y})^2}} = \frac{679.21}{\sqrt{908.4 \times 790.6}} \fallingdotseq \frac{679.21}{847.46} \fallingdotseq 0.80$$

따라서 상관계수는 0.8이다. 이 수치는 정확하게 무엇을 의미하는가?

상관계수 r은 항상 -1과 1 사이를 오가는 수이다. 식으로 표시하면 다음과 같다.
$$-1 < r < 1$$

---

r이 1이나 -1에 가까울수록, 자료조사의 점들은 회귀직선에 근접한다. 따라서 이 경우는 점들이 직선을 이루어 상관관계도 강해지는 것이다. 앞의 예에서 구한 상관계수 0.8은 강한 상관관계를 나타내는 것으로 볼 수 있다. 따라서 우리의 조사 결과에 대해 자부심을 가져도 된다.

자료의 집합이 아주 크거나 다이어그램이 상관관계를 나타내긴 하지만 선형이 아닐 때는 컴퓨터 프로그램를 이용한다. 컴퓨터에 자료와 함수 유형을 입력하면 자동적으로 함수변수의 값이 구해진다.

상관계수를 이용하면, 일상생활의 여러 가지 문제를 계산할 수 있다. 예를 들어, 대학교에서 교수가 강의를 잘할 때 학생들이 강의에 만족하는 정도를 계산할 수 있고, 실업자의 교육 수준이 실업 기간에 영향을 미치는 정도도 계산할 수 있다. 이처럼 상관계수의 활용 범위는 매우 넓다.

V 해석학

해석학은 수학의 또 다른 중심 분야를 이루며 과학기술과 관련된 문제들에 대한 해결책도 제시한다. 해석학의 핵심은 수열과 급수 그리고 함수이다. 함수는 그래프 아래의 넓이를 계산할 수 있는 적분으로 연결된다. 이는 이 장의 마지막에서 비교적 상세하게 다루는 분야이기도 하다.

해석학은 까다롭긴 하지만 흥미진진하다. 이런 점에서 "마지막에 말하기는 하지만 아주 중요한 것"이라는 옛말이 실감날 것이다.

수열

여러분은 수열이라는 말을 들어본 적이 있을 것이다. 텔레비전 연속극처럼 계속 이어지는 방송에서도 넓은 의미에서는 수열의 개념이 나타나며 신문의 빈칸 채우기에도 밑바탕에 수열이 깔려 있다.

빈칸 채우기는 대개 다음과 같은 형태를 띤다.

다음번에는 무슨 수가 들어가는가?

2, 4, 6, 8, ■ 또는 10, 15, 20, 25, ■

물론 이것은 어려운 수학 공식을 몰라도 쉽게 풀 수 있다. 하지만 이러한 문제는 수열의 개념에 접근하는 데 도움을 준다.

수열에 관한 첫 번째 정의를 내리면 다음과 같다. 그러나 이 정의는 아직 수학적으로 완전하지 않다.

> 수열은 숫자들을 나열한 것이다. 이때, 이 숫자들을 나열하는 순서는 특정한 법칙에 따라 미리 정해져 있고 개개의 숫자를 바꾸는 것은 허용되지 않는다.

이 정의를 조금 더 다듬기 전에, 두 가지 예를 통해 수열이 어떤 용도로 쓰이며 빈칸 채우기와 같이 단순하지는 않다는 것을 보여주겠다.

수초가 말썽을 일으키는 자갈 채취 호수

다음의 예는 수열을 다룰 때 자주 등장한다. 숫자와 표현만 다를 뿐, 대부분의 수학책에 빠지지 않고 등장하는 단골손님이다. 따라서 우리도 그냥 지나칠 수 없다.

1000제곱미터 크기의 자갈 채취 호수를 생각해보자. 이 호수는 자갈을 계속 채취해 수면이 매주 400제곱미터씩 넓어진다. 그러나 수면만 넓어지는 것이 아니라, 호수에서 번식하는 수초도 늘어난다.

공사가 시작될 때는 수초가 수면의 1제곱미터만 덮고 있었다. 그러나 공사가 진행되면서 수초가 덮는 넓이는 매주 3배씩 늘어났다. 호수 전체가 수초로 덮이는 데에는 얼마의 시간이 걸릴까?

위의 문제를 풀기 위해서는 거창한 공식을 동원할 필요 없이 다음과 같은 표를 만들면 된다.

주	0	1	2	3	4	5	6	7	8
수면	1000	1400	1800	2200	2600	3000	3400	3800	4200
수초	1	3	9	27	81	243	729	2187	6551

이 문제를 풀면서 두 가지 수열을 만들었다. 첫 번째 수열은 수면의 증가를 나타낸다. 여기서는 1000제곱미터에서 시작해 400제곱미터씩 커졌다. 두 번째 수열은 수초가 차지한 넓이를 나타낸다. 이 넓이는 1부터 시작했다. 여기서 각 수는 앞의 수의 3배이다.

수초가 무성하게 자란 호수

수초는 빠르게 자란다

몸속의 약 농도

다음의 예에서는 하나둘씩 세는 산술적 방법이 아니라(앞에서 우리가 한 방법은 하나둘씩 세는 것과 다를 바 없었다), 수학적 방법을 통해 문제를 푼다. 이 과정에서 여러분은 수열이 무엇인지를 파악하게 될 것이다.

이 문제는 약과 관련된 것인데, 일상생활에서 흔히 접할 수 있는 일이다. 우선 당신이 약을 먹는다고 가정하자. 이 약은 4시간 안에 체내에서 25퍼센트가 분해되어 배설된다. 약의 처음 양은 100밀리그램이고 4시간마다 먹는다. 이제 시간이 경과됨에 따라 체내에서 형성되는 약의 농도를 알아보자.

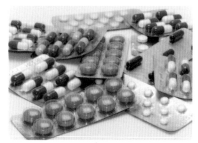

우선 약에 이름을 붙인다. 달리 말해, 전체의 윤곽을 파악하기 위해 변수를 정하는 것이다.

처음 약의 양을 d_0라고 한다. 그러면 앞의

설명에 따라 $d_0 = 100$이다.

그리고 n주기가 지난 후에 체내에 남아 있는 약의 양을 d_n이라고 한다.

약의 처음 양은 우리가 알고 있다. 이제 4시간이 지난 후, 다시 말해 두 번째 양을 먹은 후 어떻게 되는지를 살펴보자. 이 시점을 d_1이라고 한다. 이제 처음 양의 25퍼센트가 분해되었고 100밀리그램의 약이 새로 체내에 들어왔다. 따라서 다음의 식이 성립한다.

$$d_1 = \frac{3}{4} d_0 + 100$$

그리고 4시간이 지났다. 또 약을 먹을 시간이 된 것이다. 그사이에 d_1의 25퍼센트가 다시 분해되어 배설되었다. 그러므로 d_2는 다음과 같다.

$$d_2 = \frac{3}{4} d_1 + 100$$

위의 두 식을 살펴보면, 아주 유사하다는 것을 알 수 있다. 따라서 여기서 마지막 단계로 넘어가 일반식을 만들 수 있다. 이 일반식에서는 수열 각각의 다음 원소를 어떤 규칙에 따라 계산해야 할지가 드러난다.

$$d_{n+1} = \frac{3}{4} d_n + 100$$

이제 이 일반식을 자세히 살펴보자. 이 식은 대수학에서 다룬 다른 주제, 즉 함수와 똑같은 형태를 띠고 있다. 즉 n에 1, 2, 3, …을 대입하여 수열의 각 항을 정할 수 있기 때문이다. 이때 수열의 각 항은 보통 항의 번호를 붙여 $a_1, a_2, a_3, …, a_n$과 같이 나타내며 제n항인 a_n을 일반항이라고 한다.

> 수열은 자연수 N을 정의역으로 하는 함수이다. 수열은 대개 $\{ a_n \}$으로 나타낸다.

따라서 앞의 자갈 채취 호수의 수열의 일반항은 다음과 같이 나타낼 수 있다.

$$a_n = 1000 + n \times 400$$

$$b_n = 3^n$$

약의 예에서 나타난 식을 다음 형태로 바꾸는 것도 어렵지 않다.

$$d_n = \frac{3}{4} d_{n-1} + 100$$

이러한 수열 말고도 여러분이 이미 알고 있는 또 다른 수열도 있다.

$$\{n\}$$

이 수열은 집 주소에서 흔히 볼 수 있다. 왜냐하면 수열의 각 항이 다음과 같이 나열되기 때문이다.

$$1, 2, 3, \cdots$$

다음은 제곱수로 이루어진 수열이다.

$$1, 4, 9, \cdots, n^2, \cdots$$

한편, 다음 수열은 자연수의 역수로 이루어진다.

$$1, \frac{1}{2}, \frac{1}{3}, \cdots, \frac{1}{n}, \cdots$$

수열의 표현

우리는 앞에서 여러 가지 형태의 수열을 배웠다. 수열은 크게 세 가지로 나눌 수 있다. 어떤 형태를 적용할지는 각각의 수열에 따라 좌우된다.

우선 수열의 각 항들을 세는 형태가 있다. 1, 2, 3, 4, ⋯ 또는 2, 4, 6, 8, ⋯ 과 같은 간단한 수열은 아무 문제가 없다. 복잡한 수열에서는 이 방법이 곧바로 한계에 부딪힌다.

두 번째 형태는 함수식을 통해 수열을 정의하는 것이다. 이는 $\left\{\dfrac{1}{n}\right\}$과 같은 예에서 이미 살펴보았다.

마지막으로 수열을 귀납적으로 정의할 수 있다. 이 형태도 앞의 예에서 이미 다루었다. 여기서 처음 몇 개 항(앞의 예에서는 d_0와 d_1이다)과 이웃하는 항들 사이의 관계식(앞의 예에서는 $d_{n+1}=\dfrac{3}{4}d_n+100$이다)을 가지고 수열을 정의하는 것을 수열의 귀납적 정의라 하고, 이때 이웃하는 항들 사이의 관계식을 수열의 점화식이라 한다. 점화식은 다시 말해 이미 알고 있는 n번째 항에 근거해서 식의 $n+1$번째 항을 찾는 것이다.

피보나치수열

수열을 귀납적으로 정의하는 연습을 조금 더 해보자. 앞서 대수학을 다룰 때 소개한 피보나치수열을 예로 들겠다.

피보나치라고 불리는 레오나르도 다 피사는 토끼를 키우다가 토끼의 수가 어떤 규칙에 따라 늘어나는 것을 발견하고 이 유명한 수열을 발견했다고 한다. 그가 토끼를 세어

이렇게 귀여운 토끼의 수가 늘어나는 것을 못마땅해하는 사람은 없을 것이다.

보니 지난달과 그 전달의 토끼의 수를 합한 수가 된 것이다.

이 토끼의 수에서 점화식을 만들어보자. 처음은 아주 간단하다. 나머지 과정도 어려운 것은 아니다.

토끼 혼자서는 새끼를 낳을 수 없으며, 토끼가 태어난 지 두 달이 지나야 새끼를 낳을 수 있다는 것도 고려하자.

처음에는 토끼가 한 쌍 있다. 따라서 $k_1=1$이 성립한다. 또한 한 달이 지난 후에도 여전히 토끼가 한 쌍 있으므로 $k_2=1$이다.

다음 달, 또 다음 달에 토끼의 수를 계속해서 센다. 자, 이제 피보나치가 어떤 사실을 발견했는지 살펴보자. 토끼의 수를 셀 때마다 지난달과 그 전달의 토끼의 수를 합한 수가 된다. 따라서 다음 식을 만들 수 있다.

$$k_3=k_2+k_1=1+1=2$$

한 사이클을 더 돌아 같은 규칙으로 k_4를 만들면 다음과 같다.

$$k_4=k_3+k_2=2+1=3$$

점화식을 만들기 전에 한 사이클만 더 돌아보자.

$$k_5=k_4+k_3=3+2=5$$

이제 윤곽이 잡혔다. 점화식을 만들어보자.

$$k_{n+2}=k_{n+1}+k_n$$

이 식에 따라 나타낸 다음의 각 숫자를 피보나치 수라 한다.

$$1, 1, 2, 3, 5, 8, 13, 21, 34, 55, \cdots$$

몇 가지 특별한 수열

수학자들은 수열도 몇 가지 형태로 나눈다. 처음에 나오는 두 수열은 워밍업용이다. 하지만 그다음에 나오는 수열들에 대해서는 주의를 기울여야 한다.

실수열
실수들의 수열은 아주 간단하다. 개념만 정의하고 넘어가겠다.

수열을 이루고 있는 개개의 항들이 실수일 때, 이 수열을 실수열이라고 한다.

교대수열

교대수열도 이해하기가 어렵지 않다. 먼저 정의부터 간단히 내리겠다.

수열에서 각 항들이 앞의 항과는 +와 −의 부호가 다른 수열을 교대수열이라고 한다.

간단한 예를 들어보겠다. 수열 $\{(-1)^n\}$은 전형적인 교대수열이다. 이 수열은 각 항이 $-1, 1, -1, 1, \cdots$로 이어진다.

등차수열

등차수열은 앞의 자갈 채취 호수의 예를 생각하면 이해하기가 쉽다. 여기서 호수의 넓이가 늘어나는 수열을 정확하게 살펴보자. 이 수열은 이미 앞에서 구한 다음의 식에 따른다.

$$a_n = 1000 + n \times 400$$

이 수열에서 특이한 점은 이웃한 두 항의 차이가 일정하다는 것이다. 이 차이가 얼마인지는 간단하게 계산할 수 있다.

$$a_n - a_{n-1} = 1000 + 400n - \{1000 + 400(n-1)\} = 400$$

이 계산이 옳은지는 397쪽의 표를 보면 검토가 가능하다.

수열 $\{a_n\}$의 이웃한 두 항의 차 d가 항상 일정할 때, 이 수열을 등차수열이라고 한다. 그리고 이 일정한 수 d를 공차라고 한다.

그런데 수열의 이웃한 두 항의 차가 일정할 때, 각 항은 앞뒤 두 항의 산술평균을 나타낸다. 따라서 이 수열을 산술수열이라고도 한다.

등차수열 $\{a_n\}$에서 서로 이웃한 세 항의 경우, 가운데 항의 값은 앞뒤 두 항의 산술평균과 같다.

$$a_n = \frac{a_{n-1} + a_{n+1}}{2}$$

따라서 수열의 임의의 항(n번째 항)을 구하는 것은 어렵지 않다. 그러나 단계별로 접근해보자. 우선 두 번째 항을 구하는 식은 다음과 같다.

$$a_2 = a_1 + d$$

수열에서 이웃한 두 항의 차가 정확히 d이기 때문에 이 식이 성립한다. 또 다른 항들을 구하는 식은 다음과 같다.

$$a_3 = a_2 + d = a_1 + 2d$$
$$a_4 = a_3 + d = a_1 + 3d$$
$$\vdots$$
$$a_n = a_{n-1} + d = a_1 + (n-1) \times d$$

이로써 등차수열의 n번째 항을 구하는 식이 만들어졌다.

$$a_n = a_{n-1} + d = a_1 + (n-1) \times d$$

등비수열

이제 특별한 수열 중에서 마지막 차례인 등비수열을 알아볼 차례이다. 등비수열에서도 각 항들은 명료하게 정의된 상호관계를 이루고 있다.

수열 $\{a_n\}$의 각 항이 바로 앞의 항에 일정한 수를 곱한 값으로 이루어질 때, 이 수열을 등비수열이라고 한다. 등비수열은 기하수열이라고도 하며, 곱하는 일정한 수 q를 공비라고 한다.

$$\frac{a_{n+1}}{a_n} = q$$

우리는 등차수열에서 서로 이웃한 세 항에서 가운데 항의 값은 앞뒤 두 항의 산술평균을 나타낸다는 사실을 배웠다. 그런데 통계학에는 산술평균뿐만 아니라 기하평균도 있다. 따라서 다음의 명제가 성립한다.

등비수열 $\{a_n\}$의 서로 이웃한 세 항에서 가운데 항의 값은 앞뒤 두 항의 기하평균과 같다.

$$a_n = \sqrt{a_{n-1} \times a_{n+1}}$$

등비수열에서도 n번째 항을 계산하는 식을 만들어보자. 등차수열과 마찬가지로 단계별로 접근한다. 등비수열의 정의로부터 다음의 식을 만들 수 있다.

$$a_2 = a_1 \times q$$

또 다른 항들에 대해서는 다음의 식이 성립한다.

$$a_3 = a_2 \times q = a_1 \times q^2$$
$$a_4 = a_3 \times q = a_1 \times q^3$$
$$\vdots$$
$$a_n = a_{n-1} \times q = a_1 \times q^{n-1}$$

이로써 등비수열의 n번째 항을 구하는 식이 만들어졌다.

$$a_n = a_{n-1} \times q = a_1 \times q^{n-1}$$

끝으로 간단한 표를 만들어 등차수열과 등비수열의 가장 중요한 차이점을 보여주겠다. 이로써 두 수열에 대한 의문점이 사라졌으면 좋겠다.

등차수열	a_1	$+d$ a_2	$+d$ a_3	$+d$ a_4	$+d$ a_5	$+d$ ···
등비수열	a_1 $\times q$	a_2 $\times q$	a_3 $\times q$	a_4 $\times q$	a_5 $\times q$	···

수열의 극한값

앞에서 배운 몇 가지 수열 중에서 항이 특정한 값을 향해 계속 접근하지만 결코 그 값에 도달하지 못하는 경우가 있었다. 예를 들어 일반항이 $a_n = \dfrac{1}{n}$ 인 수열에서 n에 점점 더 큰 수를 대입해보자.

이렇게 하면 점점 더 0에 접근하지만, 0에 도달하지 못하는 항들이 생긴다.

이 수들보다 조금 더 큰 수 n을 택하면, $\dfrac{1}{n}$ 은 0보다 크긴 하지만 그 큰 정도가 극도로 작다. 이 경우에 0을 수열 $\{a_n\}$의 극한값이라고 한다.

물론 이 극한값에 대해서도 수학적으로 정의를 내릴 수 있다. 이 정의를 이해하기 위해서, 먼저 '엡실론 근방'이라는 개념을 도입한다. 엡실론 근방은 마법을 부리는 요술방망이가 아니라 아주 짧은 임의의 거리를 말한다. 이 개념을 염두에 둔다면, 다음의 정의는 어렵지 않을 것이다.

수열 $\{a_n\}$의 거의 모든 항들이 엡실론 근방 $U_\varepsilon = (g-\varepsilon, g+\varepsilon)$에 위치할 때, g를 이 수열의 극한값이라고 한다.

여기서 '거의 모든 항'은 유한개의 항을 제외한 것을 의미한다.

> 수열 $\{a_n\}$에서 n이 한없이 커질 때, a_n의 값이 일정한 값 g에 한없이 가까워지면,
> 수열 $\{a_n\}$이 g에 수렴한다고 말한다.

물론 극한값을 표시하는 기호가 있다. 기호로 표시하는 것은 긴 서술형 문장보다 간결하고 이해도 돕는다.

limit는 어떤 지역의 경계를 뜻하기도 한다.

> $$\lim_{n \to \infty} a_n = g$$
> 여기서 $\lim$는 극한을 뜻하는 limit의 약자이다.

영수열과 상수수열

앞에서 일반항이 $a_n = \dfrac{1}{n}$인 수열에 대해 살펴보았다. 이 수열은 0에 수렴한다.

> 0에 수렴하는 수열을 영수열이라고 부르기도 한다.

> 수열 $\{a_n\}$의 모든 항의 값이 a로 같을 때, 다시 말해 $a_{n+1} = a_n = a$가 성립할 때,
> 이 수열을 상수수열이라고 한다. 이 수열은 극한값 a를 가진다.

두 수열을 강조하는 데에는 특별한 이유가 있다. 이 수열들을 이용하면, 상당히 복잡하게 보이는 수열의 극한값도 간단한 방법으로 계산할 수 있기 때문이다. 예를 들어 설명하기 전에, 먼저 극한값과 관련해 중요한 의미를 지니는 몇 가지 계산 법칙을 소개하겠다.

극한값 계산

여러분은 이미 여러 가지 계산 법칙을 배웠다. 극한값의 계산 법칙도 이들과 유사하다. 따라서 장황한 설명은 생략한다. 앞에서 배운 법칙들을 응용하면 쉽게 이해할 수 있을 것이다. 그리고 이 법칙들에는 개개의 수열이 수렴한다는 전제가 따른다.

두 수열 $\{a_n\}$, $\{b_n\}$이 모두 수렴하고, $\lim_{n\to\infty} a_n = a$, $\lim_{n\to\infty} b_n = b$이면

$$\lim_{n\to\infty}(a_n + b_n) = \lim_{n\to\infty} a_n + \lim_{n\to\infty} b_n = a + b$$

$$\lim_{n\to\infty}(a_n - b_n) = \lim_{n\to\infty} a_n - \lim_{n\to\infty} b_n = a - b$$

$$\lim_{n\to\infty}(a_n \times b_n) = \lim_{n\to\infty} a_n \times \lim_{n\to\infty} b_n = a \times b$$

$$\lim_{n\to\infty}\frac{a_n}{b_n} = \frac{\lim_{n\to\infty} a_n}{\lim_{n\to\infty} b_n} = \frac{a}{b}, \text{ 단, } b_n \neq 0, b \neq 0$$

$$\lim_{n\to\infty}(c \times a_n) = c \times \lim_{n\to\infty} a_n = c \times a$$

이제 정말 까다롭게 보이는 수열을 상대해야 한다. 우선 다음의 극한값을 계산해보자.

$$\lim_{n\to\infty} \frac{5n^3 + 4n^2 - 2n}{7n^3 - 8n + 3} \quad (\text{단, } 7n^3 - 8n + 3 \neq 0)$$

이 식은 만만하게 보이지 않는다. 식을 보자마자 포기하고 싶은 사람도 있을 것이다. 그러나 이러한 유형의 문제는 항상 똑같은 방식으로 접근할 수 있다.

먼저 분모의 가장 높은 거듭제곱으로 분자와 분모를 나누어보자. 이렇게 하면 식은 한결 쉬워진다.

$$\lim_{n\to\infty} \frac{5 + \dfrac{4}{n} - \dfrac{2}{n^2}}{7 - \dfrac{8}{n^2} + \dfrac{3}{n^3}}$$

아직도 난감한 표정을 지으며 어찌할 바를 모르는 사람은 계산 법칙을 다시 살펴보기 바란다. 이제 개개의 극한값을 구하여 식 전체를 계산할 수 있게 되었다.

$$\lim_{n \to \infty} \frac{5 + \dfrac{4}{n} - \dfrac{2}{n^2}}{7 - \dfrac{8}{n^2} + \dfrac{3}{n^3}} = \frac{\lim_{n \to \infty} 5 + \lim_{n \to \infty} \dfrac{4}{n} - \lim_{n \to \infty} \dfrac{2}{n^2}}{\lim_{n \to \infty} 7 - \lim_{n \to \infty} \dfrac{8}{n^2} + \lim_{n \to \infty} \dfrac{3}{n^3}}$$

수열 $\left\{ \dfrac{4}{n} \right\}$, $\left\{ \dfrac{2}{n^2} \right\}$, $\left\{ \dfrac{8}{n^2} \right\}$, $\left\{ \dfrac{3}{n^3} \right\}$ 은 영수열이다. 게다가 두 상수수열의 극한값도 알 수 있다. 따라서 극한값을 구하면 다음과 같다.

$$\frac{\lim_{n \to \infty} 5 + \lim_{n \to \infty} \dfrac{4}{n} - \lim_{n \to \infty} \dfrac{2}{n^2}}{\lim_{n \to \infty} 7 - \lim_{n \to \infty} \dfrac{8}{n^2} + \lim_{n \to \infty} \dfrac{3}{n^3}} = \frac{5 + 0 - 0}{7 - 0 + 0} = \frac{5}{7}$$

우리는 괴물 같아 보였던 수열에 맞서 승리했다. 자신감을 가지고 계속 나아가도록 하자.

다시 한 번: 몸속의 약 농도

기억을 되살려보자. 4시간마다 규칙적으로 약을 먹는 예를 다시 살펴보겠다. 환자는 (당신이 환자라고 가정했다) 4시간마다 100밀리그램의 약을 먹었고 약은 4시간 안에 체내에서 25퍼센트가 분해되어 배설되었다.

우리는 이 수열에 대한 점화식을 만들었다. 그런데 의학적인 시각에서 보면, 몸에 축적되는 약의 농도가 특정한 값에 도달하는지의 여부를 아는 것은 중요한 의미를 지닌다. 이는 다시 말하면, 수열이 특정한 값에 수렴하는지의 여부와 일치한다.

그런데 여기서는 점화식이 큰 도움이 되지 않는다. 따라서 함수식이 필요하다. 함수식은 주어진 자료를 이용해 만들 수 있다. 이 과정은 생략한다. 왜냐하면 여기서는 무엇보다도 극한값이 우리의 관심사이기 때문이다. 식은 다음과 같다.

$$d_n = r^n d_0 + c \frac{1-r^n}{1-r}$$

여기서 r은 남은 약의 비율인 $\frac{3}{4}$이고, c는 처방받은 양, 즉 100밀리그램이다. $r < 1$이므로, r^n은 n이 커지면 값이 매우 작아져 무시해도 된다. 따라서 식은 다음과 같이 간단해진다.

$$\lim_{n \to \infty} \left(r^n d_0 + c \frac{1-r^n}{1-r} \right) = \frac{c}{1-r}$$

자, 이제 계산이 유치할 정도로 간단해졌다.

$$\frac{100}{1-0.75} = 400$$

따라서 수열의 극한값은 400이다. 계속하여 약을 먹을 때 몸에 축적되는 양이 이렇게 높게 나타나리라고 생각이나 했던가?

특별한 극한값

지금까지 우리는 영수열과 상수수열과 같은 몇 가지 수열의 극한값에 대해 알아보았다. 다음은 특별한 극한값을 갖는 수열을 소개한 것이다.

$$\lim_{n \to \infty} \sqrt[n]{n} = 1$$

$$\lim_{n \to \infty} \left(1 + \frac{z}{n} \right)^n = e^z$$

$$\lim_{n \to \infty} n \left(a^{\frac{1}{n}} - 1 \right) = \ln a$$

수열의 또 다른 성질

이제 수열의 또 다른 몇 가지 성질을 소개하겠다.

발산수열

지금까지는 일정한 값으로 수렴하는 수열에 대해 살펴보았다. 하지만 이러한 성질을 갖지 않는 수열도 있다. 예를 들어 수열 $\{2n\}$에서는 계산을 계속해도 수렴하는 값을 찾을 수 없다.

수렴하지 않는 수열은 발산한다고 한다. 발산하는 경우는 다음과 같이 세 가지가 있다.

1 양의 무한대로 발산 : $\lim\limits_{n \to \infty} a_n = \infty$

2 음의 무한대로 발산 : $\lim\limits_{n \to \infty} a_n = -\infty$

3 진동 : 일정한 값에 수렴하지도 않고 양이나 음의 무한대로 발산하지도 않을 때

단조수열

수열이 단조롭다고 할 때는 각 항들의 연결이 지루하다거나 계산 과정이 흥미롭지 않다고 말하는 것은 아니다.

수학적으로는 단조수열을 두 가지로 구분한다.

$a_{n+1} \geq a_n$이 성립하면, 수열 $\{a_n\}$을 단조증가수열이라고 한다.
$a_{n+1} > a_n$이 성립하면, 수열 $\{a_n\}$을 순증가수열이라고 한다.

당연히 반대의 경우도 생각할 수 있다.

$a_{n+1} \leq a_n$이 성립하면, 수열 $\{a_n\}$을 단조감소수열이라고 한다.

$a_{n+1} < a_n$이 성립하면, 수열 $\{a_n\}$을 순감소수열이라고 한다.

유계수열

우선 수열 $\{(-1)^n\}$을 예로 들어보자. 이 수열은 대표적인 교대수열이다. 여기서 1을 중심으로 임의의 엡실론 근방을 만들기는 어렵지 않다. 하지만 1은 극한값이 아니다. 왜냐하면 엡실론 근방 안에 수열의 항들이 무수히 많이 있긴 하지만, 그 바깥에도 수열의 항들이 무수히 많기 때문이다. 그러나 어떤 경우이든 수열이 제한되어 있다고 말할 수 있다. 왜냐하면 수열의 항들이 1보다 크지 않고 −1보다 작지 않기 때문이다.

수열에 상계(위로 유계)와 하계(아래로 유계)가 있다면, 이 수열을 유계수열이라고 한다. 이 수열에 상계만 있을 때는 위로 유계라고 하고, 하계만 있을 때는 아래로 유계라고 한다.

수열의 상계는 대개 M으로, 하계는 m으로 표시한다.

수열에서 최상의 유계를 찾는 것이 반드시 필요하지는 않다. 유계를 찾는 것만으로도 충분하다.

집적점

교대수열을 예로 드는 것은 집적점의 개념을 설명하는 데 큰 도움이 된다. 앞서 나온 교대수열 $\{(-1)^n\}$은 극한값을 갖지 않지만, 1과 −1이라는 두 개의 집적점을 가진다.

모든 엡실론 근방 $U_\varepsilon(H)=(H-\varepsilon, H+\varepsilon)$에 무수히 많은 수열의 항들이 있을 때, H를 수열 a_n의 집적점이라고 한다.

수열에는 극한값이 단 하나만 존재하지만, 집적점은 여러 개 있을 수 있다. 예를 들어 설명하겠다.

통계학을 다룬 장에서 여러 번 살펴보았던 주사위 던지기를 기억할 것이다. 이제 정육면체로 된 주사위를 계속 던져보자. 그리고 나온 눈의 수를 기록한다. 이때 나타나는 수열은 1부터 6까지의 수로 이루어진다. 어떤 수이든 수없이 많이 등장할 것이다. 바로 이러한 6개의 수가 집적점이고, 이 수열은 6개의 집적점을 가진다고 말할 수 있다.

볼차노-바이어슈트라스 정리

베른하르트 볼차노[Bernhard Bolzano, 1781~1848]와 카를 바이어슈트라스[Karl Weierstrass, 1815~1897]의 정리는 해석학의 가장 중요한 정리 중 하나다.

실수의 모든 유계수열은 적어도 하나의 집적점을 가진다.

수학자 카를 바이어슈트라스

철학자이자 신학자, 수학자이기도 했던 베른하르트 볼차노

이 볼차노-바이어슈트라스 정리에서 모든 단조유계수열은 실수에 수렴한다는 결론이 나온다. 수열을 이론적으로 다루는 사람은 이 정리를 피해갈 수 없으며 이것을 명확하게 파악해야 한다. 다행히도 우리는 이러한 이론가가 아니다.

수열의 그래프

앞에서 배운 함수를 생각하면, 수열 또한 그래프로 나타낼 수 있는지, 만약 그렇다면 어떻게 나타낼지가 궁금하다.

수열의 그래프는 함수의 그래프처럼 곡선으로 이루어지는 것이 아니라, 좌표평면에서 개개의 점으로 나타난다. 오른쪽 그림에는 일반항이 $a_n=n$인 수열이 표시되어 있다. 하지만 이 점들을 연결해 선을 만들 생각을 해서는 안 된다!

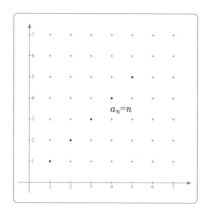

무한급수

무한수열 $\{a_n\}$에서 각 항들을 더한 것을 무한급수라고 한다. 무한급수는 다음과 같은 형태를 띤다.

$$a_1+a_2+\cdots+a_n+\cdots$$

물론 무한급수의 모든 항들을 나열할 필요는 없다(유한급수에서조차도 이렇게 나열하는 것은 아주 힘든 일이다). 무한급수는 이미 배운 합의 기호(시그마)를 이용해 다음과 같이 나타낼 수 있다.

$$a_1+a_2+\cdots+a_n+\cdots=\sum_{i=1}^{\infty} a_i$$

무한급수 $\sum_{i=1}^{\infty} a_i$에서 첫째항부터 제n항까지의 합을 제n항까지의 부분합이라고 한다. 부분합은 다음과 같이 나타낸다.

$$s_n = a_1 + a_2 + \cdots + a_n = \sum_{i=1}^{n} a_i$$

무한급수의 극한값

자, 이제 무한급수의 수학적인 의미를 어느 정도 파악했으므로, 또 다른 측면에서 무한급수를 살펴보기로 하자. 이는 무한급수의 극한값을 다룰 때 (무한급수도 극한값을 가진다) 큰 도움이 된다.

먼저 무한수열에서부터 시작한다.

$$a_1, a_2, a_3, \cdots, a_n, \cdots$$

우리는 이미 부분합에 대해서도 배웠다. 이제 구체적인 예를 들어 다음과 같은 무한수열이 있다고 하자.

a_1	a_2	a_3	a_4	a_5	a_6	$\cdots$
1	3	5	7	9	11	$\cdots$

이 수열의 부분합을 다음의 도식으로 만들어보자.

$$s_1 = 1 = 1$$
$$s_2 = 1 + 3 = 4$$
$$s_3 = 1 + 3 + 5 = 9$$
$$s_4 = 1 + 3 + 5 + 7 = 16$$
$$s_5 = 1 + 3 + 5 + 7 + 9 = 25$$

이제 부분합을 다시 다음과 같은 수열로 표시할 수 있다.

s_1	s_2	s_3	s_4	s_5	$\cdots$	s_n	$\cdots$
1	4	9	16	25	$\cdots$	n^2	$\cdots$

이 수열은 아주 특별한 이름으로 불린다. 여러분 중에서 이 이름을 예측한 사람이 있을지도 모르겠다. 바로 부분합수열이다.

이렇게 세세하게 구분하는 것이 도대체 무슨 의미가 있느냐고 질문하는 사람이 있을지도 모르겠다. 이런 사람들에게 다음과 같이 간단하면서도 명쾌한 답을 하겠다.

> 무한수열의 모든 극한값 정리와 수렴 정리는 무한급수에도 적용된다. 만약 부분합수열 $s_1, s_2, s_3, \cdots, s_n, \cdots$이 일정한 값 s에 수렴하면, 즉 $\lim_{n \to \infty} s_n = s$이면 이 무한급수는 s에 수렴한다고 한다. 이때 s를 무한급수의 합이라고 한다.

무한급수의 극한값을 구하는 것은 간단하지 않다.

이제 몇 가지 특별한 급수와 그 극한값을 살펴볼 텐데, 이런 지식을 갖추면 다른 급수도 파악이 가능하다.

무한급수는 수많은 (경우에 따라서는 심지어 무한히 많은) 항들을 더한 것이므로, 극한값을 갖지 않는 급수도 있기 마련이다. 여러분도 이미 알고 있는 무한급수인 $\sum_{i=1}^{\infty} i$를 예로 들어보겠다. 이 무한급수는 자연수의 합을 나타내며, 쉽게 생각할 수 있듯이 극한값을 가지지 않는다.

이번에는 무한급수의 수렴, 발산과 무한수열의 극한값 사이의 관계에 대하여 알아보기로 하겠다.

> **1** 무한급수 $\sum_{n=1}^{\infty} a_n$이 수렴하면 $\lim_{n \to \infty} a_n = 0$이다.
>
> **2** $\lim_{n \to \infty} a_n \neq 0$이면 무한급수 $\sum_{n=1}^{\infty} a_n$은 발산한다.

그러나 명제 **1**의 역은 성립하지 않는다. 즉 $\lim_{n \to \infty} a_n = 0$이라고 해서 무한급수 $\sum_{n=1}^{\infty} a_n$이 반드시 수렴하는 것은 아니다. 실제로 수열이 영수열이지만 발산하는 급수도 있다. $1 + \dfrac{1}{2} + \dfrac{1}{3} + \cdots$과 같은 조화급수가 바로 이런 경우이다.

특별한 급수

이제 몇 가지 특별한 급수와 그 극한값을 소개하겠다. 여러분은 여기서 이 급수들이 어떤 용도로 쓰이는지 알게 될 것이다.

수학 외의 다른 분야에서도 조화급수를 찾을 수 있다.

조화급수

조화급수가 어떤 모습을 띠고 있는지는 앞에서 이미 살펴보았다. 이제 왜 이런 명칭으로 불리는지를 설명하는 것만 남았다.

조화급수라고 불리는 이유는 첫 번째 수를 제외한 모든 더하는 수가 이웃하는 두 수의 조화평균을 나타내기 때문이다. 앞의 확률과 통계 장에서 조화평균을 어떻게 정의했는지를 떠올려보자.

$$M_h = \frac{2}{\dfrac{1}{a} + \dfrac{1}{b}}$$

또한 조화급수를 시그마로 표시하면 다음과 같다.

$$\sum_{i=1}^{\infty} \frac{1}{n}$$

이 무한급수에서는 각 항의 크기가 점점 작아진다. 급수를 이루는 수열은 바로 영수열이다. 그런데도 조화급수는 발산한다. 이제 발산하는 이유를 설명해보자. 조화급수의 항들을 나타내면 다음과 같다.

$$1+\frac{1}{2}+\frac{1}{3}+\frac{1}{4}+\frac{1}{5}+\frac{1}{6}+\frac{1}{7}+\frac{1}{8}+\cdots$$

이제 몇 개의 수를 괄호로 묶는다(이렇게 하는 것이 급수에서는 허용된다).

$$=1+\frac{1}{2}+\left(\frac{1}{3}+\frac{1}{4}\right)+\left(\frac{1}{5}+\frac{1}{6}+\frac{1}{7}+\frac{1}{8}\right)+\cdots$$

괄호 안의 더하는 수를 가장 작은 수로 통일하면 다음과 같은 급수가 된다(식의 값은 원래보다 작아진다).

$$>1+\frac{1}{2}+\left(\frac{1}{4}+\frac{1}{4}\right)+\left(\frac{1}{8}+\frac{1}{8}+\frac{1}{8}+\frac{1}{8}\right)+\cdots$$

이제 모든 괄호 안의 값은 $\frac{1}{2}$이 된다(여러분은 이 식의 값이 조화급수의 원래 식보다 작다는 사실을 기억하고 있을 것이다). 따라서 다음과 같이 나타낼 수 있다.

$$=1+\frac{1}{2}+\frac{1}{2}+\frac{1}{2}+\cdots$$

n의 값이 한없이 커지더라도 이 덧셈은 극한값에 도달하지 않는다는 것을 알 수 있다.

조화급수는 또 다른 놀라움을 우리에게 선사한다. 우리가 전혀 예상하지 못하는 곳에서 조화급수가 나타나는 것이다. 예를 들어 월드컵 축구대회나 유럽 축구선수권대회가 열리면 시장에 깔리는 수집용 사진에서 이 조화급수를 볼 수 있다. 이런 수집을 해본 적이 없는 사람을 위해 수집용 사진에 대해 잠깐 설명하겠다.

대회에 참석한 축구선수나 축구팀을 찍은 이 사진들은 세트로 제작되어 판매된다. 수집가들은 이 사진들을 사서 앨범에 붙인다. 그런데 사진을 사서 열어보기 전에는 세트 안에 어떤 사진이 들어 있는지를 알 수 없다. 따라서 막상 사진 세트를 사서 포장지를 뜯으면 언제나 놀라게 된다. 이런 놀라움을 만끽하면서 좋아하는 선수나 팀의 사진을 모으거나 한 팀에 속한 선수들의 사진을 모두 모으기 위해서는 앨범에 붙일 수 있는 사진의 양보다 훨씬 더 많은 사진을 사야 한다.

문제는 앨범을 완전히 채우기 위해서는 평균적으로 얼마나 많은 사진들을 사야 하는가이다. 이 문제는 수학에서 수집가 문제로 불리기도 한다(아이돌 그룹의 포토카드를 떠올리면 더 이해하기 쉽다).

수집 사진의 수를 n이라고 하자. 여기 서 모든 사진은 당신에 의해 선택될 확 률이 똑같다(수집가들은 사진을 서로 교환 하기도 한다. 사실, 이렇게 교환하는 것은 수 집가들에게 또 다른 재미를 안겨준다. 하지 만 이 문제에서는 사진 교환이 허용되지 않 는다). 이제 당신은 앨범이 채워질 때까 지 평균적으로 $n \times H_n$개의 사진을 사야

한다. 이때 H_n은 n번째 조화급수의 수이다. 식으로 나타내면 다음과 같다.

$$H_n = 1 + \frac{1}{2} + \frac{1}{3} + \cdots + \frac{1}{n}$$

여기서도 조화급수가 빛을 발하고 있다는 사실을 알 수 있다.

등차급수

등차급수도 발산한다. 등차급수는 등차수열 $\{a_n\}$의 항들을 더한 것으로 산술 급수라고도 한다. 일반식은 다음과 같다.

$$\sum_{i=1}^{n} a_i = \sum_{i=1}^{n} \{a_1 + (i-1) \times d\}$$

여기서 d는 급수의 이웃한 두 항의 차를 나타낸다. 수열에서 이웃한 두 항의

차 d를 공차라고 했듯이, 급수에서도 d를 공차라고 한다.

일반식은 다음과 같이 나타낼 수 있다.

$$\sum_{i=1}^{n}\{a_1+(i-1)\times d\}=\frac{n(a_1+a_2)}{2}$$

덧셈식을 등차급수에 적용하는 것은 이미 앞에서 배웠다. 즉, n개의 자연수의 합을 계산하면 된다.

$$\sum_{i=1}^{n}i=\frac{n(n+1)}{2}$$

등차급수의 합

앞에서 말한 바 있듯이, 등차급수의 합을 구하는 것은 간단하지 않다. 따라서 몇 가지 등차급수의 합을 소개하겠다.

제n항까지의 홀수의 합
$$1+3+5+7+\cdots+(2n-1)=n^2$$

제n항까지의 짝수의 합
$$2+4+6+8+\cdots+2n=n(n+1)$$

제n항까지의 제곱의 합
$$\sum_{i=1}^{n}i^2=\frac{n(n+1)(2n+1)}{6}$$

제n항까지의 세제곱의 합
$$\sum_{i=1}^{n}i^3=\left\{\frac{n(n+1)}{2}\right\}^2=\frac{n^2(n+1)^2}{4}$$

등비급수

등비수열 $\{a_n\}$ 의 항들을 더하면, 당연히 등비급수가 된다. 등비급수는 기하급수라고도 한다. 일반식은 다음과 같다.

$$\sum_{i=1}^{n} a_1 q^{i-1} = \frac{a_1(q^n - 1)}{q-1} = \frac{a_1(1-q^n)}{1-q} \quad \text{단, } q \neq 1 \text{일 때}$$

여기서 무한등비급수의 극한값을 구하는 것이 흥미롭다. 이때, 두 가지 경우를 구분해야 한다.

$q > 1$일 때는 간단하다. 이 경우 n의 값이 한없이 커지면, 합도 한없이 커진다. 이는 일반식의 분모와 분자를 다시 한 번 살펴보면, 쉽게 이해할 수 있다. 즉, $q^n - 1$은 $n=1$일 때만 분모 $q-1$과 같아진다. 하지만 n이 커지면, 분자가 분모보다 훨씬 더 커진다. 따라서 분수의 값은 무한대로 커진다.

그런데 $|q| < 1$일 때는 어떻게 되는가? 이 경우는 급수가 $\frac{a_1}{1-q}$에 수렴한다. 이 극한값은 증명할 수 있지만 여기서는 생략한다.

이제 등비급수를 일상생활에서 어떻게 활용하는지 살펴보겠다. 흔히 은행예금에서 등비급수가 나타난다. 예를 들어보자.

당신은 매년 초에 3000유로씩 은행에 적금한다. 연이율은 5퍼센트로 복리로 계산한다. 5년 후에 당신이 맡긴 돈은 얼마가 될까?

이 문제를 풀기 위한 실마리는 상당히 간단하다. 당신이 첫해에 입금한 돈에는 5년 동안 이자가 붙는다. 따라서 5년이 지난 후, 당신의 돈은 3000유로 $\times 1.05^5$이 된다. 당신이 두 번째 해에 입금하는 돈에는 4년 동안만 이자가 붙는다. 그러므로 당신의 돈은 3000유로 $\times 1.05^4$이 된다. 이 계산을 계속해 나가면 다음과 같다.

$$3000 \times 1.05^5 + 3000 \times 1.05^4 + 3000 \times 1.05^3 + 3000 \times 1.05^2 + 3000 \times 1.05$$

$$= 3000 \times (1.05^5 + 1.05^4 + 1.05^3 + 1.05^2 + 1.05)$$

$$= 3000 \times \sum_{i=1}^{5} 1.05^i$$

$$= 3000 \times \frac{1.05(1.05^5 - 1)}{1.05 - 1}$$

$$\fallingdotseq 17405.74 (유로)$$

따라서 다섯 번째 해의 연말이 되면, 당신의 돈은 17405유로가 된다. 이처럼 등비급수의 식을 이용해 은행예금을 계산할 수도 있다.

멱급수와 테일러급수

다음과 같은 형태의 급수를 멱급수(거듭제곱급수)라 한다.

$$\sum_{i=1}^{\infty} a_i (x - x_0)^i$$

멱급수는 항상 무한급수이다. 이러한 점에서 멱급수는 등비급수와 다르다. 등비급수는 무한급수가 될 수도 있고, 유한급수가 될 수도 있기 때문이다. 또한 등비급수는 훨씬 더 복잡하다.

멱급수에서 극한값은 어떻게 되는지를 잠깐 살펴보자.

여기서는 수렴반경이 중요한 역할을 한다. 수렴반경은 $0 \leq r \leq \infty$ 인 수 r을 가리키는데, 이 r에 대해서는 다음의 관계가 성립한다.

$$|x - x_0| < r 이면 멱급수는 수렴한다.$$

$$|x - x_0| > r 이면 멱급수는 발산한다.$$

테일러급수는 멱급수의 일종으로 특정한 점에서의 함수를 멱급수로 나타내기 위해 이용한다. 테일러급수를 이용하면 복잡한 식도 간단하게 줄일 수 있다. 이 방법은 특히 물리학에서 복잡한 계산을 피해 근삿값을 구할 때 주로 이용한다. 테일러급수를 이용하는 가장 유명한 예는 상대성이론이다. 예를 들어 광학에서는 렌즈의 구경을 측정할 때 이용한다.

테일러급수의 예를 들어보겠다. 대수에서 배운 지수함수 e^x를 테일러급수로 표시하면 다음과 같다.

$$e^x = \sum_{n=0}^{\infty} \frac{x^n}{n!}$$

삼각함수도 테일러급수로 나타낼 수 있다. 다음의 두 식으로 수열과 급수를 끝맺고자 한다.

$$\sin x = \sum_{n=0}^{\infty} (-1)^n \frac{x^{2n+1}}{(2n+1)!}$$

$$\cos x = \sum_{n=0}^{\infty} (-1)^n \frac{x^{2n}}{(2n)!}$$

도함수

지금부터 다룰 분야는 해석학은 물론이고 수학 전체에서 으뜸으로 꼽힌다.

이제 도함수를 소개한다. 이 부분을 쉽게 이해하기 위해서는 대수에서 다룬 함수 부분을 정확하게 복습하는 것이 좋다. 지면 관계상 여기서 설명을 반복하지는 않는다.

지금부터 본격적으로 도함수에 대해 알아보자.

$y=f(x)$의 그래프 위의 특정한 점에서의 접선의 기울기를 도함수라 한다.

이러한 정의는 간단하지만 구체적인 내용을 담고 있지는 않다. 접선의 기울기를 알아야 하는 이유와 이 기울기가 어떤 용도로 쓰이는지에 대해서는 아무런 언급도 하고 있지 않기 때문이다. 이제 우리는 이 문제에 대해 구체적으로 접근해 주입식으로 정의만 말하는 수학 공부의 단점을 보완하고자 한다.

순간속도와 평균속도

당신이 200킬로미터의 거리를 두 시간 만에 주행했다면, 시속 100킬로미터의 속도로 달린 셈이다. 이는 누구나 알 수 있다. 여기서는 중간에 고속도로를 통과하면서 시속 180킬로미터로 주행했다고 할지라도, 이 사실은 드러나지 않는다. 다시 말해, 평균속도는 구할 수 있지만 특정한 시점의 순간속도는 알 수 없다. 지금부터 바로 이 문제를 다룰 것이다.

자유로운 주행

자동차의 가속과정에 대해 자세히 살펴보자. 시동을 걸고 가속할 때는 속도가 끊임없이 변화한다. 그러므로 특정한 시점에서의 순간속도를 아는 것은 아주 흥미로울 수 있다.

자동차의 속도를 구하려고 하면, 시간당 주행한 거리를 알아야 한다. 앞의 예에서 거리 s는 시간 t의 제곱과 같다. 이 경우의 함수는 다음처럼 나타낸다.

$$s(t)=t^2$$

이 함수를 그림으로 표시하면 다음과 같다. 그림에서 몇 가지 중요한 점들이 나타나는데 x축에는 시간, y축에는 시간당 주행한 거리가 표시되어 있다.

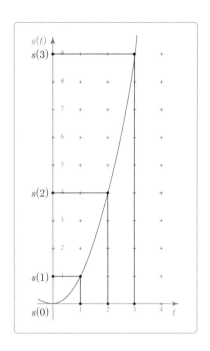

함수를 살펴보면, 거리는 시간이 지남에 따라 점점 더 크게 늘어난다. 즉, 시간 간격은 동일하게 늘어나지만 이동한 거리는 점점 더 크게 늘어나는 것이다. 바로 이러한 사실이 우리의 관심사이다. 왜냐하면 시간과 거리가 이런 관계를 이루지 않는다면, 가속을 생각하지 않아도 되며 이 예를 더 다룰 필요도 없어지기 때문이다.

이제 시간당 얼마의 거리를 주행했는지를 살펴보기로 하자.

처음 1초 동안 주행한 거리: $s(1)-s(0)=1^2-0^2=1$

1초부터 2초까지 주행한 거리: $s(2)-s(1)=2^2-1^2=3$

2초부터 3초까지 주행한 거리: $s(3)-s(2)=3^2-2^2=5$

…

이제 일반식을 구해보자. 임의의 시간(시간 간격을 t_0에서 t_1까지로 한다) 동안에 얼마의 거리를 주행했는지 알려고 하면, 다음과 같이 차를 계산해야 한다.

$$s(t_1)-s(t_0)$$

이 차를 걸린 시간으로 나누면, 다음과 같은 식이 나온다.

$$\frac{s(t_1)-s(t_0)}{t_1-t_0}$$

그러나 이는 평균속도를 계산하는 식이다. 순간속도는 어떻게 구하는가? t_0에서 t_1까지간격을 점점 줄여 임의의 시점에서 평균속도를 구하면 되지 않겠는가?
바로 이것이 우리가 구하려는 순간속도이다.

이 문제를 간단한 표로 나타내보자. 이 표는 우
리가 점점 줄여나가는 특정한 시간 간격에서의 속
도의 차이(우리가 구하려는 것은 시점 $t=1$에서의 속
도이다)를 계산한 것이다.

스피드를 자랑하는 이런 차는 가속
하기가 쉽다.

계산 결과가 어떻게 변하는지를 살펴보자. 물론
이 계산은 함수 $s(t)=t^2$에 따른다.

시간 간격	평균 속도
[1, 2]	$\dfrac{2^2-1^2}{2-1}=3$
[1, 1.1]	$\dfrac{1.1^2-1^2}{1.1-1}=2.1$
[1, 1.01]	$\dfrac{1.01^2-1^2}{1.01-1}=2.01$
[1, 1.001]	$\dfrac{1.001^2-1^2}{1.001-1}=2.001$

계산한 값은 점점 2에 가까워진다. 이 함수의 일반식을 만들면 다음과 같다.

$$\frac{s(t_1)-s(t_0)}{t_1-t_0}=\frac{t^2-1^2}{t-1}=\frac{(t-1)(t+1)}{t-1}=t+1$$

t가 1에 가까울수록, 값은 2에 수렴한다는 사실을 기억해두자. 이에 대해서는
조금 후에 다시 다룰 것이다. 지금은 이러한 예가 도함수와 무슨 관계가 있는지
를 밝힐 때이다.

도함수는 특정한 점에서 함수의 기울기를 의미한다. 먼저 원점을 지나는 단순
한 직선의 기울기를 구해보자. 기울기는 다음과 같은 식으로 계산한다.

$$m = \frac{y\text{의 값의 변화량}}{x\text{의 값의 변화량}}$$

기울기는 임의의 직선 아래에 만들어지는 삼각형을 이용해 구할 수 있다. 이 삼각형의 모습과 놓인 위치는 그림에서 살펴볼 수 있다.

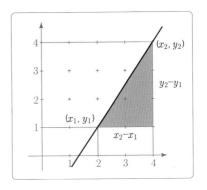

여기서 기울기를 구하는 식은 다음과 같다.

$$m = \frac{y_2 - y_1}{x_2 - x_1}$$

함수 $y = f(x)$의 그래프 위의 한 점에서 기울기를 구하려면 이 점과 가까이 있는 다른 점이 필요하다(이것이 바로 앞에서 말한 수렴의 예이다). 이 두 점 사이의 직선을 이용해 기울기를 계산하면 된다. 이때 다른 점을 한 점에 점점 접근시키면, 삼각형의 기울기는 점점 작아진다.

그래프 위의 한 점의 좌표를 $(x_0, f(x_0))$, 다른 점의 좌표를 $(x_1, f(x_1))$이라 하자.

이때 x의 값이 x_0에서 x_1까지 변할 때 x의 증분 Δx에 대한 y의 증분 Δy의 비율을 함수 $y = f(x)$의 평균변화율이라고 하고 다음과 같이 나타낸다.

$$\frac{\Delta y}{\Delta x} = \frac{f(x_1) - f(x_0)}{x_1 - x_0} = \frac{f(x_0 - \Delta x) - f(x_0)}{\Delta x}$$

여기에 극한값의 개념을 도입하면, 미분계수를 만들 수 있다. 이처럼 수학에서는 (거의) 모든 것이 서로 긴밀하게 연결된다.

한 점 $(x_0, f(x_0))$에서의 함수 $f(x)$의 미분계수는 평균변화율의 극한값을 말하며 $f'(x_0)$와 같이 나타낸다.

$$\lim_{\Delta x \to 0} \frac{\Delta y}{\Delta x} = \lim_{\Delta x \to 0} \frac{f(x_0 + \Delta x) - f(x_0)}{\Delta x}$$

미분계수는 순간변화율을 의미한다.

함수 $f(x)$의 도함수는 $y = f(x)$의 그래프 위에 있는 임의의 점에서의 접선의 기울기를 의미하며 y' 또는 $f'(x)$로 나타낸다.

$$f'(x) = \lim_{\Delta x \to 0} \frac{f(x + \Delta x) - f(x)}{\Delta x}$$

도함수의 몇 가지 예

도함수의 몇 가지 예를 살펴보기로 하자.

우선 상수함수를 일반적인 형태로 나타내면 다음과 같다.

$f(x) = c$일 때,

$$\lim_{x \to x_0} \frac{f(x) - f(x_0)}{x - x_0} = \lim_{x \to x_0} \frac{c - c}{x - x_0} = 0$$

두 번째는 일차함수이다.

$f(x) = x$일 때,

$$\lim_{x \to x_0} \frac{f(x) - f(x_0)}{x - x_0} = \lim_{x \to x_0} \frac{x - x_0}{x - x_0} = 1$$

세 번째 예는 이차함수이다.

$f(x)=x^2$일 때,

$$\lim_{x \to x_0}\frac{f(x)-f(x_0)}{x-x_0}=\lim_{x \to x_0}\frac{x^2-x_0^2}{x-x_0}$$

$$=\lim_{x \to x_0}\frac{(x+x_0)(x-x_0)}{x-x_0}$$

$$=\lim_{x \to x_0}(x+x_0)=2x_0$$

도함수의 간단한 규칙

이제 여러분은 수학의 다양한 분야를 배워 어떤 수학식에 대해서도 연관관계를 파악하는 안목이 생겼으리라 믿는다. 따라서 앞에서 소개한 세 개의 식을 보면서 '함수와 도함수 사이에는 아주 밀접한 관계가 있는 것 같다. 극한값을 계산할 때, 단순한 방법이 없을까?'라고 생각할 수도 있을 것이다.

당연히 방법이 있다. 극한값은 매번 번거롭게 계산할 필요가 없다. 다음의 식을 기억하면 된다.

함수 $f(x)=a \times x^n(n \neq 0)$의 도함수는 $f'(x)=n \times a \times x^{n-1}$이다.

이 식을 이용하면 임의의 멱함수의 도함수도 쉽게 구할 수 있다.

도함수의 계산 법칙

복잡한 함수도 계산 법칙을 이용해 도함수를 구할 수 있다. 간단한 표로 정리하면 다음과 같다.

	함수	도함수
실수배의 미분법	$c \times f(x)$	$c \times f'(x)$
합의 미분법	$f(x) + g(x)$	$f'(x) + g'(x)$
곱의 미분법	$f(x) \times g(x)$	$f'(x) \times g(x) + f(x) \times g'(x)$
몫의 미분법	$\dfrac{f(x)}{g(x)}$	$\dfrac{f'(x) \times g(x) - f(x) \times g'(x)}{\{g(x)\}^2}$
합성함수의 미분법	$f(g(x))$	$f'(g(x)) \times g'(x)$

삼각함수는 이 법칙을 적용할 때 독특하게 변한다. 따라서 여기서는 외우는 것이 최상의 방법이다.

함수	도함수
$\sin x$	$\cos x$
$\cos x$	$-\sin x$
$\tan x$	$\dfrac{1}{\cos^2 x}$
$\cot x$	$-\dfrac{1}{\sin^2 x}$

지수함수와 로그함수의 도함수도 빠뜨릴 수 없다. 이 함수들의 도함수는 오른쪽과 같다.

함수	도함수
e^x	e^x
$\ln x$	$\dfrac{1}{x}$

계산 법칙의 예

구체적인 예를 들어 계산 법칙을 적용해보자. 우선 다음 함수부터 시작한다.

$$(2x+3)(2x-1)$$

여기서 곱셈으로 연결된 두 함수를 분리하는 것은 어렵지 않다.

$$f(x)=2x+3$$
$$g(x)=2x-1$$

두 함수를 곱해야 하므로 곱의 미분법 $f'(x) \times g(x)+f(x) \times g'(x)$를 적용하면 다음과 같다.

$$2 \times (2x-1)+(2x+3) \times 2$$
$$=4x-2+4x+6$$
$$=8x+4$$

다음의 예는 조금 더 복잡하다. 일단 함수를 살펴보자.

$$(x^3-5)^8$$

여기서는 우선 서로 연결된 두 함수를 분리하는 것이 중요하다. 이러한 형태의 함수는 합성함수의 미분법을 적용해야 한다. 이를 염두에 두고 두 식을 분리하면 다음과 같다.

$$f(x)=x^8$$
$$g(x)=x^3-5$$

우선 식에 대입할 모든 '부품'을 모아 도함수를 만든다.

$$f'(x)=8x^7$$
$$g'(x)=3x^2$$

이제 합성함수의 미분법을 적용하면 다음과 같다.

$$f'(g(x)) \times g'(x)=8(x^3-5)^7 \times 3x^2=24x^2(x^3-5)^7$$

적분

점차 이 책의 마지막 부분으로 접어든다. 으레 그렇듯이 가장 까다로운 주제는 마지막에 등장하는 법이다.

적분은 다양한 측면에서 접근할 수 있을 정도로 아주 다채로운 성질을 지니고 있다. 따라서 학생들에게 적분을 어떻게 하면 명확하면서도 알기 쉽게 전달할지에 관해 의견이 분분하다. 특히 국제 학업성취도 평가 시험(PISA)과 관련해 열띤 논의가 있을 정도이다. 이 책은 적분을 배우는 여러 가지 방식 중에서 '고전적인' 방식을 택했다.

곡선 아래의 넓이

정해진 구간에서 함수의 그래프와 좌표평면의 x축으로 둘러싸인 부분의 넓이를 계산한다고 가정해보자. 이는 문제를 풀기 위해 이론적으로 꾸며낸 것이 아니라, 물리학에서 실제로 활용되고 있다. 함수의 그래프가 직선이라면 계산이 비교적 쉽다.

하지만 함수의 그래프가 직선이 아닌 곡선 모양이라면 어떻게 할 것인가? 그렇다고 당황할 필요는 없다. 바로 계단함수가 이 문제를 해결하는 데 도움을 준다. 우리가 계산해야 하는 넓이를 그래프에서 살펴보자.

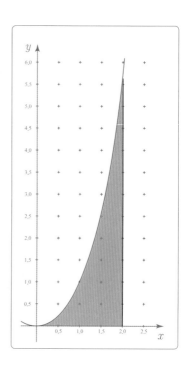

계단함수

계단함수는 우리가 계산해야 하는 실제 함수에 근접하는 함수를 나타낸다. 계단함수가 어떤 장점을 지니는지는 아래 그래프를 보면 쉽게 알 수 있다. 파악하기 쉽게 비교적 간단한 함수 $f(x)=x^2$을 예로 들어 설명하겠다.

그래프로 나타낸 계단함수를 T라고 하고 식으로 표시하면 다음과 같다.

$T:[0, 2.5] \rightarrow R, x \rightarrow T(x)$

$T(x)=0, 0 \leq x < 0.5$

$T(x)=0.5^2, 0.5 \leq x < 1$

$T(x)=1^2, 1 \leq x < 1.5$

$T(x)=1.5^2, 1.5 \leq x < 2$

$T(x)=2^2, 2 \leq x < 2.5$

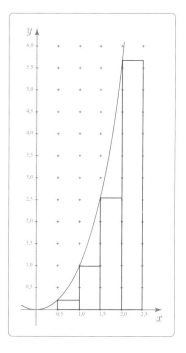

우리는 함수를 5개의 구간으로 나누었다. 이 구간들은 그래프에서 5개의 직사각형으로 표시되어 있다. 여기서 첫 번째 직사각형은 높이가 0이어서 그래프에 나타나지 않지만, 정의상으로는 존재한다.

직사각형의 넓이, 즉 계단함수의 넓이 A를 계산하는 것은 어렵지 않다. 각 직사각형의 높이에 0.5를 곱하면 다음의 식이 나온다.

$$A = 0 \times 0.5 + 0.5^2 \times 0.5 + 1^2 \times 0.5 + 1.5^2 \times 0.5 + 2^2 \times 0.5$$
$$= 0.5 \times (0 + 0.5^2 + 1 + 1.5^2 + 4) = 3.75$$

이 값은 포물선 아래 넓이의 근삿값이다. 우리가 작도한 모든 직사각형은 함수의 그래프 아래에 있기 때문에, 이 직사각형들의 넓이의 합은 하합이라고도 한다. 이미 여러분도 짐작할 수 있듯이, 하합이 있으면 상합도 있을 수 있다. 상합을 구하기 위해서는 함수의 그래프 위로 직사각형을 작도하면 된다. 그래프로 표시하면 다음과 같다.

상합함수의 정의는 따로 설명하지 않겠다. 앞의 계단함수에서 말한 하합함수의 정의를 이용하면 된다.

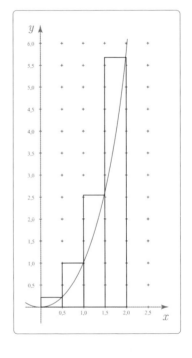

상합함수를 이루는 직사각형의 넓이를 계산하면 다음과 같다.

$$A = 0.5 \times (0.5^2 + 1 + 1.5^2 + 4 + 2.5^2) = 6.875$$

이는 포물선 위의 넓이의 근삿값이다. 포물선 아래와 위의 넓이는 서로 다르다. 하지만 여기서 첫 번째 힌트를 주겠다. 우리가 구하려는 넓이는 구간 [3.75, 6.875] 사이의 값이다.

하지만 이렇게 정확하지 않은 근삿값으로 만족할 수는 없다. 이제 만족할 만한 결과를 얻기 위해 두 값을 서로 접근시켜보자. 그러기 위해서는 직사각형의 폭을 줄여나가면 된다. 직사각형의 폭이 좁아질수록, 함수그래프 아래 넓이의 근삿값은 실제의 넓이에 보다 가까워진다. 이 과정을 계속하여 극한값을 구할 수 있다. 우리가 배우려고 하는 것이 바로 이 극한값, 즉 적분이다.

> 함수의 적분은 임의의 좁은 직사각형의 합으로 볼 수 있다.

지금까지 계산한 값을 적분 기호인 인테그럴을 써서 나타내면 다음과 같다.

$$\int_0^{2.5} x^2 dx$$

이 수학 기호에서 다른 것들은 어느 정도 이해할 수 있겠지만, 추가로 붙은 dx 는 골칫거리가 될 수 있다. 하지만 이것 역시 지금까지 계산한 과정을 찬찬히 생각해보면 이해할 수 있다. 이 기호는 무한히 많은 좁은 직사각형의 넓이의 합을 계산하는 것을 의미한다. 즉, 앞의 예에서 우리가 한 계산을 가리킨다.

원시함수

이제 우리는 적분의 기초에 대해 어느 정도 윤곽을 파악하게 되었다. 하지만 어디까지나 실마리를 찾았을 뿐이고, 본격적인 단계가 남았다. 적분이 무엇을 의미하는지는 알았지만, 적분을 계산하는 방법은 아직 배우지 않은 것이다.

계단함수를 실제의 함수그래프에 점점 접근시킬 수는 있다. 하지만 이런 방법을 적용하기는 너무도 번거롭고 힘들어 컴퓨터를 이용하지 않으면 현실적으로 불가능하다. 따라서 원하는 결과를 얻기 위해서는 보다 간단한 다른 방법을 찾아야 한다.

방법은 바로 원시함수를 이용하는 것이다. 이 함수에 대해 알아보기로 하자.

> 두 함수 $F(x), f(x)$ 사이에 $F'(x)=f(x)$인 관계가 있을 때 $F(x)$를 $f(x)$의 원시 함수 또는 부정적분이라고 한다.

이 정의를 다시 풀어서 설명하겠다. 원시함수를 찾기 위해서는(적분을 편하게 계산하려면 원시함수를 찾을 수밖에 없다), 도함수가 어떤 함수인지를 생각해야 한다. 이 설명으로도 아직 명확해지지 않았을 것이다. 따라서 예를 통해 구체적으로 살펴보겠다.

함수 $f(x)=x^2$을 생각해보자. 다른 예도 얼마든지 가능하지만, 명확한 이해를 돕기 위해 이 예를 든다.

적분 계산을 하기 전에 먼저 원시함수를 구해야 한다. 즉, 도함수 x^2이 어떤 함수에서 나온 것인지를 알아야 하는 것이다. 여기서 조금만 생각하면 $F(x)=\frac{1}{3}x^3$을 구할 수 있다. 즉, 이 함수에 이미 알고 있는 도함수의 계산 법칙을 적용하면, 원시함수 $F(x)$를 구할 수 있는 것이다.

물론 이 원시함수는 여러 가지 답 중의 하나이다. 왜냐하면 함수에 더해지는 상수는 도함수를 만들 때 없어지기 때문이다. 그러므로 보다 정확한 답은 $F(x)=\frac{1}{3}x^3+c$이다. 하지만 c는 이후의 계산에서 간단히 없어지기 때문에 크게 문제될 것이 없다.

그런데 이 답은 계산 법칙을 적용하긴 했지만, 주먹구구식으로 발견한 것이다. 이는 함수가 간단하기에 가능했지만, 복잡한 함수에 적용하는 데에는 무리가 따른다. 문자 그대로 '원시적인' 방법이다. 그렇지만 원시함수를 구하기 위한 식은 확보된 셈이다.

$f(x)=x^n$의 원시함수를 구하는 식은 다음과 같다.

$$F(x)=\frac{x^{n+1}}{n+1}+c, \text{ 단 } n\in N$$

이제 윤곽이 충분히 드러났다. 이제 다음 단계로 넘어가 모든 종류의 함수에 대해 적용할 수 있는 원시함수의 식을 만들어보자.

$$f(x) = a_n x^n + a_{n-1} x^{n-1} + \cdots + a_1 x + a_0 \text{의 원시함수는 다음과 같다.}$$

$$F(x) = \frac{a_n}{n+1} x^{n+1} + \frac{a_{n-1}}{n} x^n + \cdots + \frac{a_1}{2} x^2 + a_0 x + c$$

몇 가지 특별한 원시함수

이제 중요한 원시함수를 몇 가지 소개하겠다. 이 원시함수를 알아두면, 앞으로의 계산에 도움이 될 것이다.

함수	원시함수
$f(x) = x^{-n}$	$F(x) = \dfrac{x^{-(n-1)}}{-(n-1)} + c,\ n \neq 1$
$f(x) = e^x$	$F(x) = e^x + c$
$f(x) = a^x$	$F(x) = \dfrac{1}{\ln a} \times a^x + c$
$f(x) = \cos x$	$F(x) = \sin x + c$
$f(x) = \sin x$	$F(x) = -\cos x + c$
$f(x) = \tan x$	$F(x) = -\ln |\cos x| + c$
$f(x) = \ln x$	$F(x) = x \ln x - x + c$

원시함수에서 넓이 계산으로

이제 적분을 계산하기 위한 사전 준비는 끝난 셈이다. 실제로 적분 계산을 해보면, 왜 이런 준비가 필요했는지를 알게 될 것이다.

여기서 적분의 첫 부분에서 든 예를 다시 살펴보자.

이제야말로 구간 [0, 2.5]에서 포물선 아래의 넓이가 얼마인지를 정확하게 계산할 수 있다.

이 계산과 비교하면, 우리가 구한 포물선 아래의 넓이와 위의 넓이의 근삿값이 옳은 것인지 또는 계단함수가 근삿값을 구하는 방식으로 적합한지의 여부가 드러난다. 다음의 적분을 계산하면 된다.

$$\int_0^{2.5} x^2 dx$$

이미 앞에서 밝힌 대로 x^2의 원시함수는 $\frac{1}{3}x^3 + c$이다. 이제 구간의 양 경계를 원시함수에 대입하고 위 경계의 함숫값에서 아래 경계의 함숫값을 빼면 된다. 일반적으로 말하면 다음과 같다.

함수 $f(x)$가 구간 $[x_0, x_1]$에서 연속이고, $F'(x) = f(x)$이면

$$\int_{x_0}^{x_1} f(x)dx = \left[F(x)\right]_{x_0}^{x_1} = F(x_1) - F(x_0)$$

따라서 다음과 같이 계산한다.

$$\frac{1}{3} \times 2.5^3 + c - \frac{1}{3} \times 0^3 - c = \frac{1}{3} \times 2.5^3 = 5.208\dot{3}$$

앞에서 우리가 구한 근삿값은 넓이가 3.75와 6.875 사이였다. 이를 정확한 적분값과 비교하면, 우리의 근삿값이 옳았음이 드러난다.

적분과 원시함수를 익히기 위해 또 다른 예를 들어보겠다. 그래프에 우리가 계산하려는 넓이가 표시되어 있다. 함수는 $f(x) = x^{-2}$이다.

이 함수의 원시함수는 앞의 표에 이미 나와 있는 식을 이용하여 구한다.

$$F(x) = \frac{x^{-(n-1)}}{-(n-1)} + c$$

$n=2$이므로, 원시함수는 다음과 같다.

$$F(x)=\frac{x^{-1}}{-1}+c=-\frac{1}{x}+c$$

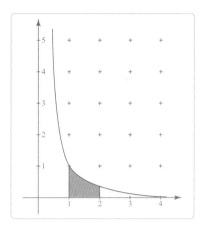

이제 마지막 단계로 구간의 아래와 위 경계를 대입해야 한다. 이번에는 1이 아래 경계이다.

$$-\frac{1}{2}+c+\frac{1}{1}-c=\frac{1}{2}$$

그래프를 살펴보면, 이 값도 옳은 것임을 알 수 있다.

적분의 계산 법칙

지금까지 우리는 수학의 거의 모든 분야에 계산 법칙이 있음을 알았다. 적분과 원시함수의 경우도 예외가 아니다. 여기서도 복잡한 함수를 다루는 몇 가지 중요한 계산 법칙이 있다.

$$\int_a^b kf(x)dx=k\int_a^b f(x)dx$$

$$\int_a^b f(kx)dx=\frac{1}{k}F(kx)$$

$$\int_a^b (f(x)+g(x))dx=\int_a^b f(x)dx+\int_a^b g(x)dx$$

$$\int_a^b f(x-t)dx=\left[F(x-t)\right]_a^b$$

$$\int_a^c f(x)dx=\int_a^b f(x)dx+\int_b^c f(x)dx$$

$$\int_a^b f(x)dx=-\int_b^a f(x)dx$$

부분적분과 치환적분

이제 적분 계산을 간단하게 하는 두 가지 방법을 소개하겠다.

부분적분은 이름에서 드러나듯이 적분의 부분만을 계산한다. 부분적분의 법칙은 다음과 같다.

$$\int_a^b f(x)g'(x)dx = \left[f(x)g(x)\right]_a^b - \int_a^b f'(x)g(x)dx$$

예를 들어보겠다. $\int_0^4 xe^x dx$를 계산해보자.

이 적분은 보통의 방법으로는 계산이 불가능하다. 하지만 여기서 x의 도함수(1이다)와 e^x의 도함수(e^x이다)는 아주 쉽게 구할 수 있다. 따라서 부분적분의 법칙을 이용하면 다음과 같다.

$$\int_0^4 xe^x dx$$
$$= \left[xe^x\right]_0^4 - \int_0^4 1 \cdot e^x dx$$
$$= 4e^4 - 0 \cdot e^0 - \left[e^x\right]_0^4$$
$$= 4e^4 - (e^4 - e^0)$$
$$= 4e^4 - e^4 + 1$$
$$= 3e^4 + 1$$

이 적분은 복잡하게 보이지만, 정확히 살펴보면 부분적분을 이용함으로써 계산이 아주 간단해졌음을 알 수 있다.

이제 적분의 또 다른 방식인 치환적분에 대해 알아보자. 치환적분은 한 적분변수를 다른 적분변수로 치환하여(어떤 것을 다른 것으로 바꾸는 것을 뜻한다) 적분을 간단하게 만드는 방법이다. 치환하는 방법은 이 책의 다른 장에서도 여러 번

나왔다. 하지만 적분의 경우는 조금 더 복잡하다. 그렇다고 해서 미리 겁먹을 필요는 없다. 배우고 익히면 올바른 치환 방법을 쉽게 터득할 수 있다. 우선 치환적분의 일반적인 법칙은 다음과 같다.

$x = g(t)$는 미분가능한 함수이고, $f(x)$가 구간 $[g(a), g(b)]$에서 연속이면 다음과 같이 계산할 수 있다.

$$\int_a^b f(g(t))g'(t)dt = \int_{g(a)}^{g(b)} f(x)dx$$

이 식을 보면, 우변이 아주 간단해진 것을 알 수 있다. 이 우변의 적분은 비교적 풀기가 쉽다. 하지만 어떻게 우변의 식으로 만들 수 있는가?

함수 $f(x) = e^{2x}$를 예로 들어보자. 이 함수는 아주 간단하게 보인다. 우리가 계산하고자 하는 적분은 다음과 같다.

$$\int_{-1}^1 e^{2x}dx$$

이 적분을 이미 알고 있는 방법으로 계산하려면 어려움에 부딪힌다. 바로 이 적분이 치환적분을 이용해야 할 전형적인 경우이다.

첫 번째 단계로 다음과 같이 치환한다.

$$u(x) = 2x$$

이제 변수는 x가 아니라 u이므로(이는 말도 안 되는 거짓으로 속이는 것이긴 하지만, 여기서는 적분 계산을 간편하고 쉽게 만드는 효과가 있다) dx를 치환해야 한다. 이는 다음과 같이 하면 된다.

$$u'(x) = \frac{du}{dx} = 2$$

$$\Rightarrow dx = \frac{1}{2}du$$

이로써 가장 결정적인 단계를 완료한 셈이다. 이제 치환된 식의 경계도 바꾸어야 한다. 아래 경계와 위 경계를 대입한다.

$$\text{아래 경계: } u(-1) = -2$$
$$\text{위 경계: } u(1) = 2$$

이제 계산에 필요한 모든 부품을 모아 적분식에 대입할 수 있다.

$$\int_{-1}^{1} e^{2x} dx$$

$$= \frac{1}{2} \int_{-2}^{2} e^u du$$

$$= \frac{1}{2} \left[e^u \right]_{-2}^{2}$$

$$= \frac{1}{2} (e^2 - e^{-2})$$

$$\fallingdotseq 3.627$$

이로써 적분 계산이 끝났다. 이 예를 통해 치환적분의 기초를 명확하게 배운 셈이다. 치환적분법을 이용하면 복잡한 식도 간편하게 바꿀 수 있다.

회전체

이제 적분을 활용할 수 있는 경우를 소개하겠다.

우리는 함수그래프로 아주 재미있는 도형을 만들 수 있다. 예를 들어 좌표계의 x축을 회전시키면 회전체가 생긴다. 여기서 함수 $f(x)=x$의 그래프를 살펴보자.

이 그래프를 x축을 중심으로 회전시키면, 회전체인 원뿔이 생긴다. 이 회전체에서 임의의 x에서 반지름은 바로 $f(x)$이다.

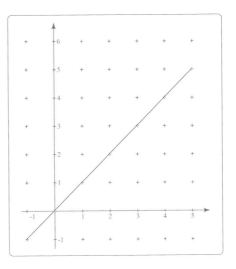

그리고 이 원뿔을 임의의 지점에서 축과 평행하게 자르면 원이 생긴다. 이 원의 넓이 A는 $A=\pi \times r^2$이다. 자세한 사항은 앞의 I 장을 참조하기 바란다.

$r=f(x)$이므로, 이 함수에 의해 만들어진 원의 넓이는 다음과 같다.

회전원뿔

$$A=\pi \times \{f(x)\}^2$$

경계가 x_0와 x_1인 회전체의 부피는 다음의 식으로 구할 수 있다.

$$V=\int_{x_0}^{x_1} \pi \times \{f(x)\}^2 dx$$

경계가 0과 3인 회전체의 부피를 구해보자. 다른 설명은 생략하고 이미 알고 있는 값을 대입한다.

$$V = \int_0^3 \pi x^3 dx$$

$$= \pi \int_0^3 x^2 dx$$

$$= \pi \left[\frac{1}{3} x^3 \right]_0^3$$

$$= \pi \left(\frac{1}{3} \times 3^3 - \frac{1}{3} \times 0^3 \right)$$

$$= 9\pi$$

완벽한 회전체

우리는 거의 매일 완벽한 회전체를 접한다. 이 회전체는 아침 식사의 단골메뉴이다. 그러나 다른 음식을 만들 때도 회전체는 다양하게 쓰인다. 아마 여러분은 무엇에 대해 말하고 있는지를 이미 눈치챘을 것이다. 바로 달걀이다.

달걀을 평평한 책상 위에 놓고 돌려보자. 달걀은 어떤 방향에서 보든지 모양이 똑같게 보인다. 실타래에 뜨개질 바늘을 꽂고 돌릴 때도 동일한 효과가 생긴다.

맛있는 아침 식사 달걀

실타래와 뜨개질 바늘

함수의 그래프는 x축뿐만 아니라, y축을 중심으로도 회전시킬 수 있다. 이 경우에도 미리 겁먹을 필요는 없다. 얼마든지 계산이 가능하다. 물론, 이 경우는 함수 $y=f(x)$를 역함수 $x=f^{-1}(y)$로 바꾸어야 한다. 이 역함수에 대해서는 대수학 장에서 상세하게 다루었다. 따라서 반복하지 않겠다.

물론 구간의 경계도 바꾸어야 한다. 경계는 x_0와 x_1 아니라, $f(x_0)$ 와 $f(x_1)$이다. 회전체의 부피를 구하는 식은 다음과 같다.

$$V=\int_{f(x_0)}^{f(x_1)} \pi\, \{f^{-1}(y)\}^2 dy$$

이제 우리의 여행은 대단원의 막을 내릴 때가 되었다. 여러분이 이 여행을 통해 수학에 대한 공포심을 떨치고 새로운 재미를 느꼈으면 하는 마음이 간절하다.

수학은 소수의 전문가들만 연구하는 학문이 아니다. 또한 수학은 일상생활에서 다양하게 쓰인다. 따라서 수학을 딱딱하고 어려운 학문으로 생각하지 않고 항상 우리 곁에 있는 친근한 것으로 생각하는 것이 중요하다. 이 책이 여러분에게 수학에 대한 새로운 안목과 열정을 심어주었으리라 믿고 또 희망한다.

$\wedge$	그리고	$A_1(x) \Rightarrow A_2(x)$	함축명제식
$\vee$	또는	$A_1(x) \Leftrightarrow A_2(x)$	동치명제식
$\sim$	…이 아니다	D	정의역
$\Rightarrow$	…이면, …이다 (함축)	L	해집합
$\Leftrightarrow$	…과 …는 일치한다 (동치)	$T_1(x), T_2(x)$	미지수 x를 지닌 항
$\{a, b, c\}$	원소나열법	ρ	관계
$\{x \mid x = \cdots\}$	조건제시법	$f : (x) \rightarrow f(x),$ $x \in D$	정의역이 D인 함수
$\in$	집합의 원소이다	f^{-1}	역함수
$\notin$	집합의 원소가 아니다	$F(x)$	원시함수
N	자연수의 집합	A	정의역
Z	정수의 집합	B	공역
Q	유리수의 집합	$f : A \rightarrow B$	사상함수
I	무리수의 집합	$y = f(x)$	함수식
R	실수의 집합	$=$	등호
C	복소수의 집합	$\neq$	부등호
Z^+, Z^-	양의 (음의) 정수의 집합	$<$	…보다 작다
Q^+, Q^-	양의 (음의) 유리수의 집합	$\leq$	…보다 작거나 같다
R^+, R^-	양의 (음의) 실수의 집합	$>$	…보다 크다
$\subset$	…의 부분집합이다	$\geq$	…보다 크거나 같다
$\not\supset$	…의 부분집합이 아니다	$\gcd(a, b)$	최대공약수
ϕ	공집합	$\text{lcm}(a, b)$	최소공배수
$[a, b]$	닫힌 구간	$\lvert a \rvert$	a의 절댓값
(a, b)	열린 구간	a^n	a의 n제곱
$(a, b], [a, b)$	반닫힌(열린) 구간	$\sqrt{a}$	a의 제곱근
$A \cup B$	합집합, A 또는 B	$\sqrt[n]{a}$	a의 n제곱근
$A \cap B$	교집합, A와 B	$\log_a x$	a를 밑으로 하는 x의 로그
$A - B$	차집합, A이지만 B는 아니다	$\lg x$	10을 밑으로 하는 x의 로그
$A \times B$	곱집합	$\ln x$	x의 자연로그
$p, q, r, \cdots$	명제	$n!$	n팩토리얼(계승)
$A_1(x), A_2(x)$	명제식	$\binom{n}{k}$	n개에서 k개를 택하는 조합
$A_1(x) \wedge A_2(x)$	합접명제식		
$A_1(x) \vee A_2(x)$	이접명제식		

$\pm\infty$	양의(음의) 무한대	$g \cap h = \{S\}$	S는 g와 h의 교점이다
$\dfrac{dy}{dx}, y', f'(x)$	미분계수	$E \cap F = g$	g는 평면 E와 평면 F의 교선이다
$\dfrac{d^m y}{dx^n},$ $y^{(n)}, f'^{(n)}(x)$	n계도함수	$g \perp h$	g와 h는 서로 수직이다
Δ	증분	$g \parallel h$	g는 h와 평행이다
		$\angle$	각
$\lim\limits_{n \to +\infty} a_n$	수열의 극한값	$\angle ASB$	$\overrightarrow{SA}$와 $\overrightarrow{SB}$가 이루는 각
$\lim\limits_{x \to x_0} f(x)$	함수의 극한값	$\alpha, \beta, \gamma, \cdots$	각의 명칭
$\displaystyle\int f(x)dx$	부정적분	$\overrightarrow{AB}, \vec{a}$	벡터
$\displaystyle\int_a^b f(x)dx$	정적분	$|\vec{a}|$	벡터의 절댓값
$\sin\varphi$	각 φ 사인	$\vec{a} = (a_x, a_y, a_z)$	3개의 성분을 지닌 행벡터
$\cos\varphi$	각 φ 사인	$\vec{a} = \begin{pmatrix} a_x \\ a_y \\ a_z \end{pmatrix}$	3개의 성분을 지닌 열벡터
$\tan\varphi$	각 φ 탄젠트	x, y, z	좌표축
$\cot\varphi$	각 φ 코탄젠트	$\vec{a} \cdot \vec{b}$	내적
$\arcsin\varphi$	각 φ 아크사인	$\vec{a} \times \vec{b}$	벡터의 곱셈
$\arccos\varphi$	각 φ 아크코사인	$H(A)$	절대빈도
$\arctan\varphi$	각 φ 아크탄젠트	$h(A)$	상대빈도
$\operatorname{arccot}\varphi$	각 φ 아크코탄젠트	$\bar{x}$	산술평균
$\exp$	지수함수	Me	중앙값
$A, B, C, \cdots,$ P, Q, R	점	M_g	기하평균
$g, h, k, \cdots$	직선	M_n	조화평균
S	넓이	R	범위
V	부피	q	사분위
U	둘레의 길이	a	평균편차
$\overleftrightarrow{AB}$	점 A와 점 B를 지나는 직선	$E(X)$	기댓값
$\overline{AB}$	A에서 B까지의 선분 AB의 길이	X	확률변수
$P \in g$	P는 직선 g 위에 있다	$V(X)$	분산
		s^2	표본분산
		σ, s	표준편차
		$P(A)$	사건의 확률
		Ω	표본공간

1	I	100	C
2	II	200	CC
3	III	300	CCC
4	IV	400	CD
5	V	500	D
6	VI	600	DC
7	VII	700	DCC
8	VIII	800	DCCC
9	IX	900	CM
10	X	990	CMXC
11	XI	1000	M
12	XII	1500	MD
13	XIII	1900	MCM
14	XIV	1940	MCMXL
15	XV	1949	MCMXLIX
16	XVI	1990	MCMXC
17	XVII	1991	MCMXCI
18	XVIII	2000	MM
19	XIX	2050	MML
20	XX	2060	MMLX
30	XXX	2200	MMCC
40	XL		
50	L		
60	LX		
70	LXX		
80	LXXX		
90	XC		
99	XCIX		

A	α	a	알파(Alpha)
B	β	b	베타(Beta)
Γ	γ	g	감마(Gamma)
Δ	δ	d	델타(Delta)
E	ε	e	엡실론(Epsilon)
Z	ζ	z	제타(Zeta)
H	η	e	에타(Eta)
Θ	θ, ϑ	th	세타(Theta)
I	ι	j	요타(Iota)
K	χ	k	카파(Kappa)
Λ	λ	l	람다(Lambda)
M	μ	m	뮤(Mu)
N	ν	n	뉴(Nu)
Ξ	ξ	x	크시(Xi)
O	o	o	오미크론(Omikron)
Π	π	p	파이(Pi)
P	ρ	r	로(Rho)
Σ	σ	s	시그마(Sigma)
T	τ	t	타우(Tau)
Υ	υ	y	입실론(Upsilon)
Φ	ϕ, φ	ph	피(Phi)
X	χ	ch	키(Khi)
Ψ	ψ	ps	프시(Psi)
Ω	ω	o	오메가(Omega)

찾아 보기

이미지 저작권